Einsatz von KI im Unternehmen

IT-Ansätze für Design, DevOps, Governance, Change Management, Blockchain und Quantencomputing

Eberhard Hechler
Martin Oberhofer
Thomas Schaeck
Vorwort von Srinivas Thummalapalll

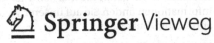

Einsatz von KI im Unternehmen: IT-Ansätze für Design, DevOps, Governance, Change Management, Blockchain und Quantencomputing

Eberhard Hechler
IBM Germany R&D Lab
Böblingen, Deutschland

Thomas Schaeck
IBM Germany R&D Lab
Böblingen, Deutschland

Martin Oberhofer
IBM Silicon Valley Lab
San Jose, CA, USA

ISBN-13 (pbk): 978-1-4842-9565-6
https://doi.org/10.1007/978-1-4842-9566-3

ISBN-13 (electronic): 978-1-4842-9566-3

Geschäftsführender Direktor, Apress Media LLC: Welmoed Spahr
Akquisitions-Editor: Joan Murray
Entwicklungsredakteurin: Laura Berendson
Koordinierender Redakteur: Jill Balzano

Titelbild entworfen von Freepik (www.freepik.com)

Wird weltweit von Springer Science+Business Media New York, 233 Spring Street, 6th Floor, New York, NY 10013, an den Buchhandel vertrieben. Telefonisch unter 1-800-SPRINGER, per Fax unter (201) 348-4505, per E-Mail unter orders-ny@springersbm. com oder unter www.springeronline.com. Apress Media, LLC ist eine kalifornische LLC und das einzige Mitglied (Eigentümer) ist Springer Science + Business Media Finance Inc (SSBM Finance Inc). SSBM Finance Inc ist eine Gesellschaft nach **Delaware**.

Für Informationen über Übersetzungen wenden Sie sich bitte an booktranslations@springernature.com; für Nachdruck-, Taschenbuch- oder Audiorechte wenden Sie sich bitte an bookpermissions@ springernature.com.

Apress-Titel können in großen Mengen für akademische Zwecke, Unternehmen oder Werbezwecke erworben werden. Für die meisten Titel sind auch eBook-Versionen und -Lizenzen erhältlich. Weitere Informationen finden Sie auf unserer Webseite für Print- und eBook-Massenverkäufe unter http://www. apress.com/bulk-sales.

Jeglicher Quellcode oder anderes ergänzendes Material, auf das der Autor in diesem Buch verweist, ist für die Leser auf GitHub über die Produktseite des Buches verfügbar, die sich unter www.apress.com/9781484295656 befindet. Für weitere Informationen besuchen Sie bitte http://www.apress.com/source-code.

Gedruckt auf säurefreiem Papier

Meiner Frau Irina und unseren beiden Söhnen Lars und Alex für ihre ständige Unterstützung und ihr Verständnis dafür, dass ich dieses Buch an langen Abenden und Wochenenden geschrieben habe, anstatt Zeit mit ihnen zu verbringen.

—Eberhard Hechler

Meiner Frau Kirsten und unseren beiden Söhnen Damian und Adrian danke ich für all die Liebe und Inspiration, die ihr mir jeden Tag schenkt.

—Martin Oberhofer

Meiner Frau Annette und unseren Kindern Amelie und Felix für ihre Unterstützung und Geduld, während ich an diesem Buch mitgewirkt habe.

—Thomas Schaeck

Inhaltsverzeichnis

Über die Autoren

Eberhard Hechler ist Executive Architect im IBM Deutschland R&D Lab. Er ist Mitglied der Db2 Analytics Accelerator Entwicklungsgruppe und befasst sich mit dem breiteren Bereich Daten und KI auf der IBM Mainframe, einschließlich maschinelles Lernen für z/OS. Nach 2,5 Jahren im IBM Kingston Lab in New York arbeitete er in den Bereichen Softwareentwicklung, Leistungsoptimierung, IT/Lösungsarchitektur und -design, Open-Source-Integration (Hadoop und Spark) und Master Data Management (MDM).

Er begann mit Db2 für MVS zu arbeiten, wobei er sich auf Tests und Leistungsmessungen konzentrierte. Er hat weltweit mit IBM-Kunden aus verschiedenen Branchen an einer Vielzahl von Themen gearbeitet, z. B. Daten und KI einschließlich Analytik und maschinelles Lernen, Informationsarchitekturen (IA) und Branchenlösungen. Von 2011 bis 2014 war er bei IBM Singapur als Lead Big Data Architect im Communications Sector der Software Group von IBM im gesamten asiatisch-pazifischen Raum tätig.

Eberhard hat in Deutschland und Frankreich studiert und besitzt einen Master-Abschluss (Dipl.-Math.) in reiner Mathematik sowie einen Bachelor-Abschluss (Dipl.-Ing. (FH)) in Elektrotechnik. Er ist Mitglied des IBM Academy of Technology Leadership Teams und Co-Autor der folgenden Bücher: *Enterprise MDM*, *The Art of Enterprise Information Architecture*, und *Beyond Big Data*.

Martin Oberhofer ist ein IBM Distinguished Engineer und Executive Architect. Er ist Technologe und technischer Leiter mit umfassender Erfahrung in den Bereichen Stammdatenmanagement, Data Governance, Datenintegration, Metadaten- und Referenzdatenmanagement, künstliche Intelligenz und maschinelles Lernen. Er verfügt über eine nachweisliche Erfolgsbilanz bei der Umsetzung von Kundenanforderungen in Softwarelösungen und arbeitet mit global verteilten Entwicklungs-, Design- und Angebotsmanagementteams zusammen. Er leitet Entwicklungsteams, die agile und DevOps-Softwareentwicklungsmethoden anwenden. Er kann sich leicht an immer wiederkehrende Herausforderungen anpassen. Seit kurzem beschäftigt er sich auch mit der Blockchain-Technologie und erforscht Möglichkeiten, Analysefunktionen in den Blockchain-Bereich einzubringen.

Vor seiner jetzigen Tätigkeit in der IBM Data and AI Development Organisation arbeitete Martin mit vielen großen Kunden weltweit auf Unternehmensebene zusammen und war Vordenker bei datenzentrierten Lösungen. In dieser Rolle hat er seine Fähigkeit unter Beweis gestellt, horizontal zu denken, um Unternehmen und IT zusammenzubringen, indem er Lösungen für komplexe Probleme in einfachen Worten kommunizierte.

Er ist ein gewähltes Mitglied der IBM Academy of Technology und des TEC CR. Er ist ein zertifizierter IBM Master Inventor mit über 100 erteilten Patenten und zahlreichen Veröffentlichungen, darunter 4 Bücher.

Thomas Schaeck ist ein IBM Distinguished Engineer (technische Führungskraft) bei IBM Data and AI und leitet Watson Studio auf dem IBM Cloud (Cloud Pak for Data) Desktop und die Integration mit anderen IBM-Angeboten. Watson Studio ist eine Cloud-native kollaborative Data-Science- und KI-Umgebung für Datenwissenschaftler, Dateningenieure, KI-Experten, Business-Analysten und Entwickler, die es Teams ermöglicht, Erkenntnisse zu gewinnen, ML/DO-Modelle zu trainieren, zu definieren und einzusetzen und von den Erkenntnissen zu optimalen Maßnahmen zu gelangen. Zuvor leitete Thomas die Architektur und technische Strategie für IBM Connections, WebSphere Portal und IBM OpenPages. Während eines einjährigen Einsatzes in den USA in den Jahren 2013–2014 leitete Thomas die Transformation der Architektur, der technischen Strategie und des DevOps-Prozesses für IBM OpenPages Governance Risk Compliance, trieb die Einführung von IBM Design Thinking voran und wurde zu einem vertrauenswürdigen Partner für wichtige IBM OpenPages-Kunden.

Zuvor leitete er die Architektur und technische Strategie für IBM Connections und die Integration mit WebSphere Portal, Enterprise Content Management, Business Process Management sowie Design und Entwicklung von Smart Social Q&A, wurde zu einem vertrauenswürdigen Partner für Großunternehmen und Kundenbeiräte und trug zur Beschleunigung des Verkaufs bei. Während eines zweijährigen Einsatzes in den USA von 2004–2006 leitete Thomas die Architektur, Entwicklung und Leistung von Collaboration-Software für Messaging und Webkonferenzen, wobei er eine Beschleunigung der Entwicklungsproduktivität und große Verbesserungen bei Leistung und Skalierbarkeit erreichte.

Thomas leitete auch die Architektur und technische Ausrichtung der WebSphere Portal Platform und die Entwicklung der WebSphere Portal Foundation, initiierte und leitete die Portalstandards Java Portlet API und OASIS WSRP und Apache Open Source Referenzimplementierungen und initiierte und leitete die Web 2.0 Initiative für WebSphere Portal. Als vertrauenswürdiger Portalarchitekt und Vorreiter bei Portalintegrationsstandards spielte er eine Schlüsselrolle dabei, die Herzen und Köpfe der ersten Referenzkunden und später vieler Unternehmenskunden in Deutschland und Europa zu gewinnen.

Über den technischen Prüfer

Mike Sherman verfügt über 35 Jahre Erfahrung in den Bereichen Marketing, Marktforschung und CRM/Big Data. Er hilft Kunden, Marketingchancen zu nutzen, indem er die Bedürfnisse der Endnutzer versteht, sie in Erkenntnisse/Datenspezifikationen umwandelt und die Ergebnisse in klare, implementierbare Ergebnisse überträgt.

Mike hat vor kurzem sein erstes (und letztes!) Buch *52 Things We Wish Someone Had Told Us About Customer Analytics* veröffentlicht, das er gemeinsam mit seinem Sohn Alex verfasst hat. Das Buch fasst Lektionen aus dem wirklichen Leben zusammen, die sie im Laufe ihrer Karriere gelernt haben. Der Schwerpunkt liegt dabei auf praktischen Anwendungen der Analytik, die Methoden und Prozesse mit wirkungsvollen Ergebnissen verbinden.

Mike begann seine Karriere bei Procter & Gamble, wo er sowohl neue als auch etablierte Marken betreute. Mike war 17 Jahre lang bei McKinsey & Company tätig; während dieser Zeit baute er die Marketingpraxis für den asiatisch-pazifischen Raum auf und war Mitbegründer der globalen CRM-Praxis. Mike war außerdem Global Head of Knowledge Management bei Synovate, wo er die Bemühungen leitete, den Wert, den Kunden aus der Forschung ziehen, zu verbessern. Bei SingTel und Hong Kong Telecom baute er Big-Data-Teams auf und trieb die Nutzung von Kundendaten und Kundenforschung voran, um dem Unternehmen zu helfen, die Möglichkeiten von Kunden und Kundendaten zu verstehen.

Mike ist seit 1997 in Asien tätig und hat die Arbeit in fast allen Ländern des asiatisch-pazifischen Raums unterstützt. Er verfügt über umfangreiche Erfahrungen in den Bereichen Telekommunikation, Einzelhandel, Finanzdienstleistungen, Unterhaltungselektronik und FMCG.

Mike hat einen MBA mit Auszeichnung (Baker Scholar) von der Harvard Business School und zwei Bachelor-Abschlüsse (magna cum laude) von der Wharton School and College, University of Pennsylvania.

Mike ist ein gefragter Redner auf Konferenzen und hat mehrmals im McKinsey Quarterly über Marketingfragen in den sich entwickelnden asiatischen Märkten veröffentlicht. Er ist ehemaliger Vorstandsvorsitzender von AFS-USA, einer führenden High-School-Austauschorganisation, und ein begeisterter Reisender, der bereits über 140 Länder besucht hat.

Vorwort

Künstliche Intelligenz ist ein weit gefasster Begriff, der das Interesse der Menschen geweckt hat. Bis vor kurzem war KI als einer der fortschrittlichsten Studienzweige auf wissenschaftliche Kreise beschränkt und hatte es schwer, ihren Weg in die industrielle Arena zu finden. Es gibt viele Gründe für die verzögerte Einführung, aber ich bin der festen Überzeugung, dass dies auf das Fehlen von Lehrbüchern zurückzuführen ist, wie das, das Sie in der Hand halten. Es ist die ständig steigende Geschwindigkeit der Prozessoren, die Daten in riesigen Mengen produzieren, die eine Automatisierung im Datenbereich erforderlich machte. Die KI übernimmt genau diese Aufgabe des „Verstehens der Daten" und liefert gleichzeitig analytische Ergebnisse. Angesichts der zunehmenden Datenmengen suchte die Industrie verzweifelt nach neuen Tools zur Datenanalyse, und KI kam zur rechten Zeit. Allerdings ist KI so komplex, dass nur wenige in der breiten Masse damit etwas anfangen können. Dieses Autorenteam kommt im richtigen Moment zur Hilfe, indem es mit großartigen Beispielen Einblicke gewährt.

KI hat sich in letzter Zeit im kommerziellen Bereich als vielversprechend erwiesen, da viele damit begonnen haben, KI für einfache Anwendungsfälle einzusetzen, um einige banale Aufgaben zu eliminieren, die automatisiert werden können. Schon in meiner Kindheit war ich von der wissenschaftlichen Herangehensweise an die Lösung von Problemen fasziniert, und diese Neugierde wuchs weiter mit der Zeit. KI erregte meine Aufmerksamkeit, als ich nach Möglichkeiten suchte, verschiedene Probleme in der Finanzbranche zu lösen. Zu dieser Zeit hatte ich die Möglichkeit, als leitender Unternehmensarchitekt Systeme zu entwerfen, was mich in die Lage versetzte, meine Neugierde mit meiner beruflichen Rolle zu verbinden. Seitdem verfolge ich die KI und suche nach Möglichkeiten, sie in der Industrie einzusetzen. In letzter Zeit wurden viele Anwendungsfälle mit KI realisiert. Die auf Eingabeaufforderungen basierenden Telefonbeantworter, die wir früher verwendet haben, werden jetzt durch sprachgesteuerte Systeme ersetzt, die es den Kunden ermöglichen, direkt nach dem Gewünschten zu fragen, anstatt dass das System sie (mühsam) durch Eingabeaufforderungen führt. Das Internet ist inzwischen voll von Chatbots, die den Online-Kundendienst übernehmen. Die Finanzbranche nutzt seit langem das maschinelle Lernen (einen Zweig der KI) für die prädiktive Datenanalyse und die automatische Entscheidungsfindung in verschiedenen Anwendungen. Tesla und viele andere Unternehmen haben damit begonnen, KI in autonomen Fahrzeugen einzusetzen. Zunehmend haben viele Unternehmen damit begonnen, KI/ML für potenzielle Anwendungsfälle in ihrem Bereich zu erforschen.

KI/ML ist ein komplexes Thema und erfordert versierte Autoren, um es einem breiten Publikum nahezubringen. In diesem Buch haben Eberhard, Martin und Thomas eine großartige Arbeit geleistet, indem sie das Thema in einfachem Englisch vorgestellt haben. Sie haben erfolgreich die Kluft zwischen KI und dem Mainstream-Publikum überbrückt und das Thema in einfachen Worten erklärt. Dieses Buch ist für ein Publikum geeignet, das von begeisterten Lesern bis zu wissenschaftlichen Forschern reicht. Es hilft Menschen in verschiedenen Rollen, wie Analysten, Programmierern, Architekten, Geschäftsführern, leitenden Angestellten und Führungskräften, sich mit dem Thema vertraut zu machen. Das Buch bringt seine Leser von einem Niveau, auf dem sie keine Kenntnisse über KI/ML haben, zu einem guten Verständnis des Fachgebiets, während es ihnen gleichzeitig die Möglichkeit gibt, die Werkzeuge in ihrem Bereich zu nutzen.

Die Autoren führen den Leser in das Thema der Erstellung einer Informationsarchitektur (IA) rund um KI/ML ein. Ziel ist es, eine Struktur für den Einsatz von KI/ML in jedem Unternehmen zu schaffen und Führungskräften dabei zu helfen, sie in ihrem eigenen Unternehmen einzusetzen. Das Buch umreißt sehr klar die Imperative für die Architektur rund um KI, selbst für einen unerfahrenen Leser. Den Autoren ist es gelungen, verschiedene Einheiten in der KI zu identifizieren, die es in der Branche im Bereich der KI derzeit nicht gibt. Das Buch wird geeigneten Mitarbeitern in den richtigen Positionen helfen, organisatorischen Erfolg zu erzielen.

Nach IA für KI wird der Leser durch den Prozess der Operationalisierung von KI geführt, anstatt nur mit einem Verständnis des Themas zurückgelassen zu werden. Verstehen und Umsetzen sind zwei völlig unterschiedliche Aspekte, die die Autoren klar verstehen. Der Leser wird nicht mit unbeantworteten Fragen darüber zurückgelassen, wie man KI operationalisieren kann. Die Autoren sind sich darüber im Klaren, dass dies in der KI relevanter ist als in anderen Bereichen, und sie haben den Leser in diesem Prozess angeleitet. Zu diesem Zweck haben sie verschiedene Aspekte der KI in Unterbereiche mit einfachen Erklärungen unterteilt. Ich halte es für sehr wichtig, dass ein KI-Experte auf jeder Ebene ein Konzept zur Umsetzung bringt.

Die Autoren konzentrieren sich nicht nur darauf, KI/ML in den Mainstream zu bringen, sondern betrachten auch das große Ganze, indem sie KI/ML mit anderen

Bereichen wie Blockchain und Quantencomputing in Beziehung setzen. Sie zeigen ein umfassendes Verständnis, indem sie KI/ML mit IT-Bereichen wie Governance, Change Management und DevOps in Verbindung bringen. Da es sich bei KI um ein neues Feld handelt, das sich im kommerziellen Bereich noch im Versuchsstadium befindet, ist eine Kontrolle beim Einsatz von KI nicht einfach. Die Autoren verstehen jedoch die Bedeutung von Governance im IT-Bereich und betrachten KI nicht ohne dieses Thema. Sie erklären die grundlegende Notwendigkeit von Governance in der IT, bevor sie den Leser in die KI-Governance selbst einführen. Die Autoren haben den gesamten Bereich der KI in einer leicht verständlichen Sprache behandelt.

Die Autoren heben nicht nur die Vorteile von KI/ML hervor, sondern zeigen auch die Grenzen des Bereichs auf und schlagen neue Fortschritte vor, die erforderlich sind, um die Grenzen zu erweitern. Das Buch wird Fachleuten dabei helfen, sich auf zukünftige Fortschritte in ihrem Bereich vorzubereiten, während sie KI in ihrem Unternehmen einsetzen. Mir persönlich gefällt dieser Aspekt der Darstellung der Grenzen von KI. Es zeigt, wie tief ein Autor in einem bestimmten Bereich steckt, wenn er die Grenzen des Feldes aufzeigt. Nur ein gut ausgebildeter Experte auf dem Gebiet ist in der Lage, die Grenzen des Fachgebiets aufzuzeigen, und die Autoren zeigen zweifellos, wie tief sie in der Materie stecken. Ich würde jedem in der IT und in wissenschaftlichen Bereichen empfehlen, dieses Buch zu lesen, um das Feld mit anderen Augen zu sehen und eine neue Perspektive zu entwickeln. Das Buch ist eine sehr gute Lektüre, auch für diejenigen, die nicht in technischen Bereichen tätig sind, da es in einfachem Englisch geschrieben ist und auch für einen zufälligen, interessierten Leser der KI zugänglich ist. Es wird das Verständnis für den Bereich verbessern und gleichzeitig die Fähigkeit entwickeln, KI/ML in die eigene Organisation einzubringen, unabhängig von der Branche.

Ich gratuliere den Autoren zu ihrem gut geschriebenen Buch und ermutige sie, auch in Zukunft wertvolle Brücken und Einsichten zu liefern.

Leitender Unternehmensarchitekt   Srinivas Thummalapalli
Fifth Third Bank
Cincinnati, USA
Juli 2020

Danksagungen

Ein Buch zu schreiben ist viel schwieriger, als wir dachten, aber auch lohnender, als wir es uns hätten vorstellen können. Es erfordert Fachwissen und Einsicht, aber auch Motivation und Inspiration. Es war nicht immer einfach, engagiert zu bleiben, das Projekt voranzutreiben, die Kapitel zu verbessern, sie lesbarer zu machen und stets neue Motivation zu finden. Aber jetzt ist es geschafft.

Wir sind den vielen IBM-Kollegen, Fachleuten und Führungskräften, mit denen wir rund um den Globus zusammengearbeitet haben, auf ewig dankbar. Die Zusammenarbeit mit Universitäten verschaffte uns einen unschätzbaren und produktunabhängigen Einblick in die Forschungsthemen der künstlichen Intelligenz (KI). Zahlreiche Unternehmen und Organisationen, mit denen wir in den letzten Jahren zusammenarbeiten durften, haben uns bei der Ausarbeitung einiger KI-Herausforderungen inspiriert und uns Ideen für den Einsatz von KI im Unternehmen geliefert.

Ein ganz besonderer Dank geht an *Stephane Rodet*, den Lead UX Engineer des IBM Deutschland R&D Labs, der uns sehr dabei geholfen hat, die Zeichnungen dieses Buches in eine attraktive und konsumierbare Form zu bringen.

Nicht zuletzt möchten wir uns bei allen Mitarbeitern von Apress bedanken, die uns so sehr geholfen haben. Besonderer Dank gilt *Joan Murray*, der stets geduldigen Akquisitionsredakteurin, und *Jill Balzano*, unserer fantastischen koordinierenden Redakteurin, der besten Coverdesignerin, die wir uns vorstellen können.

Im Rahmen der Übersetzung des Buches von der Enlischen in die Deutsche Sprache sind wir insbesondere Ashok Naik P, dem Production Editor von Springer Nature verbunden.

Buch-Layout

Dieses Buch richtet sich an Leser, die nach Anleitungen und Empfehlungen suchen, wie die Herausforderungen bei der Implementierung und Operationalisierung von KI-Lösungen in einem Unternehmen gemeistert werden können, und darüber hinaus daran interessiert sind, einen umfassenden Überblick über die Auswirkungen von KI auf andere Bereiche wie Design Thinking, Informationsarchitektur, DevOps, Blockchain und Quantencomputing – um nur einige zu nennen – zu erhalten. Der angedachte Leser sucht nach Beispielen, wie man Daten nutzen kann, um daraus verwertbare Erkenntnisse und Vorhersagen abzuleiten, und versucht, die aktuellen Risiken und Grenzen von KI zu verstehen und was dies in einem branchenrelevanten Kontext bedeutet. Wir richten uns an IT- und Unternehmensleiter, IT-Fachleute, Datenwissenschaftler, Softwarearchitekten und Leser, die ein allgemeines Interesse an einem ganzheitlichen Verständnis von KI haben.

Die Kapitel dieses Buches sind in vier Hauptteile gegliedert.

Teil I: Einstieg bildet den Rahmen für das Buch, indem es ein kurzes Einführungskapitel, eine KI-Evolutionsperspektive einschließlich technologischer Fortschritte und eine kurze Beschreibung der wichtigsten KI-Aspekte mit Konzepten des maschinellen Lernens (ML) und des Deep Learning (DL) bietet.

Er besteht aus den folgenden drei Kapiteln:

- **Kap. 1: KI-Einführung** gibt einen Überblick über KI in Unternehmen, liefert Beispiele für relevante Anwendungsfälle und zeigt, wie KI in der Praxis eingesetzt werden kann. Es wird beschrieben, wie die Unternehmensautomatisierung mithilfe von KI gesteigert werden kann, und es wird der KI-Lebenszyklus aus Unternehmenssicht vorgestellt.

- **Kap. 2: Historische Perspektive der KI** beschreibt, warum die theoretischen Grundlagen der KI in der zweiten Hälfte des zwanzigsten Jahrhunderts zu dem bemerkenswerten KI-Schub im letzten Jahrzehnt geführt haben. Wir wagen auch einen Blick in die Zukunft und gehen kurz auf die technologischen Fortschritte ein, die wir in naher Zukunft höchstwahrscheinlich beobachten werden.

- **Kap. 3: Schlüsselkonzepte von ML, DL und Entscheidungsoptimierung** führt in die Schlüsselkonzepte von ML und Entscheidungsoptimierung ein und erklärt die Unterschiede zwischen diesen beiden Konzepten. Wir erörtern auch das intelligente Labeling von Daten, um die Arbeitskosten und die Zeit der Experten für das Labeling zu minimieren, und stellen das Konzept der automatischen Erstellung von KI-Modellen vor.

Teil II: KI-Einsatz konzentriert sich auf erfolgreiche KI-Einsätze, indem die Implementierung einer durchgängigen Informationsarchitektur für KI befürwortet wird, die eine wesentliche und oft vernachlässigte Komponente jedes KI-Einsatzes ist. Wir stellen Beispiele vor, wie Daten in verwertbare Vorhersagen und Erkenntnisse umgewandelt werden können, beschreiben, wie ML-basiertes Matching für ein verbessertes und vertrauenswürdiges Stammdatenmanagement genutzt werden kann, und teilen mit dem Leser Richtlinien zur Überwindung von Operationalisierungsherausforderungen in Unternehmensumgebungen, einschließlich wichtiger Design Thinking- und DevOps-Aspekte im Kontext von KI. Er besteht aus den folgenden vier Kapiteln:

- **Kap. 4: KI-Informationsarchitektur** erläutert die Rolle einer Informationsarchitektur für die Bereitstellung einer zuverlässigen und unternehmensweiten KI-Grundlage. Dieses Kapitel ist für den Leser wichtig, um die Auswirkungen von KI auf eine bestehende Informationsarchitektur vollständig zu verstehen und nachhaltige KI-Lösungen einzusetzen.

- **Kap. 5: Von Daten zu Vorhersagen zu optimalen Maßnahmen** erklärt, wie Vorhersagen aus ML und Entscheidungsoptimierung kombiniert werden können, um optimale Ergebnisse für Unternehmen zu erzielen, einschließlich einer Reihe von praktischen Beispielen.

- **Kap. 6: Die Operationalisierung von KI** befasst sich mit der Implementierung von KI-Artefakten in einer oft sehr komplexen und vielfältigen Unternehmensumgebung. Dazu gehören die Bewertung in Echtzeit, die Überwachung beispielsweise von ML-Modellen, um ihre Genauigkeit und Präzision aufrechtzuerhalten, und die Umwandlung von Daten in verwertbare Erkenntnisse.

- **Kap. 7: Design Thinking und DevOps im KI-Kontext** beschreibt, wie Design Thinking- und DevOps-Methoden bei der Entwicklung von KI-Systemen, Produkten und Tools sowie Anwendungen angewendet werden können. Wir gehen auch darauf ein, wie KI und ihre Geschwister genutzt und in Design Thinking- und DevOps-Konzepte integriert werden können.

Teil III: KI im Kontext trägt der Tatsache Rechnung, dass KI nicht für sich allein steht, sondern in einem größeren Kontext existiert. In diesem dritten Teil wird somit KI im Kontext anderer wichtiger Initiativen in verschiedenen Branchen beschrieben, z. B. Blockchain, Quantencomputing, Governance und Stammdatenmanagement sowie Change Management.

Er besteht aus den folgenden fünf Kapiteln:

- **Kap. 8: KI und Governance** beschreibt Aspekte von KI und Governance und erörtert darüber hinaus die Notwendigkeit von Erklärbarkeit, Fairness und Nachvollziehbarkeit. Da KI-gestützte Entscheidungsfindung sinnvoll und für den Menschen nachvollziehbar sein sollte, bringt KI eine neue Dimension von Governance-Imperativen mit sich, die Transparenz, Vertrauen und Verantwortlichkeit gewährleisten sollen.

- **Kap. 9: KI und Stammdatenmanagement** bietet einen tiefen Einblick in die Anwendung von ML auf Master Data Management (MDM) und Data Governance Lösungen. Insbesondere wird die Anwendung von KI zur Verbesserung der erforderlichen Abgleichsalgorithmen für MDM und zur Entdeckung verborgener Beziehungen in zentralen Unternehmensdaten hervorgehoben.

- **Kap. 10: KI und Change Management** beleuchtet das Change Management im Kontext von KI und stellt wichtige Aspekte des KI Change Management vor, wie z. B. die Identifizierung und Analyse von Stimmungen für ein verbessertes Change Management mit einem optimierten Ergebnis.

- **Kap. 11: KI und Blockchain** beschreibt die Anwendbarkeit von KI auf das Blockchain-Thema, das an sich noch ein relativ neues Konzept ist, und liefert Beispiele für die Verbesserung der manipulationssicheren Nachvollziehbarkeit von KI-Modellversionen, der beim Training verwendeten Datensätze und vieles mehr.

- **Kap. 12: KI und Quantum Computing** befasst sich mit einigen KI-Problemen, die wahrscheinlich vom Quantum Computing profitieren werden. Das Erwartungen der Quanteninformatik, „klassische" Computer bei einigen Berechnungsproblemen zu übertreffen, könnte sich tiefgreifend auf die Lösung von KI-Problemen auswirken, z. B. auf komplexe Back-Propagation-Algorithmen zum Erlernen hochdimensionaler künstlicher neuronaler Netze.

Teil IV: Grenzen der KI und künftige Herausforderungen erörtert die derzeitigen Grenzen und Herausforderungen der KI, von denen einige Gegenstand der Forschung sind, während andere möglicherweise unlösbare Herausforderungen darstellen, die dem Menschen Raum lassen, diese Lücke auch witerhin zu füllen – selbst in ferner Zukunft. Einige Schlussbemerkungen und ein Ausblick auf die Zukunft der KI schließen diesen letzten Teil des Buches ab.

Er besteht aus den folgenden zwei Kapiteln:

- **Kap. 13: Grenzen der KI** befasst sich mit den vielversprechenden Möglichkeiten der KI mit ihrer atemberaubenden Bandbreite an Anwendungen, die schier grenzenlos scheinen. Und doch gibt es auch für KI eine Reihe von Grenzen und zukünftigen Herausforderungen, wie wir in diesem Kapitel erfahren.

- **Kap. 14: Zusammenfassung und Ausblick** gibt einen Ausblick auf die wahrscheinliche künftige Entwicklung der KI und die Anwendungen von KI und stellt Überlegungen zu möglichen Konsequenzen an.

TEIL I

Erste Schritte

KAPITEL 1

KI-Einführung

Künstliche Intelligenz (KI) ist schon seit langem eine Vision der Menschen. In der Belletristik wurde das Thema KI aus vielen Blickwinkeln beleuchtet. In *„Neuromancer"*, *„2001: Odyssee im Weltraum"*, *„Terminator"*, *„A.I."*, *„Star Trek"*, *„Alien"*, *„Mother"* usw. kommt die KI in vielen verschiedenen Erscheinungsformen vor: einige der Protagonisten sind menschenähnlich, andere ähneln eher Fanatsiewesen mit den aussergewöhnlichsten Fähigkeiten; einige dienen dem Menschen oder arbeiten mit ihm zusammen, und andere kämpfen sogar gegen ihn.

Während die Künstliche Intelligenz (KI), wie sie in Science-Fiction-Filmen dargestellt wird, nach wie vor mehr als schwer fassbar ist, hat es in mehreren praktischen Bereichen der KI, die bereits von der Fiktion zur Realität geworden sind, große Fortschritte gegeben.

Insbesondere die KI-Bereiche des maschinellen Lernens (ML) und des Deep Learning (DL) sind von der Forschung in die Praxis übergegangen und werden inzwischen von einer großen Zahl von Unternehmen und Organisationen in einer erstaunlichen Bandbreite von Anwendungsfällen auf der ganzen Welt eingesetzt. Wir sind jetzt an einem Punkt angelangt, an dem die Nutzung von ML und DL für moderne Unternehmen zum Stand der Technik gehört, doch die Einführung in größerem Maßstab liegt noch vor uns. Early Adopters werden ihre ML- und DL-Anwendungen vertiefen und ausweiten, und diejenigen, die noch nicht ernsthaft damit begonnen haben, werden bald nachziehen müssen.

KI für Unternehmen

Dieses Buch bietet Ihnen Empfehlungen und Best Practices für die ganzheitliche Anwendung von KI im Unternehmens- und Organisationskontext. Wir bieten Ihnen eine pragmatische Sicht auf KI und zeigen Ihnen, wie Sie ihre transformative, disruptive Kraft entfesseln können, um KI sinnvoll und geschäftsrelevant einzusetzen.

KI im Unternehmen bedeutet nicht nur die Nutzung von fortgeschrittenem ML und DL, sondern auch von natürlicher Sprachverarbeitung[1] und Entscheidungsoptimierung,[2] um zu automatisierten Aktionen, Robotik und anderen Bereichen zu kommen, um bestehende Geschäftsprozesse zu optimieren und neue Anwendungsfälle zu implementieren. KI im Unternehmen[3] zielt darauf ab, organisatorisches Wissen zu entdecken und analytische Erkenntnisse in Entscheidungsprozesse einfließen zu lassen, und zwar auf eine Art und Weise, die dem entspricht, wie ein Mensch diese Aufgaben angehen würde, aber diese Prozesse um Größenordnungen beschleunigt.

In diesem Buch bieten wir Ihnen eine umfassende Sicht auf KI, die von Herausforderungen und Lücken geprägt ist – und damit von Möglichkeiten, Wettbewerbsvorteile zu erzielen. Ein besonderer Bereich bezieht sich auf den KI-Lebenszyklus und -Einsatz, einschließlich der Herausforderungen bei der KI-Operationalisierung, der Notwendigkeit einer umfassenden Informationsarchitektur (IA) zur Ermöglichung von KI und zwecks Bereitstellung notwendiger Daten, die ihr zugrunde liegen, DevOps-Aspekte und die Frage, wie man auf der Grundlage von Erkenntnissen aus ML/DL- und DO-Modellen zu umsetzbaren Entscheidungen kommt. Außerdem untersuchen wir KI im Kontext spezifischer Bereiche wie Stammdatenmanagement,[4] Governance und Change Management und Blockchain sowie zukünftige Richtungen wie Quantencomputing.

Die Anwendbarkeit von KI für das Unternehmen[5] bietet eine recht vielfältige Perspektive. ML, DL und Decision Optimization (DO) sind Schlüsselbereiche, auf die wir uns während des gesamten Buches konzentrieren. In dieser Einführung und in Kap. 5, *„Von Daten zu Vorhersagen zu optimalen Maßnahmen"*, vermitteln wir Ihnen ein Verständnis für die komplementäre Natur von ML/DL einerseits und DO andererseits,

---

[1] Wir nutzen hierfür im Folgenden die Abkürzung NLP (Natural Language Processing).
[2] Wir nutzen hierfür im Folgenden die Abkürzung DO (Decision Optimization).
[3] Siehe [1, 2] für weitere Informationen über KI im Unternehmen.
[4] Wir nutzen im Folgenden hierfür die Abkürzung MDM (Master Data Management).
[5] Weitere Informationen über das KI-gestützte Unternehmen finden Sie unter [3].

die es ermöglicht, von Daten zu Vorhersagen zu optimierten Maßnahmen zu gelangen, um automatisierte Aktionen zu ermöglichen. Darüber hinaus geben wir Ihnen einen Überblick über die Entwicklung und den Fortschritt der KI in den letzten Jahrzehnten, denn dies ist essentiell, um den Reifegrad – einschließlich der fehlenden Fähigkeiten – der KI zu verstehen.

Eine Diskussion über KI im Unternehmen erfordert eine intensive Auseinandersetzung mit einer KI-Informationsarchitektur und den herausfordernden Operationalisierungsaspekten von KI, einschließlich DevOps im Kontext von KI. Kein Unternehmen kann die heutige Geschäftsdynamik und die erforderliche geschäftliche Agilität ohne eine robuste Informationsarchitektur (IA) aufrechterhalten, einschließlich Aspekten wie Datenspeicherung und -verwaltung, Governance und Change Management sowie MDM.

Die Auswirkungen von KI und die Möglichkeiten, die KI für diese Bereiche bietet, werden in Teil 3, *KI im Kontext*, ausführlich erörtert.

KI-Zielsetzung: Automatisierte Handlungen

Was sich die meisten Unternehmen und Organisationen von der KI-Anwendung erhoffen, sind automatisierte Entscheidungen, die automatisierte Aktionen vorantreiben, um ihre geschäftlichen oder anderen Ziele zu beschleunigen, oder die menschliche Entscheidungen mit Empfehlungen zu unterstützen, und wo es sinnvoll bzw. vorteilhaft ist, menschliches Urteilsvermögen zu ersetzen. Die Automatisierung oder Unterstützung von Entscheidungen und daraus resultierende Maßnahmen können zu enormer Effizienz und Geschwindigkeit bei der Implementierung führen und in einigen Fällen völlig neue Geschäftsmodelle ermöglichen, die sonst schwer umsetzbar wären – zum Beispiel moderner E-Commerce, Betrugserkennung, Dating-Apps und vieles mehr.

Auf der anderen Seite kann die Automatisierung von Entscheidungen und Handlungen, wenn sie nicht gut durchgeführt wird, zu Schäden oder Verlusten führen – wie z. B. ein selbstfahrendes Fahrzeug, das einen Unfall verursacht, oder ein automatischer Handelsalgorithmus, der finanzielle Verluste verursacht, oder Entscheidungen, die rechtlich oder moralisch falsch sind und Geldstrafen oder Markenschäden verursachen.

In den folgenden Abschnitten gehen wir von dem Ziel „automatisierte Entscheidungen, die zu automatisierten Handlungen führen" aus und zeigen die zur Erreichung dieses Ziels erforderlichen Mittel und technischen Ansätze auf.

Handlungen erfordern Entscheidungen

Unternehmen und Organisationen treffen tagtäglich eine Vielzahl von Entscheidungen[6] und führen auf der Grundlage dieser Entscheidungen zahlreiche konkrete Maßnahmen durch.

Große strategische Entscheidungen werden von Führungskräften und Vorständen getroffen, z. B. ob ein Unternehmen übernommen werden soll, um das Geschäft zu erweitern, wie die Unternehmenskultur und das Image gestaltet werden sollen und wie hoch das Gesamtrisiko im Verhältnis zu den Ertragszielen sein soll. Diese strategischen Entscheidungen können durch den Einsatz von KI-Techniken unterstützt werden; die endgültige Beurteilung und Entscheidung liegt jedoch nach wie vor in der Verantwortung von Menschen – und daran wird sich auch künftig nicht viel ändern. Letztendlich bleiben die Führungskräfte und Vorstände für diese strategischen Entscheidungen und alle ihre Konsequenzen verantwortlich, aber KI kann ihnen helfen, bessere und zielgerichtetere Entscheidungen zu treffen. In der Regel gibt es keine große Anzahl von Entscheidungen dieser Art; diese sind hervorragend geeignet, von Menschen nach angemessener Abwägung und Diskussion adressiert zu werden.

In einem Unternehmen oder einer Organisation müssen jedoch weitaus mehr Entscheidungen – vielleicht Millionen oder Milliarden – konsequent, schnell und mit hoher Frequenz auf der Grundlage von Daten, Richtlinien und Einschränkungen getroffen werden. Beispiele für solche häufigen Entscheidungen sind die Frage: (1) ob eine Tür für eine Person, die eintreten möchte, geöffnet werden soll, (2) was in einer kontextbezogenen Marketingkampagne angeboten werden soll, (3) die Optimierung der Interaktion zwischen Agenten und Kunden, (4) die Entscheidung, ob ein autonomes Fahrzeug in einer bestimmten Situation anfahren soll, (5) die Entscheidung, ob ein Versicherungsanspruch oder eine Kreditanfrage genehmigt oder abgelehnt werden soll, und (6) die Erleichterung von Kaufentscheidungen.

Nachfolgend finden Sie einige typische Beispiele von in großer Anzahl und mit hoher Frequenz vorliegenden Entscheidungen, die wir in den folgenden Abschnitten näher untersuchen werden:

---

[6]Weitere Informationen über die Theorie und Anwendung der Entscheidungsanalyse finden Sie unter [4].

- **Das nächstbeste Angebot**: Die Entscheidung, welche Produkte einem Kunden angeboten werden sollen, wenn er sich auf einer Website anmeldet

- **Zielgerichtete Reiseinformationen**: Welche Abflug- und Ankunftszeiten sollen auf Flughafenbildschirmen und Websites angezeigt werden?

- **Fertigungsoptimierung**: Ob eine Produktionslinie in einer Fabrikhalle gehalten werden soll

Diese Art von Entscheidungen[7] werden von Menschen oft nicht optimal getroffen, da die Anzahl dieser Entscheidungen zu groß ist und die Eingangsparameter für diese Entscheidungen komplex sind, so dass es nicht sinnvoll und praktikabel ist, diese umfangreichen Entscheidungen von Menschen treffen zu lassen.

Um diese Art von datengesteuerten Entscheidungen zu automatisieren, wurden in der Vergangenheit in der Regel unflexible, deterministische Programme verwendet, die von den Entwicklern verlangen, deterministische Algorithmen und vordefinierte Regeln zu formulieren, um Eingabeparameter zu verarbeiten und die gewünschte Entscheidung zu treffen. Dies erforderte von den Entwicklern die Bereitschaft, den Code bei Bedarf zu ändern, selbst für kleinere im Laufe der Zeit u. U. signifikant zunehmende Anzahl von Anpassungen. Menschen würden diese Entscheidungen stets nach für sie definierten Regeln und Richtlinien und/oder auf der Grundlage ihres persönlichen Urteilsvermögens treffen, was zwar eine Anpassung an sich ändernde Umstände ermöglicht, aber einen erheblichen Personalaufwand erfordert, der zwangsläufig hohe Kosten verursacht und mehr Zeit pro zu treffender Entscheidung in Anspruch nimmt.

Entscheidungen erfordern Vorhersagen

Um hochvolumige Entscheidungen flexibel und dennoch automatisiert treffen zu können, werden datengestützte Prognosen benötigt. Diese Vorhersagen können mit Hilfe modernster KI-Techniken erstellt werden. Dabei werden relevante Daten verwendet, um einen Prozess anzustoßen, der auf Daten zugreift, diese in ein Vorhersagemodell einspeist und daraus Vorhersagen ableitet, wie in Abb. 1-1 zu sehen ist.

---

[7] Weitere Informationen zur automatisierten Entscheidungsfindung finden Sie unter [5].

Abb. 1-1. *Von Daten zu Vorhersagen*

Diese vorausschauende Erkenntnis dient dann als eine der Grundlagen für den Entscheidungsprozess. Im Folgenden finden Sie einige Beispiele für prädiktive Erkenntnisse, die den drei Beispielen für erforderliche Entscheidungen entsprechen, die wir im vorherigen Abschnitt genannt haben:

- **Wahrscheinliches Produktinteresse als Grundlage für die nächstbeste Aktion**: An welchen Produkten sind die Kunden höchstwahrscheinlich interessiert und bereit, diese auch zu erwerben, und wie hoch ist die Wahrscheinlichkeit, dass ein Kunde eines oder sogar mehrere der vorgeschlagenen Produkte tatsächlich kauft. Diese Vorhersage wird benötigt, um zu entscheiden, welches Produkt oder welche Dienstleistung dem Kunden als Nächstes angeboten werden soll, um die höchste Akzeptanzwahrscheinlichkeit zu gewährleisten.

- **Voraussichtliche Ankunft des Flugzeugs am Flugsteig, um genaue Reiseinformationen zu erhalten**: Wann wird ein sich noch im Anflug befindliches Flugzeug tatsächlich am Flugsteig ankommen, und zwar unter Berücksichtigung aller Umstände, wie z. B. Luftverkehr, Gegen- oder Rückenwind, Rollzeit und vieles mehr. Diese Vorhersage wird benötigt, um zu entscheiden, welche Ankunftszeit für einen ankommenden Flug angezeigt werden soll.

- **Vorhersage der Qualität von Teilen für die Optimierung der Produktion in der Fabrik**: Auf der Grundlage aktueller Sensorinformationen wird eruiert, ob die nächste Bauteilcharge, die von einer Maschine in einer Anlage produziert wird, gut oder fehlerhaft ist. Diese Vorhersage wird benötigt, um zu entscheiden, ob die Produktion fortgesetzt oder die Produktionslinie angehalten werden soll.

Vorhersagen allein reichen jedoch in der Regel nicht aus, um intelligente, idealerweise optimale Entscheidungen zu treffen. Beispielsweise könnte die Vorhersage des Interesses eines Kunden an einem Produkt allein zu einer problematischen Entscheidung führen, z. B. etwas anzubieten, das nicht vorrätig ist, und den Kunden dann u. U. mit einer langen Wartezeit zu enttäuschen. Sie brauchen mehr als nur Vorhersagen, um *intelligente* Entscheidungen zu treffen.

Intelligente Entscheidungen: Vorhersage und Optimierung

Oft können Entscheidungen und Maßnahmen nicht allein auf der Grundlage individueller Prognosen getroffen werden. Um auf das vorangegangene Beispiel zurückzukommen: Welches Produkt welchem Kunden sinnvollerweise angeboten werden sollte, kann neben dem Interesse des Kunden auch von den Lagerbeständen und der Lieferzeit, der Rentabilität des jeweiligen Produkts, der Höhe des Marketingbudgets, dem Kundenstatus, der Annahme oder Ablehnung früherer Angebote und weiteren Parametern abhängen.

In Situationen, in denen Entscheidungen nicht nur auf der Grundlage von Vorhersagen, sondern im Kontext von geschäftlichen Zwängen und anderen Faktoren getroffen werden müssen, können Vorhersagen allein das Problem nicht angemessen lösen. Vorhersagen müssen mit einer Optimierung auf der Grundlage dieser Vorhersagen und zusätzlicher Daten, Einschränkungen und Geschäftsziele kombiniert werden, um die optimale Kombination von Entscheidungen und daraus resultierenden Maßnahmen zu ermitteln.

Abb. 1-2 veranschaulicht diesen Fluss von relevanten Daten über prädiktive Erkenntnisse hin zu optimierten Entscheidungen. Prädiktive ML- und DL-Modellierung in Kombination mit DO ermöglichen diesen Fluss.

Abb. 1-2. *Fluss von Daten zu optimierten Entscheidungen*

Die KI-Disziplin ML hat Ansätze entwickelt, um Vorhersagen auf der Grundlage von Daten zu treffen, ohne dass ein deterministischer Code für jedes einzelne Problem erforderlich ist. ML-Algorithmen erstellen mathematische *Modelle* auf der Grundlage von

Beispieldaten, die zum Trainieren dieser Modelle verwendet werden. Es gibt eine breite Palette von ML-Modelltypen für verschiedene Problembereiche, die von ML-Algorithmen trainiert werden. Drei Haupttypen von ML-Algorithmen sind das überwachte Lernen, das unüberwachte Lernen und die Algorithmen des verstärkten Lernens.

Weitere Informationen über ML-, DL- und DO-Konzepte finden Sie in Kap. 3, *"Schlüsselkonzepte von ML, DL und Entscheidungsoptimierung"*.

Daten treiben KI an

Um *gute* ML- und DL-Modelle zu erstellen und zu trainieren, benötigen wir gute Daten als Grundlage für jede KI-basierte Lösung. Die Daten müssen ausreichend relevant, genau und vollständig sein, um für das Training von KI-Modellen nützlich zu sein. Außerdem müssen die Daten repräsentativ sein und die Realität widerspiegeln, um unerwünschte Verzerrungen[8] zu vermeiden.[9] Nur wenn qualitative und relevante Daten für das Training von KI-Modellen verwendet werden, können als Ergebnis des Trainingsprozesses genaue und präzise KI-Modelle erstellt werden. Wenn die Daten nicht angemessen und ausreichend repräsentativ für ein bestimmtes Geschäftsszenario sind, werden die resultierenden Modelle in der Regel schlecht funktionieren und/oder verzerrt sein.

Garbage in, Garbage out

Es mag trivial klingen, aber wenn schlechte Daten zum Trainieren von ML- und DL-Modellen verwendet werden, führt Garbage in zu Garbage out. Ein gutes Beispiel ist eine Anekdote aus einem frühen Bilderkennungsprojekt, bei dem Datenwissenschaftler Bilder mit Panzern und Bilder ohne Panzer verwendeten, um ein künstliches neuronales Netzwerkmodell zu trainieren, das Bilder mit Panzern erkennen sollte. Das Modell wurde mit einer Reihe von gelabelten Trainingsbildern trainiert und dann mit einer Reihe von gelabelten Validierungsbildern validiert. Das resultierende Modell schien gut zu funktionieren, wurde jedoch später mit einem neuen Satz von Bildern abermals getestet und schnitt dann deutlich schlechter ab. In realen Projekten tritt dieses Phänomen häufig auf.

---

[8] Wir verwenden im Folgenden die Begriffe *Verzerrung* und *Bias* synonym.

[9] Je nach Geschäftskontext und Anwendungsfall kann Bias in ML- oder DL-Modellen ein zu erwartender Aspekt sein. In den meisten Szenarien sollte Bias jedoch vermieden werden.

Nach einer Analyse stellten die Datenwissenschaftler fest, dass die Beschriftungen unabhängig von den Panzern, die bei der Aufnahme der ersten Bilder vorhanden waren, stark mit sonnigen oder bewölkten Wetterbedingungen korrelierten. Infolgedessen wurde die Ausgabe des künstlichen neuronalen Netzes[10] stark davon beeinflusst, ob die Bilder bei Sonnenschein oder bei Bewölkung aufgenommen wurden. Erst nach Wiederholung des Trainingsprozesses mit einem besser gelabelten Trainingsdatensatzes konnte das ANN-Modell angemessenere Ergebnisse erzielen.

Die Generierung eines qualitativen und repräsentativen Satzes gelabelter Datensätze für das Training sowie die Validierung und das Testen ist eine wesentliche und oft zeitraubende Aufgabe für Datenwissenschaftler und Data Engineers.

Bias

Wenn zum Trainieren eines KI-Modells voreingenommene Daten verwendet werden, wird das resultierende KI-Modell wahrscheinlich auch mit Bias behaftet sein. Eine Bank möchte beispielsweise Entscheidungen im Rahmen eines Kreditgenehmigungsverfahrens automatisieren, indem sie eine Stichprobe früherer durch Sachbearbeiter getroffene Kreditentscheidungen verwendet, um ein KI-Modell zu trainieren, das diese Entscheidungen künftig automatisieren soll. Wenn der Datensatz früherer Sachbearbeiter-basierender Entscheidungen unvoreingenommen ist, kann man davon ausgehen, dass das KI-Modell fair ist.

Wenn jedoch die früheren Entscheidungen im Trainingsdatensatz bei einigen demografischen Merkmalen (z. B. Alter, Rasse, ethnische Zugehörigkeit, Geschlecht, Familienstand) eine Tendenz zu eher ablehnenden Krediten aufweisen, würde das Modell ebenfalls auf diese Tendenz hin trainiert werden.

Selbst wenn die Gesamtheit der Sacharbeiter-basierenden Entscheidungen in der Vergangenheit nicht biased war, könnte das resultierende KI-Modell bei einem nicht ausreichen repräsentativen Trainingsdatensatz dennoch Bias aufweisen.[11]

---

[10] Eine ausführliche Beschreibung der künstlichen neuronalen Netze finden Sie in Kap. 3, *„Schlüsselkonzepte von ML, DL und Entscheidungsoptimierung"*. Wir verwenden für künstliche neuronale Netze im Folgenden die Abkürzung ANN (Artificial Neural Network).

[11] In Kap. 4, *„KI-Informationsarchitektur"*, und Kap. 6, *„Die Operationalisierung von KI"*, wird das Thema Bias und die Überwachung von Bias ausführlicher behandelt.

Informationsarchitektur für KI

Angesichts der Bedeutung von Daten für die KI ist es unerlässlich, eine geeignete Informationsarchitektur (IA)[12] für die Verwaltung von Daten einzurichten, die als Grundlage für die KI und die zur Entwicklung der KI erstellten analytischen Ressourcen dienen.

Dabei arbeiten vertrauenswürdige Prozesse für *DataOps*, *Datenwissenschaft* und *ModelOps* Hand in Hand, wie in Abb. 1-3 graphisch dargestellt.

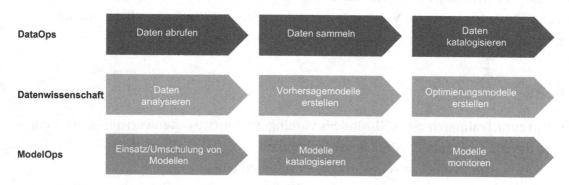

Abb. 1-3. *DataOps, Datenwissenschaft und ModelOps*

Es folgt eine kurze Beschreibung dieser drei Prozesse.

- **DataOps** umfasst die Beschaffung von Daten aus allen relevanten Quellen, das Sammeln von Daten in leicht zugänglichen und leistungsfähigen Datenspeichern und die Katalogisierung von Daten mit einem Verifizierungsgrad, die Sicherstellung, dass die Daten repräsentativ und nicht biased sind, und – nicht zuletzt – die Verwaltung von Daten, die zuverlässig und unveränderlich sind, um die Reproduzierbarkeit zu unterstützen. Für jedes KI-Modell, das auf der Grundlage von Daten trainiert wurde, sollte eine gute Informationsarchitektur sicherstellen, dass das KI-Modell nicht nur zu dem Code zurückverfolgt werden kann, mit dem es trainiert wurde, sondern auch zu den tatsächlichen Daten, die zum Trainieren, Validieren und Testen des KI-Modells verwendet wurden, sowie zu der Herkunft dieser Daten. Auch neue Daten, die für spätere

---

[12] Wir beschreiben die Schlüsselkonzepte einer Informationsarchitektur für KI in Kap. 4, *„KI-Informationsarchitektur"*.

Umschulungsprozesse (Re-Training) und zusätzliche Anpassungen des KI-Modells verwendet werden, müssen berücksichtigt werden.

- **Datenwissenschaft** ist erforderlich, um von Daten zu KI-Modellen zu gelangen. Kenntnisse der Datenwissenschaft und häufig auch entsprechendes Fachwissen sind erforderlich, um von den Daten, die von den DataOps-Elementen einer Informationsarchitektur bereitgestellt werden, zu prädiktiven und/oder präskriptiven KI-Modellen zu gelangen, die über ModelOps für die Nutzung durch Prozesse und Anwendungen verfügbar gemacht werden. Dies umfasst in der Regel die Analyse von Daten, um diese wirklich zu verstehen und weiterhin zu erkennen, ob dies auch die für die Lösung des anstehenden Problems passenden Daten sind, möglicherweise das Labeling von Daten, welches spezielles Fachwissen erfordert, die Erstellung und Validierung von Vorhersagemodellen und möglicherweise zusätzlich die Erstellung von Optimierungsmodellen, die Hand in Hand mit Daten und Vorhersagen arbeiten.

- **ModelOps** umfasst die Bereitstellung von KI-Modellen für die Verwendung in der Produktion und, falls erforderlich, das Re-Training von KI-Modellen sowie das Monitoring von KI-Modellen in der Produktion. Ähnlich wie beim Umgang mit Daten sollte die Informationsarchitektur auch KI-Modelle und Modellbereitstellungen berücksichtigen und als Artefakte einbeziehen, die entsprechend katalogisiert werden müssen. ModelOps muss in der Regel auch mit DataOps korrelieren, um neue Daten auf zuverlässige und leistungsfähige Weise in die Produktionsmodelle einzuspeisen, z. B. für real-time Scoring.

Zusammenfügen: Der KI-Lebenszyklus

Wir haben festgestellt, dass wir zur Automatisierung von Entscheidungen und Maßnahmen in einem Unternehmen oder einer Organisation Vorhersagen und oft auch Optimierung benötigen. Um Vorhersagen treffen zu können, müssen wir ML-Modelle mit repräsentativen und vertrauenswürdigen Daten trainieren. Um einen Datenbestand zu sammeln und zu verwalten, benötigen wir eine entsprechende KI-Informationsarchitektur.

Wir sind bei unseren Überlegungen von dem Ziel ausgegangen, automatisierte Aktionen zu ermöglichen, und haben uns dann auf die Mittel zur Erreichung dieses Ziels zurückbesonnen. Um funktionierende Lösungen zu entwickeln, müssen wir von den Daten ausgehen, um von diesen über Vorhersagen zu optimalen Aktionen zu gelangen.

Dieser praktische Ansatz zur Ergebnissgewinnung wurde im ML-Lebenszyklus[13] festgehalten, wie in Abb. 1-4 dargestellt. In Kap. 4, *„KI-Informationsarchitektur"*, werden die verschiedenen Aspekte des ML-Lebenszyklus im Zusammenhang mit der Informationsarchitektur näher erläutert.

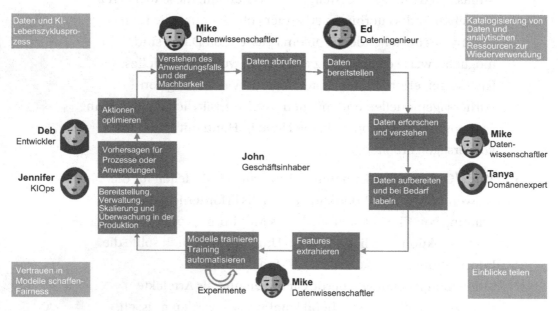

Abb. 1-4. *End-to-End-Zyklus für Datenwissenschaft/ML*

Verständnis von Anwendungsfall und Durchführbarkeit

In der ersten Phase des ML-Lebenszyklus geht es in der Regel darum, den Anwendungsfall zu verstehen und zu prüfen, ob dieser in der Praxis auch lösbar ist. Die wichtigsten zu definierenden und klärenden Aspekte sind das genaue Ziel eines Projekts

---

[13] Weitere Informationen über den Lebenszyklus der KI finden Sie unter [6].

und die konkreten Entscheidungen und Aktionen, die automatisiert werden sollen zu verstehen. Weiterhin ist es entscheidend, die Umsetzbarkeit der Lösung mit modernsten KI- und ML-Ansätzen und mit den Daten, die verfügbar gemacht und in der Praxis verwendet werden können zu eruieren.

Nichts davon kann als selbstverständlich angesehen werden: Viele Probleme lassen sich mit den derzeitigen ML-Ansätzen noch nicht lösen. Oft ist es gesetzlich oder politisch nicht möglich oder erlaubt, die benötigten Daten zu beschaffen, z. B. aus Gründen des Datenschutzes, oder einige der benötigten Daten sind schlichtweg noch nicht erfasst und gespeichert.

Am Ende dieser Phase sollte ein hohes Maß an Klarheit darüber bestehen, welches Problem zu lösen ist und welche Daten zur Lösung verwendet werden sollen, und es sollte bestätigt werden, dass die erforderlichen Daten tatsächlich beschafft und in der Praxis genutzt werden können, einschließlich des damit verbundenen und erforderlichen Vertrauen in die Anwendbarkeit bestehender ML-Techniken.

Daten abrufen und bereitstellen

Die nächste Phase des ML-Lebenszyklus ist das Erfassen von Rohdaten, um eine solide Grundlage für die Projektarbeit zu schaffen. In der Regel gibt es in einem Unternehmen oder einer Organisation verschiedene Datenquellen, die entweder von innerhalb oder außerhalb des Unternehmens stammen, einige Daten sind strukturiert, andere wiederum unstrukturiert, einige Daten mögen bereits in qualitativer und angemessener Form vorliegen und andere müssen noch verfeinert und weiter aufbereitet werden, um verwendbar zu sein.

In dieser Phase ist es wichtig, die Daten richtig zu katalogisieren, damit sie in den nachfolgenden Schritten leicht gefunden, abgerufen und in Datenwissenschaft- und ML-Projekten verwendet werden können. Je nach Datenquelle kann es sinnvoll sein, Daten zu referenzieren oder Kopien von Daten oder Stichproben von Daten in einem Data Warehouse (DWH) oder Data Lakehouse zu erstellen; in jedem Fall sollten die Daten für die weitere Verwendung katalogisiert werden.

In dieser Phase ist es in der Regel erforderlich, sensible Daten wie Namen, Sozialversicherungsnummern, Kreditkartennummern usw. wegzulassen oder zu anonymisieren, bevor die Daten den Datenwissenschaftlern für die Folgeschritte zur Verfügung gestellt werden.

15

Daten erforschen und verstehen

In der nächsten Phase wird gewöhnlich damit begonnen, die verfügbaren Daten zu untersuchen, zu analysieren und zu verstehen, um beispielsweise relevante Muster und Anomalien zu finden und die statistische Verteilung der Daten und ihren Erfassungsbereich im Zeitverlauf, nach geografischen oder demografischen Gesichtspunkten und vielem mehr zu verstehen.

In dieser Phase sollten die Daten auch auf Bias geprüft werden. Wenn beispielsweise historische Kreditgenehmigungsentscheidungen zum Trainieren eines Kreditgenehmigungsmodells verwendet werden, ist es sinnvoll, bereits in dieser Phase auf Bias zu prüfen, z. B. auf der Grundlage von Geschlecht oder Alter, Postleitzahl oder anderen Attributen, die die spätere Funktionsweise des KI-Modells nicht beeinflussen sollten. Je nach Anwendungsszenario kann Bias jedoch auch ein erwünschtes Merkmal sein. So können beispielsweise ML-Modelle zur Aufdeckung von Betrug bei der Verwendung von Debitkarten in Geldautomaten- oder POS-Netzen sehr wohl eine Postleitzahl oder bestimmte Geschäfte berücksichtigen, in denen Betrug häufiger oder in bestimmten Szenarien auftreten kann.

Es ist von entscheidender Bedeutung, die Daten gut zu verstehen und sicherzustellen, dass sie repräsentativ für einen Anwendungsfall sind, bevor man sich an die nachfolgenden Schritte wagt. Datenwissenschaft- und ML-Projekte können in späteren Phasen leicht ins Stocken geraten, wenn die de facto verfügbaren Daten und die Möglichkeiten, die diese bieten, nicht ausreichend verstanden werden.

Oft kann es notwendig sein, die Datenerhebung zu wiederholen oder zu erweitern und repräsentativere Daten zu sammeln, zusätzliche Genehmigungen einzuholen, um weitere Daten zu beschaffen, oder sogar die Definition des Anwendungsfalls zu verfeinern, um sie mit einem besseren Verständnis der verfügbaren Daten lösbar zu machen.

Daten aufbereiten und bei Bedarf labeln

Die nächste Phase besteht darin, Daten aufzubereiten und gegebenenfalls zu labeln, um zu Datensätzen zu gelangen, die effektiv zum Trainieren von KI-Modellen verwendet werden können. Das Labeln von Daten, d. h. das Markieren oder Beschriften von

Datenproben, kann eine sehr anspruchsvolle und zeitaufwändige Aufgabe sein.[14] Darüber hinaus kann es für eine hinreichend gute Datenqualität notwendig sein, die Daten zu bereinigen, um ungültige oder fehlerhafte Datenelemente zu entfernen und die Datenkodierung anzugleichen, falls sie inkonsistent ist. Auch kann es erforderlich sein, die Daten so stichprobenartig zu erfassen, dass sie repräsentativ und nicht verzerrt sind.

Wenn zum Beispiel ein Rohdatensatz in einem Personalmanagement-Anwendungsfall zu viele Datenpunkte über Männer und zu wenige Datenpunkte über Frauen enthält, würde dies später wahrscheinlich zu biased KI-Modellen führen. Um dieses Problem zu beheben, könnten entweder mehr Datenpunkte über Frauen gesammelt und hinzugefügt werden, oder wenn ausreichend viele Datenpunkte vorliegen, könnte zum Ausgleich die Anzahl der Datenpunkte über Männer reduziert werden.

Häufig werden beispielsweise für überwachtes ML beschriftete Daten benötigt. Dies kann die Einbeziehung von Domänenexperten in ein Projekt erfordern, wenn die Kennzeichnung hohe Anforderungen stellt, z. B. die Kennzeichnung von Röntgenbildern mit Diagnosen oder die Kennzeichnung von Kreditantragsdaten mit Berechtigungen, oder in einigen anderen Fällen ist einfach nur normale menschliche Kognition erforderlich, z. B. die Kennzeichnung von Autos oder Fußgängern in Bildern. Für letztere ist es möglich, auf Dritte zurückzugreifen, die Beschriftungsdienste anbieten. Die Genauigkeit und Qualität des Labelings (Beschriftung) von Daten ist letztlich entscheidend für die Genauigkeit und Qualität der daraus resultierenden KI-Modelle, die unter Umständen erfordern, dass mehrere Domänenexperten dieselben Daten labeln und die richtige Kennzeichnung auf der Grundlage der kombinierten Eingaben bestimmen.

Features extrahieren

In dieser Phase extrahieren Datenwissenschaftler Features aus den Daten, d. h. sie bestimmen, welche Aspekte der Eingabedaten für Vorhersagen oder Klassifizierungen relevant sind und welche als Teil des Modelltrainings verwendet werden sollen. Dieser Schritt kann nicht nur rein datengesteuert sein. Aufgrund bestehender Gesetze, Vorschriften und Richtlinien innerhalb eines Unternehmens oder einer Organisation dürfen bestimmte Attribute der Eingabedaten die Entscheidungen von ML- oder DL-Modellen nicht beeinflussen oder sind zumindest nicht erwünscht.

---

[14] Siehe [7, 8] für weitere Informationen über die Kennzeichnung von Daten in der Datenwissenschaft.

Ein KI-Modell für die Kreditvergabe sollte beispielsweise nicht nach dem Geschlecht diskriminieren; folglich sollte ein in den Daten enthaltenes Geschlechtsattribut nicht als Merkmal für das Training eines KI-Modells für die Kreditvergabe verwendet werden.

Modelle trainieren und validieren

Um KI-Modelle zu trainieren, untersuchen Datenwissenschaftler in der Regel zunächst viele Optionen und führen eine Reihe von Experimenten durch, um gute Kandidaten für Modellpipelines zu identifizieren, die resultierenden KI-Modelle zu validieren und die Modellqualität und Leistungskennzahlen zu bestimmen. Dies kann sehr rechen- und speicherintensiv sein, je nach Datengröße und verwendeten ML- oder DL-Algorithmen. Zur Erleichterung der Modellschulung durch Datenwissenschaftler in einem Unternehmen werden in der Regel Public Cloud- oder Private Cloud Ansätze verwendet, die es ermöglichen, Rechen- und Speicherkapazität aus einem Pool von Ressourcen nach Bedarf zuzuweisen.

Nach dem Training und der Validierung der KI-Modelle sollten die vielversprechendsten KI-Modelle gründlich mit weiteren Daten getestet werden, was schließlich zu einem KI-Modell führt, von dem die Datenwissenschaftler überzeugt sind, dass es gut funktioniert und den einschlägigen Gesetzen und Richtlinien entspricht, die zu einem früheren Zeitpunkt im Projekt als relevant identifiziert wurden.

Modellprüfungen und Genehmigungen

Für kritische Anwendungsfälle müssen KI-Modelle in der Regel ein Modellprüfungs- und Genehmigungsverfahren durchlaufen. In Banken, Versicherungen und Gesundheitsorganisationen kann ein KI-Modell beispielsweise Millionen von Einnahmen oder Risiken, Tausende von Entscheidungen über die Kostenübernahme im Gesundheitswesen oder Tausende von Empfehlungen zur Diagnoseunterstützung beeinflussen. Um kostspielige oder gefährliche Folgen des Einsatzes neuer KI-Modelle oder neuer Versionen von KI-Modellen zu vermeiden, müssen Datenwissenschaftler unter Umständen eine umfangreiche Dokumentation darüber erstellen, wie ein KI-Modell funktioniert und auf der Grundlage welcher Eingaben es Entscheidungen trifft, die von anderen Datenwissenschaftlern, Geschäftsinteressenten, Rechtsabteilungen und vielen anderen geprüft werden müssen, bis alle erforderlichen Genehmigungen erteilt sind, damit das KI-Modell letztendlich zur Bereitstellung und Operationalisierung für die Verwendung durch Anwendungen oder Geschäftsprozesse weiter genutzt werden kann.

Lösungen für das KI-Modellrisikomanagement[15] können helfen, den Dokumentations- und Genehmigungsprozess zu rationalisieren und das Modellrisiko zu berücksichtigen und zu verfolgen.

Bereitstellung und Überwachung von KI-Modellen in der Produktion

Die Überwindung der Kluft zwischen Datenwissenschaft und Experimenten, die von Datenwissenschaftlern durchgeführt werden, auf der einen Seite und starren Produktionsbereitstellungsprozessen, die von IT-Abteilungen gesteuert und betrieben werden, auf der anderen Seite, ist bei vielen Projekten eine Herausforderung. Um den Übergang von Arbeitsumgebungen, in denen Datenwissenschaftler experimentieren und erste Daten und KI-Modelle, einschließlich Modellpipeline-Artefakte, erstellen, zu streng kontrollierten Test- und Produktionsbereitstellungssystemen zu bewerkstelligen, ist eine ordnungsgemäße Übergabe von Datenwissenschaftlern an die operativen IT-Mitarbeiter erforderlich.

In vielen Fällen handelt es sich bei den Arbeitsumgebungen der Datenwissenschaftler und IT-Systemen, in denen die KI-Modelle letztendlich eingesetzt werden, um völlig getrennte Systeme. So kann die Arbeitsumgebung für Datenwissenschaftler beispielsweise eine Cloud-basierte Software as a Service Lösung oder eine Softwarelösung auf einem Kubernetes-Cluster in einer privaten Cloud sein. Bei den Produktionssystemen, in denen die Modelle eingesetzt werden müssen, kann es sich um Anwendungen in Fahrzeugen, um Server in einer Fabrikhalle oder um einen Modellbewertungsdienst im Rahmen einer Anwendung oder eines Geschäftsprozesses in einer öffentlichen oder privaten Cloud handeln, die von einer völlig anderen Organisation betrieben wird.

Um eine Verbindung herzustellen, müssen Datenwissenschaftler häufig ihren Modell-Trainingscode (oder Modell-Trainingsabläufe, wenn sie ein visuelles Tool verwenden) und alle erforderlichen Quellartefakte in ein Code-Repository einspeisen, z. B. in einen Unternehmens-Git-Dienst. Dies kann einen IT-Prozess ermöglichen, bei

---

[15]Weitere Informationen zum Risikomanagement im Zusammenhang mit KI finden Sie in Kap. 8, *„KI und Governance"*.

dem nach den erforderlichen Freigaben eine CI/CD-Pipeline (Continuous Integration/Continuous Delivery) eingerichtet werden kann, um produktionsreife Modelle und Modellpipelines mit dem Trainingscode oder den Abläufen aus dem Repository zu trainieren, diese Modelle und Modellpipelines in einem Modell-Repository zu speichern und dann von dort aus auf ein Testsystem und schließlich auf Produktionssysteme zu übertragen.

Die Operationalisierung von KI-Modellen und -Artefakten in eine bestehende IT- und Anwendungslandschaft wird während des Entwicklungszyklus oft vernachlässigt. Da Unternehmen in der Tat mit dem Einsatz und der Operationalisierung zu kämpfen haben, haben wir diesem speziellen Thema ein ganzes Kapitel gewidmet.[16]

Vorhersagen für Anwendungen oder Prozesse

Um Modelle im Kontext von Anwendungen oder Geschäftsprozessen nutzen zu können, müssen die Modellbereitstellungsdienste der Dienstqualität der nutzenden Anwendungen und Prozesse entsprechen. Für produktionsreife Anwendungen, die mit hoher Verfügbarkeit und Notfallwiederherstellung betrieben werden müssen, sollten die verwendeten KI-Modelle auch mit den entsprechenden HA- und DR-Eigenschaften[17] bereitgestellt werden. Um dies zu erreichen, müssen ML- und DL-Modelle unter Umständen auf mehreren unabhängigen Systemen an verschiedenen Standorten oder sogar in verschiedenen Regionen eingesetzt werden, sodass Anfragen für KI-Modellbewertungen von Anwendungen oder Geschäftsprozessen über die verschiedenen Einsätze hinweg mit Ausfallsicherung ausgeglichen werden können, falls ein System nicht mehr verfügbar sein sollte. Für den groß angelegten Einsatz nichttrivialer KI-Modelle ist eine KI-Modellskalierung erforderlich, damit das KI-Modell auf der notwendigen Anzahl von Systemen mit entsprechendem Speicher laufen kann.

Sobald ein KI-Modell in der Produktion eingesetzt wird, muss sein Betrieb ständig überwacht werden, um sicherzustellen, dass das KI-Modell den Anforderungen an die Reaktionszeit entspricht und innerhalb der erwarteten Parameter arbeitet. In vielen Anwendungsfällen müssen auch die Eingaben und Ausgaben des KI-Modells

---

[16] Siehe Kap. 6, „*Die Operationalisierung von KI*".
[17] HA (High Availability), DR (Disaster Recovery).

kontinuierlich überwacht und analysiert werden, um etwaiges Bias oder Drift des KI-Modells zu erkennen, falls beispielsweise die Eingabedaten im Laufe der Zeit zu sehr von den Trainingsdaten abweichen.

Wenn Probleme festgestellt werden, kann in bestimmten Anwendungsfällen und Situationen ein lokales Re-Training im Produktionssystem durchgeführt werden, um das KI-Modell entsprechend anzupassen. In vielen Fällen müssen die Datenwissenschaftler jedoch erneut tätig werden, um ein neues, robusteres Modell zu erstellen und es dann erneut dem Produktionseinsatzprozess zu unterziehen.

Aktionen optimieren

Wie wir bereits festgestellt haben, reicht eine Vorhersage aus einem ML- oder DL-Modell allein oft nicht aus, um gute Maßnahmen abzuleiten. Welche Entscheidungen zu treffen sind und welche Maßnahmen auf der Grundlage von Vorhersagen zu ergreifen sind, hängt in der Regel vom Kontext ab, z. B. andere Vorhersagen, zusätzliche Daten und Beschränkungen. In einfachen Fällen kann eine Anwendungs- oder Prozesslogik die Verwendung von KI-Modellen umfassen und den Kontext berücksichtigen, um Entscheidungen und daraus resultierende Maßnahmen zu bestimmen. Dies führt jedoch in der Regel nicht zu optimalen Ergebnissen.

Wie eingangs erwähnt, kann die DO eingesetzt werden, um Entscheidungen im Kontext einer Reihe von Vorhersagen, Daten und Einschränkungen kontinuierlich zu optimieren. Beispielsweise kann eine Anwendung oder ein Geschäftsprozess die eingesetzten ML-Modelle verwenden, um Vorhersagen zu treffen. Die Anwendung oder der Prozess kann dann die Lösung eines DO-Modells mit diesen Vorhersagen in Kombination mit Kontextdaten und Einschränkungen aufrufen, um den optimalen Satz von Entscheidungen zu bestimmen und diese Entscheidungen auch umzusetzen.

Abb. 1-5 veranschaulicht diesen Prozess. In Kap. 5, *„Von Daten zu Vorhersagen zu optimalen Maßnahmen", wird* dieser Zusammenhang zwischen verschiedenen Dateneingangsströmen, entsprechenden Vorhersagen und optimierten Maßnahmen näher erläutert.

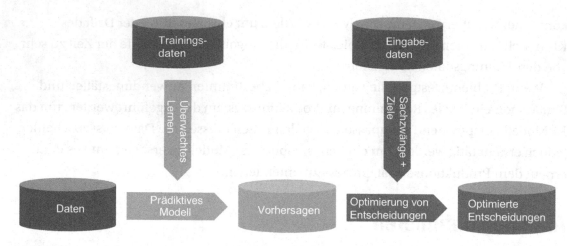

Abb. 1-5. *Auf dem Weg zu optimierten Entscheidungen*

Profitieren Sie von den Vorteilen automatisierter Aktionen

Wenn es Ihnen gelingt, den oben skizzierten durchgängigen KI-Lebenszyklus für Ihr
Unternehmen oder Ihren Geschäftsbereich zu etablieren und zu betreiben, kann eine
beispiellose Beschleunigung und Effizienz des Geschäfts erreicht werden. Zeitintensive
Entscheidungsvorgänge in der Vergangenheit können somit zeitnah getroffen werden,
wenn sie vollständig automatisiert sind, bzw. deutlich schneller, wenn menschliche
Entscheidungen durch KI ergänzt werden. Dadurch kann der zeitliche Ablauf von
Geschäftsprozessen signifikant verkürzt und sowohl die Ergebnisse als auch die
Kundenzufriedenheit deutlich gesteigert werden.

KI und kognitive Datenverarbeitung

KI und Cognitive Computing (CC) sind sehr eng miteinander verbunden. KI ist von
Maschinen genutzte Intelligenz, die menschliche kognitive Funktionen *nachahmen*, wie
z. B. *Lernen, Argumentieren* und *Lösen von Problemen*. KI setzt sich also aus vielen
Bereichen zusammen, z. B. ML und DL, DO und regelbasierte Systeme usw., um
z. B. prädiktive und präskriptive Erkenntnisse zu liefern.

Cognitive Computing befasst sich mit Systemen, bei denen der Schwerpunkt auf der
Fähigkeit liegt, Verhalten und Entscheidungsfindung durch Erfahrung zu erlernen,
einschließlich des Lernens von Grund auf oder auf der Grundlage von Rückmeldungen
und sogar Bildung oder Training. CC konzentriert sich auf die kognitiven Fähigkeiten
und unterstützt vielfältige Ausdrucksformen, die für die menschliche Interaktion

natürlicher sind, wobei der primäre Wert von CC in erlernter Expertise liegt. Bei CC liegt der Schwerpunkt darauf, kontinuierlich zu lernen und sich weiterzuentwickeln, wenn neue Erfahrungen, Szenarien und Antworten verfügbar werden.

In gewisser Weise sind KI und CC zwei Seiten derselben Medaille. In Abb. 1-6 sind die verschiedenen Bereiche dargestellt, die KI und CC ausmachen. Wie Sie sehen, sind die Bereiche KI und CC recht breit gefächert. In diesem Buch gehen wir auf die meisten dieser Bereiche ein, konzentrieren uns jedoch eher auf die Unternehmensrelevanz. Wir haben zum Beispiel nicht vor, uns mit *Robotik* und *Computer Vision zu befassen.*

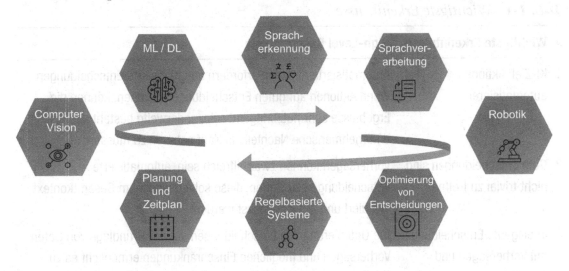

Abb. 1-6. *KI- und CC-Bereiche*

In Kap. 13, *„Grenzen der KI",* werden wir insbesondere die heutigen Grenzen der KI in Bezug auf ihre kognitiven Fähigkeiten aufzeigen.

KI, Blockchain, Quantenomputing

KI ist nicht der einzige Bereich, der Unternehmen geschäftliche Vorteile bietet. Blockchain ist auf dem Vormarsch und etabliert sich als gemeinsam genutzte Ledger-Anwendung, die zur Aufzeichnung von Transaktionen mit verschiedenen Vermögenswerten verwendet werden kann. In Kap. 11, *„KI und Blockchain",* beschreiben wir unsere Sicht auf die Überschneidung von KI und Blockchain. Obwohl in der Forschung und Entwicklung bereits Realität, scheint das Quantencomputing am technologischen Horizont noch etwas weiter entfernt zu sein – zumindest, was seinen Einsatz und seine Nutzung in heutigen Unternehmen betrifft. Dennoch stellen wir Ihnen in Kap. 12, „*KI und Quantencomputing*", unsere Überlegungen zu einigen KI-Problemen vor, die vom Quantencomputing profitieren könnten.

Wichtigste Erkenntnisse

Wir schließen dieses Kapitel mit einigen wichtigen Erkenntnissen, die in Tab. 1-1 zusammengefasst sind.

Tab. 1-1. *Wichtigste Erkenntnisse*

# Wichtigste Erkenntnisse	High-Level Beschreibung
1 KI-Ziel: Aktionen automatisieren	Automatisierte Aktionen erfordern automatisierte Entscheidungen. Wenn Aktionen auf guten Entscheidungen beruhen, können die Ergebnisse sehr nutzbringend sein, anderweitg besteht das Risiko unternehmerische Nachteile in Kauf nehmen zu müssen.
2 Gute Entscheidungen sind nicht trivial zu treffen	Vorhersagen können zwar hilfreich sein, automatisierte Entscheidungen zu treffen, diese sollten jedoch im Gesamtkontext evaluiert und ggf. angepasst werden.
3 Intelligente Entscheidungen mit Vorhersagen und Optimierung	Die Optimierung von Entscheidungen auf der Grundlage von Daten, Vorhersagen und möglichen Einschränkungen ermöglicht es zu *intelligenten* Entscheidungen zu kommen.
4 ML zur Erstellung von Vorhersagen	ML kann Vorhersagen auf der Grundlage von Daten treffen, ohne dass für jedes einzelne Problem ein spezieller Code erforderlich ist.
5 Daten als Grundlage für KI – Garbage in, Garbage out	Daten sind für KI und insbesondere für ML und DL von entscheidender Bedeutung und erfordern eine solide Informationsarchitektur, um zuverlässige und qualitativ hochwertige und relevante Daten zu gewährleisten.
6 Informationsarchitektur	Eine Informationsarchitektur für KI umfasst DataOps in Verbindung mit Datenwissenschaft und ModelOps-Prozessen.
7 Zusammenfügen: Der Lebenszyklus von KI	Der KI-Lebenszyklus umfasst das Verbinden und Sammeln von Daten, das Verstehen und Verfeinern von Daten, die Erstellung von prädiktiven und präskriptiven KI-Modellen unter Verwendung von Daten sowie die Bereitstellung, Ausführung und Überwachung von KI-Modellen in der Produktion.

Literatur

1. Pandya, J. Forbes. *What Is The Future Of Enterprise AI?* 2019, `www.forbes.com/sites/cognitiveworld/2019/11/17/what-is-the-future-of-enterprise-ai/#1fea7eda7a79` (Zugegriffen am April 28, 2020).

2. Elliot, B., Andrews, W. Gartner. *A Framework for Applying AI in the Enterprise*, `www.gartner.com/en/doc/3751363-a-framework-for-applying-ai-in-the-enterprise` (Zugegriffen am April 28, 2020).

3. Earley, S. *The Ai-Powered Enterprise: Harness the Power of Ontologies to Make Your Business Smarter, Faster, and More Profitable*. ISBN-13: 978-1-928055-50-1, Ingram Publishing Services, 2020.

4. Ishizaka, A., Nemery, P. *Multi-criteria Decision Analysis: Methods and Software*. ISBN-13: 978-1119974079, Wiley, 2013.

5. Delen, D. *Prescriptive Analytics: The Final Frontier for Evidence-Based Management and Optimal Decision Making*. ISBN-13: 978-0134387055, Pearson FT Press, 2019.

6. Joakar, A. Data Science Central. *Explaining AI from a Life cycle of data*, `www.datasciencecentral.com/profiles/blogs/explaining-ai-from-a-life-cycle-of-data` (Zugegriffen am April 28, 2020).

7. The Economist. *Data-labelling startups want to help improve corporate AI*. `www.economist.com/business/2019/10/17/data-labelling-startups-want-to-help-improve-corporate-ai` (Zugegriffen am April 28, 2020).

8. Medium. Data Annotation: *The Billion Dollar Business Behind AI Breakthroughs*. `https://medium.com/syncedreview/data-annotation-the-billion-dollar-business-behind-ai-breakthroughs-d929b0a50d23` (Zugegriffen am April 2020).

KAPITEL 2

Historische Perspektive der KI

Ohne dass wir uns dessen voll bewusst sind und es ständig wahrnehmen, beeinflusst uns die KI bereits seit Jahren, ja sogar Jahrzehnten. Daher scheint *eine historische Perspektive der KI* nicht mehr von entscheidender Bedeutung zu sein: KI hat sich als unbestreitbare Tatsache des Lebens etabliert. Ihre Auswirkungen sind bereits für jeden Einzelnen und die Gesellschaft als Ganzes spürbar.

Was hat sich also geändert, und warum wollen wir immer noch eine historische Perspektive der KI bieten? Der Wandel der KI von einem primär akademischen und forschungsorientierten Bereich hin zu einer breiten Palette kommerziell relevanter KI-Anwendungen, die Verfügbarkeit Tausender frei herunterladbarer Open-Source-Bibliotheken und Fortschritte bei spezialisierten Prozessoren (z. B. GPUs, FPGAs, ASICs) stellen einige bedeutende Veränderungen dar, die im letzten Jahrzehnt stattgefunden haben.

Es gibt jedoch auch heute noch Szenarien, in denen keine KI benötigt wird, weil die Probleme oder Fragestellungen zu einfach sind oder die Probleme zu anspruchsvoll für die heutigen KI-Fähigkeiten sind. Diese Aspekte werden in Kap. 13, *„Grenzen der KI"*, behandelt. Darüber hinaus gibt es oft ein gewisses Zögern beim Einsatz von KI (ethische Bedenken, regulatorische Anforderungen usw.); diese Aspekte werden in Kap. 8, *„KI und Governance"*, behandelt.

In diesem relativ kurzen Kapitel wollen wir eine kurze historische Perspektive bieten, einen Blick in die jüngste Vergangenheit, als die KI-Fähigkeiten noch nicht ausgereift und die KI-Anwendungen folglich relativ begrenzt waren. Diese *historische Perspektive* soll daher die Kluft zwischen dem Aufkommen der KI in den 1950er- und 1960er-Jahren und der explosionsartigen Zunahme von KI-Anwendungen in den letzten Jahren beleuchten und aufzeigen, warum es so lange – ein halbes Jahrhundert – gedauert hat, KI zu etablieren.

© Der/die Autor(en), exklusiv lizenziert an APress Media, LLC, ein Teil von Springer Nature 2023
E. Hechler et al., *Einsatz von KI im Unternehmen*, https://doi.org/10.1007/978-1-4842-9566-3_2

Einführung

Fortschritte und die Übernahme von Technologien erfolgen in der Regel schrittweise; es handelt sich um einen evolutionären Ansatz. Daher kann es schwierig sein, ein Datum zu bestimmen, an dem es noch keine KI gab. Der Begriff KI wurde 1955 von John McCarthy[1] geprägt; Konzepte, Gedanken, Ideen und sogar Algorithmen, die zu dem führten, was später als KI bekannt wurde, gab es jedoch schon viel früher.[2] Hier sind nur einige Beispiele: Das Bayes-Theorem über bedingte Wahrscheinlichkeiten geht auf den britischen Mathematiker Thomas Bayes zurück, der im achtzehnten Jahrhundert lebte. Die Methode der kleinsten Quadrate wurde vor mehr als 200 Jahren entwickelt; das stochastische Konzept der Markov-Ketten wurde zu Beginn des 20. Jahrhunderts entwickelt. Selbst die ersten künstlichen neuronalen Netze[3] (ANN) wurden Anfang der 1950er-Jahre auf der Grundlage von Konzepten aus den 1940er-Jahren entwickelt.

Diese frühen KI-Entwicklungen und -Fortschritte waren eher theoretischer Natur und nicht ausgereift und bewährt. Folglich waren sie in der Praxis weniger anwendbar und verblieben – mehr oder weniger – in einem akademischen Kreis.

In diesem Kapitel wollen wir diese Lücke erörtern und aufzeigen, warum die theoretischen Grundlagen der KI in der zweiten Hälfte des zwanzigsten Jahrhunderts zu dem bemerkenswerten KI-Schub im letzten Jahrzehnt geführt haben.

Historische Perspektive

Obwohl die KI, einschließlich wichtiger ML- und DL-Konzepte, bereits seit mehreren Jahrzehnten existiert, gab es in den 1960er- und 1970er-Jahren nur wenige KI-Funktionen, die in diesem Bereich von Bedeutung waren. In diesem Abschnitt wird erörtert, wie technologische KI-Fortschritte die Art und Weise verändert haben, in der KI eingesetzt werden kann, und welche Auswirkungen dies auf Unternehmen, Einzelpersonen und die Gesellschaft als Ganzes hatte.

Wir wagen auch einen Blick in die Zukunft, indem wir kurz auf *„Beyond KI"* eingehen, also auf das, was sich in naher Zukunft ändern könnte. Dies wird in Kap. 14, *„Zusammenfassung und Ausblick"*, noch einmal aufgegriffen.

---

[1] Weitere Informationen über das Sommerforschungsprojekt in Dartmouth, bei dem der Begriff KI entstanden ist, finden Sie unter [1].

[2] Siehe [2] für eine sehr kurze Geschichte der KI.

[3] Wir verwenden dafür die englische Abkürzung ANN (Artificial Neural Network).

Technologische Fortschritte

Wie für alle Bereiche gilt auch für die KI, dass es neuartige Ansätze und Methoden sowie innovative technologische Fortschritte gibt, z. B. Verbesserungen bei der Prozessorgeschwindigkeit und den Speichergrößen, neue spezialisierte Prozessoren (z. B. GPUs, FPGAs, ASICs usw.), die im Laufe der Zeit KI-Anwendungen in einer viel reichhaltigeren und relevanteren Weise ermöglichen. Diese *historische Perspektive* ist daher ein Versuch, KI aus einer evolutionären und motivierenden Perspektive zu betrachten: zu verstehen, was die KI-Fähigkeiten und Anwendungsbereiche vor einigen Jahren oder Jahrzehnten waren (angesichts des damaligen technologischen Status quo) im Vergleich zu dem, was heute möglich ist (mit den jüngsten KI- und technologischen Fortschritten) und was uns vielleicht sogar in naher Zukunft bevorsteht (basierend auf vielversprechenden Forschungs- und Entwicklungsbemühungen).

Die Positionierung zur KI wurde stets mehr oder weniger durch den Stand der KI-Technologie und die Anwendbarkeit der KI in diesem Bereich bestimmt. In den ersten Jahrzehnten nach der Prägung des Begriffs KI und praktisch während der gesamten zweiten Hälfte des zwanzigsten Jahrhunderts wurden KI und ihre Geschwister hauptsächlich mit akademischen und Forschungsaktivitäten in Verbindung gebracht. Infolgedessen waren Organisationen und Einzelpersonen wesentlich weniger von KI betroffen; die Kommerzialisierung von KI und die Sichtbarkeit von KI in diesem Bereich waren eher begrenzt.

Im letzten Jahrzehnt des 20. Jahrhunderts gab es bereits bedeutende Fortschritte bei der KI, wie z. B. das System Deep Blue[4] von IBM, das den Schachweltmeister nach einer Partie von sechs Spielen schlug. Im einundzwanzigsten Jahrhundert, insbesondere im letzten Jahrzehnt, wurden jedoch deutlich mehr KI-Verbesserungen mit ausreichender Reife und Einsatzbereitschaft in der Praxis sichtbar.

In Tab. 2-1 sind die wichtigsten Meilensteine der KI mit Schwerpunkt auf dem letzten Jahrzehnt aufgeführt. Wie Sie aus dieser (unvollständigen) Liste ersehen können, wurden Organisationen und Einzelpersonen zunehmend von KI beeinflusst; die Kommerzialisierung von KI schreitet zügig voran, und auf *KI zu verzichten* ist eindeutig keine Option mehr.

---

[4] Siehe [3] für weitere Informationen über IBMs Deep Blue System.

Tab. 2-1. Wichtige Meilensteine der KI im letzten Jahrzehnt

# Meilenstein	Beschreibung	Auswirkungen
1 IBM Watson[a]	IBM Watson spielte Jeopardy! Und gewann gegen menschliche Gegner	Damit wurde eindeutig bewiesen, dass KI bei Spielen, die mit natürlicher Sprache zu tun haben, wie Jeopardy, besser ist als der Mensch.
2 AlphaGo Null[b]	Kombination von fortgeschrittenem Suchbaum mit ANNs gewinnt gegen Go-Meister	Erster Erfolg, dass ANNs Spiele wie Go von Grund auf lernen können, ohne vorheriges Training mit markierten Daten.
3 Gesichtserkennung[c]	Erfolgreiches Training eines ANN zur Gesichtserkennung, ohne dass Bilder beschriftet werden müssen (unüberwachtes Lernen)	Erster Erfolg mit künstlichen neuronalen Netzen (ANNs), die die Erkennung menschlicher Gesichter erlernen können, ohne explizit mit markierten Bilddaten trainiert zu werden.
4 Sprachassistenten[d]	Apple Siri, Amazon Alexa, Google und andere sind Sprachassistenten der 2. Generation	Wandel hin zu sprachbasierter Computerinteraktion (sprachgesteuerte KI), bei der Assistenten in der Lage sind, Aussagen und Fragen in natürlicher Sprache zu verstehen und zu beantworten, nachdem sie eine Reihe von Aktionen ausgeführt haben.
5 Tesla Selbstfahrendes Fahrzeug[e]	Tesla kündigt an, dass Fahrzeuge, die nach November 2016 produziert werden, über vollständig selbstfahrende HW verfügen	Weitreichende Auswirkungen für die Automobilindustrie, Autofahrer und das Transportgewerbe.

[a]Siehe [4] für weitere Informationen über den Sieg von IBM Watson bei Jeopardy!
[b]Siehe [5] für weitere Informationen über AlphaGo und AlphaGo Zero
[c]Siehe [6] für weitere Informationen zum Problem der Gesichtserkennung
[d]Siehe [7] für weitere Informationen über Sprachassistenten
[e]Siehe [8] für weitere Informationen zu Teslas Ankündigung über selbstfahrende Hardware

Diese wichtigen Meilensteine sind in Abb. 2-1 dargestellt.

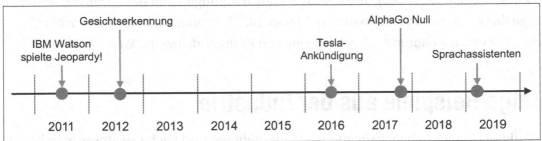

Abb. 2-1. *Wichtige Meilensteine der KI im letzten Jahrzehnt*

Weitere KI-Verbesserungen wurden von der Open-Source-Gemeinschaft mit Open-Source-Softwarelizenzen[5] und von Anbietern wie Apple, IBM, Facebook, Google und anderen zur Verfügung gestellt, was insbesondere im letzten Jahrzehnt zu einer regelrechten Explosion von KI-Anwendungen geführt hat.

Die Entwicklung der KI

Bislang haben wir uns mit der Entstehung der KI in den 1950er- und 1960er-Jahren befasst, einschließlich der letzten wichtigen Meilensteine der KI im letzten Jahrzehnt. Diese Entwicklung der KI ist gekennzeichnet durch eine immer stärkere Kommerzialisierung und Präsenz der KI in der Praxis, die sich praktisch auf alle Lebensbereiche auswirkt. Es handelt sich eindeutig um einen Wandel von einer primär auf den akademischen und Forschungsbereich beschränkten KI hin zu einer Explosion ausgereifter und nutzbarer KI-Anwendungen. In den letzten 50 Jahren hat sich die Beschränkung auf die praktische Anwendung von KI offensichtlich in eine rasch expandierende und kommerzielle Nutzung von KI gewandelt.

Die Entwicklung und Kommerzialisierung der KI schreitet in einem noch nie dagewesenen Tempo voran, wobei wichtige KI-Mängel von Forschung und Anbietern gleichermaßen angegangen werden. Reinforcement Learning ohne anfängliches Training mit markierten Daten, Verallgemeinerung und Multitasking-Lernen, autonome KI und – am wichtigsten – die Anreicherung der KI mit kognitiven Fähigkeiten wie Denken und Verstehen sind nur einige Beispiele dafür, wohin sich die KI in Zukunft entwickeln wird. Bis dahin sehen wir die KI allumfassend eingebettet, ohne dass wir uns ihrer Anwesenheit bewusst sind.

---

[5] Weitere Informationen zur Lizenzierung von Open-Source-Software finden Sie unter [9].

In Kap. 13, *„Grenzen der KI"*, gehen wir näher auf die derzeitigen Grenzen der KI ein und beschreiben die wichtigsten Forschungsanstrengungen, mit denen versucht wird, einige dieser Grenzen zu überwinden. In Kap. 14, *„Zusammenfassung und Ausblick"*, geben wir einen weiteren Ausblick auf eine von KI durchdrungene Welt.

Einige Beispiele aus der Industrie

Was die KI betrifft, so haben die meisten Unternehmen und auch Privatpersonen bereits mit der Einführung von KI begonnen. Allerdings gibt es Unterschiede. In einer kürzlich von O'Reilly[6] durchgeführten Umfrage gaben beispielsweise 49 % der Befragten an, dass sich die Einführung von KI in ihrem Unternehmen *noch im Anfangsstadium* befindet, 36 % gelten als *„Early Adapters"* und nur 15 % als *„sophisticated"*.

Unabhängig davon, wie sich dieses vielfältige Bild der KI-Einführung in der Zukunft verbessern wird, gilt heute bei der Betrachtung verschiedener Branchen: Obwohl KI in allen Branchen präsent ist, unterscheidet sich die Entscheidung, auf KI umzusteigen oder eher nicht, je nach Branche. Dies hängt vor allem mit den unterschiedlichen Möglichkeiten, Merkmalen und Geschäftsmodellen der einzelnen Branchen zusammen. Wir konzentrieren uns auf die folgenden sechs Branchen, indem wir eine (unvollständige) exemplarische Beschreibung der KI-Nutzung liefern und aufzeigen, wie KI diese Branchen in den letzten Jahren verändert hat und – was am wichtigsten ist – was die essentiellen KI-Trends in diesen Branchen sind:

- **Finanzdienstleistungsbranche**: Im Finanzdienstleistungssektor erfolgt die Aufdeckung und Verhinderung von Betrug immer noch hauptsächlich über regelbasierte Modelle, wobei ML-Modelle gerade erst Einzug in die führenden Banken gehalten haben. KI wird zunehmend in den Prozess der Kreditwürdigkeitsprüfung und Kreditentscheidung integriert. Ein KI-gestütztes Risikomanagement und eine KI-gestützte Einhaltung gesetzlicher Vorschriften erhöhen die Compliance und verringern die Latenzzeit von Erkenntnissen. KI ermöglicht eine maßgeschneiderte und zielgerichtete Kundeninteraktion, um das personalisierte Bankerlebnis zu verbessern. Die Sicherheit von Banktransaktionen und Kundeninteraktionen wird durch KI erheblich verbessert werden.

---

[6]Weitere Informationen über die von O'Reilly durchgeführte Umfrage finden Sie unter [10].

Wir werden große Fortschritte bei der Nutzung von KI sehen, um
betrügerische Aktivitäten aufzudecken und zu verhindern, wie
z. B. Identitätsdiebstahl, Anlagebetrug, Kredit- und
Debitkartenbetrug, Geldwäsche, betrügerische Auszahlungen und
vieles mehr.

- **Automobilbranche**: In der Automobilindustrie ist die Akzeptanz
  uneinheitlich, da einige Automobilhersteller die fortschreitende
  Nutzung von KI für vollwertiges autonomes Fahren vorantreiben,
  während andere eher zögerlich sind und nach risikoarmen
  Einstiegsszenarien suchen, wie z. B. dem Einsatz von intelligenten
  Einpark- oder Stauassistenzsystemen oder anderen fortschrittlichen
  Fahrerassistenzsystemen.[7] Obwohl das autonome Fahren mit KI zur
  weiteren Optimierung und autonomen Fertigung eine große
  Veränderung in der Automobilindustrie darstellen wird, gibt es noch
  weitere Umwälzungen, die einen Paradigmenwechsel in der Art und
  Weise darstellen, wie wir über das Transportwesen denken, wie
  z. B. selbstfahrende Personenbeförderungsdienste oder KI-
  infundierte Warenlieferdienste. KI und autonom fahrende Fahrzeuge
  werden künftig als Taxis für den gewerblichen und persönlichen
  Transport genutzt werden.

- **Luft- und Raumfahrtindustrie**: In der Luft- und Raumfahrtindustrie,
  einer relativ konservativen Branche, wenn es um die Anwendung
  neuer Technologien im Allgemeinen und im Cockpit im Besonderen
  geht, ist der Einsatz von KI in den Bereichen Kundenservice und
  Ticketing, Marketing und Passagieridentifizierung
  (Gesichtserkennung) möglicherweise weiter fortgeschritten als auf
  dem Flugdeck und in den Avionik-Steuerungssystemen. Auch die
  vorausschauende MRO[8] (Wartung, Reparatur und Betrieb) ist noch
  ein neues Feld für die Luftfahrt.[9] Die KI muss noch ihren Weg in das
  Cockpit finden, um beispielsweise die Autopilot-Technologie zu
  ergänzen und den Piloten intelligente Unterstützung zu bieten.

---

[7] Siehe [11, 12] für weitere Informationen über fortschrittliche Fahrerassistenzsysteme.

[8] MRO steht für Maintenance, Repair, and Operating.

[9] Weitere Informationen über KI in der Luft- und Raumfahrtindustrie finden Sie in [13].

- **Gesundheitsbranche**: KI hat sich in der Gesundheitsbranche bereits etabliert. KI-gestützte prädiktive Analyse und Mustererkennung können den klinischen Entscheidungsprozess unterstützen und die Genauigkeit bei der Identifizierung von Patienten verbessern, bei denen das Risiko besteht, eine bestimmte Gruppe von Symptomen zu entwickeln. In den letzten drei Jahrzehnten wurden Roboter im Gesundheitswesen eingesetzt, um Chirurgen zu unterstützen. IBM Watson Health beispielsweise bringt das Gesundheitswesen mit Lösungen für die Bildgebung in Unternehmen und die Interoperabilität voran. Es unterstützt auch Onkologen, indem es die Krankenakten von Patienten im Kontext von *Informationen aus einschlägigen Leitlinien, Best Practices sowie medizinischen Fachzeitschriften und Lehrbüchern* bewertet.[10] Die Zukunft der KI im Gesundheitswesen wird von manchen mit der Frage in Verbindung gebracht, wann KI einen menschlichen Arzt nicht nur unterstützen, sondern ersetzen wird. Die nahe Zukunft der KI im Gesundheitswesen liegt jedoch eher in der Analyse und Entdeckung von Mustern und Korrelationen in der riesigen Menge medizinischer Daten, einschließlich Informationen aus der DNS,[11] medizinischen Bildern wie CT-Scans,[12] Röntgenbildern und MRTs[13] usw., um bösartige Tumore, Gefäßerkrankungen und andere Probleme wesentlich früher als heute vorherzusagen.

- **Verarbeitendes Gewerbe**: Die KI hat längst Einzug in die Fertigungsindustrie gehalten. Einige der jüngsten Trends sind KI-gestützte visuelle Inspektionen, die auf relativ kurzen Lernzyklen auf der Grundlage von nur wenigen Produktfehlerbildern basieren. Ein weiterer Trend ist die Optimierung und Verkürzung des Programmierzyklus von Robotern durch KI-gestützte automatisch generierte Programme. Während Fertigungsroboter heute noch in

---

[10] Weitere Informationen zu IBM Watson Health und IBM Watson for Oncology finden Sie unter [14].

[11] DNS (Desoxyribonukleinsäure).

[12] CT-Scan (Cumputertomographie-Scan).

[13] MRT (Magnetresonanztomographie).

erster Linie programmiert werden, sind zukünftige Roboter in der Lage, Muster zu erkennen, aus früheren Erfahrungen zu lernen und visuelle und textuelle Eingaben zu verstehen. Heutige Fertigungsroboter sind auf die Ausführung bestimmter Aufgaben programmiert (sie sind in Wirklichkeit viel weniger intelligent, als es den Anschein hat). Künftige Roboter können trainiert werden und lernen – sie sind anpassungsfähig und können in der Tat mit anderen Robotern zusammenarbeiten und neue Anweisungen von Menschen entgegennehmen, die die ursprüngliche Programmierung des Roboters ergänzen können.

- **Einzelhandelsbranche**: KI und ML sind bereits treue, langjährige Begleiter des Einzelhandels. Sie helfen dabei, den Weg der Kunden durch die Einkaufswelt zu verstehen, das Kaufverhalten der Verbraucher vorherzusagen und die Interaktion mit den Verbrauchern sowie das Marketing zu personalisieren. Einige der sich abzeichnenden KI-Trends in der Einzelhandelsbranche sind die Bereitstellung sehr personalisierter Produktempfehlungen auf der Grundlage von Chatbot-Konversationen oder das bessere Verständnis und die Erkennung von Verhaltens-, Posen- und Bewegungsmustern in einem Geschäft, um Diebstähle zu erkennen und zu verhindern, insbesondere für zukünftige unbemannte Geschäfte. Innovative Wege zur Lieferung von Waren an die Verbraucher – zum Beispiel über Drohnen – sind eine weitere KI-gestützte Anwendung, die den Einzelhandel erheblich verändern wird.[14]

Es gibt zahlreiche branchenübergreifende Bereiche, in denen sich die vor zwei Jahrzehnten noch vorherrschende Zurückhaltung bei der Nutzung von KI hin zu einer klaren Anwendung von KI verschoben hat: kontextbezogene gezielte Marketingkampagnen, Automatisierung allgemeiner Geschäftsbereiche, Personalplanung, Governance sowie Risiko und Compliance – um nur einige zu nennen.

---

[14] Siehe [15] für weitere Informationen über Amazons Prime Air Delivery.

Wichtigste Erkenntnisse

Wir schließen dieses Kapitel mit einigen wichtigen Erkenntnissen, die in Tab. 2-2 zusammengefasst sind.

Tab. 2-2. *Wichtigste Erkenntnisse*

#	Wichtigste Erkenntnisse	High-Level Beschreibung
1	Technologische Fortschritte	In den letzten zehn Jahren wurden große technologische Fortschritte im Bereich der KI erzielt, die zu einer deutlichen Zunahme und Kommerzialisierung von KI-Anwendungen geführt haben.
2	Ursprung des Begriffs KI	Der Begriff KI wurde 1955 von John McCarthy geprägt; die Konzepte und Algorithmen, die zu dem führten, was als KI bekannt wurde, wurden jedoch schon viel früher entwickelt.
3	KI-Evolution	Reinforcement Learning ohne anfängliches Trainieren mit markierten Daten, Verallgemeinerung und Multitasking-Lernen, autonome KI und – am wichtigsten – die Anreicherung von KI mit kognitiven Fähigkeiten, wie z. B. logisches Denken und Verstehen, sind einige der aktuellen Themen der KI-Entwicklung.
4	KI oder nicht KI	In den 1960er- und 1970er-Jahren und während der gesamten zweiten Hälfte des zwanzigsten Jahrhunderts war KI in erster Linie eine akademische und Forschungsdomäne. Was die Kommerzialisierung anbelangt, so hat sich das Zögern bei der Anwendung von KI in den letzten zwei Jahrzehnten zu einer Frage des *„Wie"* und *„Wann" bei* der Einführung von KI in Anwendungsfällen und Anwendungen gewandelt.
5	KI in verschiedenen Branchen	Heute ist KI in einigen Branchen, die eine Vorreiterrolle einnehmen, gut etabliert, während weitere KI-Fortschritte die nahtlose Nutzung und Integration von KI in den meisten, wenn nicht allen anderen Branchen verstärken werden.

Literatur

1. McCarthy, J., Minsky, M.L., Rochester, N., Shannon, C.E. *A Proposal For The Dartmouth Summer Research Project on Artificial Intelligence*, 1955, `http://jmc.stanford.edu/articles/dartmouth/dartmouth.pdf` (Zugegriffen am November 27, 2019).

2. Stanford University. *One Hundred Year Study on Artificial Intelligence (AI100)*, `https://ai100.stanford.edu/` (Zugegriffen am November 27, 2019).

3. IBM. *Deep Blue. Overview*, `www.ibm.com/ibm/history/ibm100/us/en/icons/deepblue/` (Zugegriffen am November 29, 2019).

4. IBM. *AI for the Enterprise. Why it matters that AI is better than humans at games like Jeopardy*, `www.ibm.com/blogs/watson/2017/06/why-it-matters-that-ai-is-better-than-humans-at-their-own-games/` (Zugegriffen am November 29, 2019).

5. Silver, D., Hassabis, D. *DeepMind. Research Blog Post. AlphaGo Zero: Starting from scratch*, `https://deepmind.com/blog/article/alphago-zero-starting-scratch` (Zugegriffen am November 29, 2019).

6. Ng, A.Y. et al. *Building High-level Features Using Large Scale Unsupervised Learning*, `https://icml.cc/2012/papers/73.pdf` (Zugegriffen am November 29, 2019).

7. Vlahos, J. *Talk to Me: Amazon, Google, Apple and the Race for Voice-Controlled AI*. ISBN-13: 978-1847948069, Random House Books, 2019.

8. Tesla. *All Tesla Cars Being Produced Now Have Full Self-Driving Hardware*, `www.tesla.com/blog/all-tesla-cars-being-produced-now-have-full-self-driving-hardware` (Zugegriffen am November 29, 2019).

9. Meeker, H. *Open (Source) for Business: A Practical Guide to Open Source Software Licensing – Second Edition*. ISBN-13: 978-1544737645, CreateSpace Independent Publishing Platform, 2017.

10. Lorica, B., Nathan, P. *The State of Machine Learning Adoption in the Enterprise*. O'Reilly Media, 2018.

11. Volkswagen. *Driver assistance*, `www.volkswagenag.com/en/group/research/driver-assistance.html#` (Zugegriffen am November 29, 2019).

12. Bosch. *Invented for Life. Traffic jam assist*, `www.bosch-mobility-solutions.com/en/products-and-services/passenger-cars-and-light-commercial-vehicles/automated-driving/traffic-jam-assist/` (Zugegriffen am November 29, 2019).

13. Bellamy III, W. *Avionics International. Airlines are Increasingly Connecting Artificial Intelligence to Their MRO Strategies,* http://interactive.aviationtoday.com/avionicsmagazine/june-2019/airlines-are-increasingly-connecting-artificial-intelligence-to-their-mro-strategies/ (Zugegriffen am November 30, 2019).

14. IBM. *IBM Watson Health products,* www.ibm.com/watson-health/products (Zugegriffen am November 30, 2019).

15. Amazon. *First Prime Air Delivery,* www.amazon.com/Amazon-Prime-Air/b?ie=UTF8&node=8037720011 (Zugegriffen am December 2, 2019).

KAPITEL 3

Schlüsselkonzepte von ML, DL und Entscheidungsoptimierung

Im Anschluss an die KI-Entwicklung im vorherigen Kapitel widmet sich dieses Kapitel den Schlüsselkonzepten des maschinellen Lernens (ML), des Deep Learning (DL) und der Entscheidungsoptimierung.[1] Wir gehen nicht im Detail auf die Grundlagen dieser Konzepte oder die mathematische und statistische Wissenschaft hinter diesen Themen ein; stattdessen erörtern wir Überlegungen zu ihrer praktischen Anwendung in Unternehmen oder anderen Organisationen. Dieses Kapitel dient der high-level Einführung für Leser mit begrenzten Kenntnissen in diesem Themenbereich.

Maschinelles Lernen (ML)

Die KI-Disziplin des maschinellen Lernens (ML) hat Ansätze entwickelt, um Vorhersagen auf der Grundlage von *Daten* zu treffen, ohne dass für jedes einzelne Problem ein deterministischer Code erforderlich ist. ML-Algorithmen erstellen *mathematische Modelle* auf der Grundlage von Beispieldaten, die zum Trainieren dieser Modelle verwendet werden. *Maschinelles Lernen (ML) ist die Untersuchung von Computeralgorithmen, die sich durch Erfahrung automatisch verbessern. Es wird als ein Teilbereich der KI betrachtet. ML-Algorithmen erstellen ein mathematisches Modell auf*

---

[1] Wir nutzen im Folgenden hierfür die Abkürzung DO (Decision Optimization).

der Grundlage von Beispieldaten, die als „Trainingsdaten" bezeichnet werden, um
Vorhersagen zu treffen oder Entscheidungen zu treffen, ohne explizit dafür programmiert
zu sein.[2]

Die wichtigste Aussage in dieser Definition lautet: *ohne explizit programmiert zu*
werden. Im Gegensatz zur klassischen Programmierung ermöglicht ML Computern die
Erstellung und das Training von ML-Modellen auf der Grundlage von Trainingsdaten,
die dem ML-Algorithmus zur Verfügung gestellt werden. Für den ein oder anderen Leser
können die Begriffe *ML-Algorithmus*, *ML-Modell*, *Training* und *Trainingsdaten* etwas
verwirrend sein. Wir geben Ihnen daher eine einfache Beschreibung, wie diese Begriffe
miteinander zusammenhängen: Das Training eines ML-Algorithmus mit Trainingsdaten
erzeugt ein ML-Modell. Mit anderen Worten, ein ML-Modell ist das Ergebnis, wenn ein
ML-Algorithmus mit Trainingsdaten trainiert wird.

Abb. 3-1 ist eine einfache Veranschaulichung dieser Beziehung. Diese Ansicht gilt
insbesondere für prädiktive ML-Modelle, z. B. Regressionsmodelle, bei denen die
Trainingsdatensätze labeled Datensätze sind. Training bedeutet, den Fehler des ML-
Modells unter Verwendung des labeled Trainingsdatensatzes zu minimieren und dabei
ein Overfitting bzw. Überanpassung zu vermeiden. Eine Überanpassung liegt vor, wenn
ein ML-Algorithmus ein Modell erzeugt, das zu stark an den Trainingsdatensatz
angepasst ist. Dies würde zu einer sehr hohen Genauigkeit in Bezug auf den
Trainingsdatensatz führen, aber typischerweise zu schlechten Ergebnissen, wenn das
Modell mit neuen Daten für Vorhersagen verwendet wird. Im Wesentlichen liefert der
ML-Algorithmus nach dem Trainingsprozess ein ML-Modell, das auf neue Daten
angewendet werden kann, um ein Ergebnis vorherzusagen, wobei eine Überanpassung
vermieden werden sollte.

Abb. 3-1. *Training des ML-Algorithmus mit labeled Datensatz*

---

[2] Siehe [1] für eine kurze Beschreibung von ML und [2] und [3] für eine umfassendere
Behandlung von ML.

Bei einigen Datenaufbereitungsaufgaben wird jedoch nicht unbedingt ein ML-Modell erstellt. Um beispielsweise die Dimension – und damit die Komplexität – des Datenraums zu reduzieren, kann ein Algorithmus zur Reduzierung der Dimensionen, die *Hauptkomponentenanalyse* bzw. Principal Component Analysis (PCA), verwendet werden. Bei diesem Szenario wird der PCA-Algorithmus auf einen Eingabedatenraum angewandt, was zu einem Ausgabedatenraum mit reduzierter Komplexität und ggf. Anzahl der Dimensionen führt. Ein weiteres Beispiel ist ein k-means-Clustering-Algorithmus, der auf einen Eingabedatensatz (z. B. Kundentransaktionsdatensätze) angewendet wird, um k Gruppen oder Cluster von Kunden zu erzeugen, z. B. Diamanten-, Gold- und Silberkunden-Cluster. Für diese Szenarien sind keine labeled Daten verfügbar und erforderlich. Abb. 3-2 ist eine Darstellung dieses Konzepts.

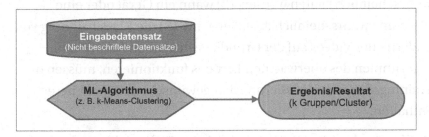

Abb. 3-2. *Anwendung des ML-Algorithmus auf einen nicht-labeled Eingabedatensatz*

Wie Sie bereits gesehen haben, gibt es verschiedene Arten von ML (oder Kategorien von ML), die sich mit unterschiedlichen Problemen oder Geschäftsbereichen befassen. Abb. 3-1 beschreibt, was wir als überwachtes Lernen (supervised learning) bezeichnen, während Abb. 3-2 ein Beispiel für unüberwachtes Lernen (unsupervised learning) beschreibt. Zusätzlich zu den verschiedenen Arten von ML gibt es auch verschiedene ML-Algorithmen.

Im verbleibenden Teil dieses Abschnitts stellen wir Ihnen die wichtigsten Arten von ML und die Arten von ML-Algorithmen vor.

Arten von ML

Im Folgenden sind die drei wichtigsten ML-Typen aufgeführt: *überwachtes Lernen, unüberwachtes Lernen* und *verstärkendes Lernen (Reinforcement Learning (RL))*.

41

- Das **überwachte Lernen** konzentriert sich auf das Training von Modellen mit einer Reihe von Eingangsvariablen (Feature oder auch Prädiktoren) und einer vorherzusagenden Zielvariablen, wobei der Trainingsprozess so lange fortgesetzt wird, bis das Modell ein bestimmtes Maß an Genauigkeit und Präzision bei der Vorhersage der Zielvariablen anhand der Trainingsdaten erreicht. Dies erfordert labeled Trainingsdatensätze oder Trainingsdatensätze, die die Zielvariablen bereits besetzt haben. Regression und Klassifizierung sind die Schlüsselbereiche des überwachten Lernens. Beispiele für Vorhersagen, die durch überwachtes Lernen ermöglicht werden, sind Vorhersagen darüber, (1) was Kunden mit einer hinreichend hohen Wahrscheinlich kaufen werden, (2) wann ein Gerät oder eine Maschine wahrscheinlich ausfallen wird, (3) die Klassifizierung von Bildern oder Videos auf der Grundlage des Inhalts usw. Damit Algorithmen des überwachten Lernens funktionieren, müssen die Trainingsdaten zur Validierung den gewünschten Output bereits enthalten.

- **Unüberwachtes Lernen** beinhaltet keine Zielvariable und erfordert keinen labeled Trainingsdatensatz; vielmehr besteht sein Zweck darin, Datenpunkte in verschiedene Cluster zu gruppieren. Clustering und auch PCA (z. B. zur Merkmalsreduktion, Strukturerkennung usw.) sind die Schlüsselbereiche des unüberwachten Lernens.

- **Verstärkendes Lernen**[3] basiert auf dem Lernen durch Erfahrung mittels trial and error. Beim verstärkenden Lernen interagiert ein Agent mit der Umwelt, um aus einer Strategie zu lernen, bestimmte Aufgaben auszuführen und seine Handlungen im Laufe der Zeit auf der Grundlage von erhaltenen Belohnungen und Bestrafungen weiter zu verbessern und zu optimieren. Der Agent lernt, seine Handlungen auf der Grundlage der Belohnungen, die er erhält, zu verbessern. RL ist darauf ausgerichtet, die gelernte Strategie zu optimieren. Das Lernen eines Agenten kann durch eine Vielzahl von

---

[3] Siehe [4] für eine Einführung in das verstärkende Lernen.

RL-Algorithmen erreicht werden, z. B. durch modellfreies RL, z. B. mit *Q-Learning*, oder modellbasiertes RL, z. B. mit einem *Markov Decision Prozess* (MDP).[4]

Arten von ML-Algorithmen

Es gibt eine ganze Reihe von ML-Algorithmen, die je nach Anwendungsfall vom Datenwissenschaftler verwendet werden können. Diese ML-Algorithmen können in die folgenden Typen von ML-Algorithmen unterteilt werden:

- Regression und Klassifizierung

- Clustering

- Entscheidungsbäume

- Bayesscher Ansatz

- Dimensionalitätsreduktion

- Künstliche neuronale Netze[5]

- Ensemble

- Regularisierung

- Regelsystem

- Instanzbasiert

Wir haben nicht die Absicht, alle diese Arten von ML-Algorithmen detailliert zu beschreiben; wir stellen Ihnen jedoch eine kleine Teilmenge der im Rahmen dieses Buches wichtigsten Algorithmen vor. ANNs werden im Abschnitt über DL weiter unten behandelt.

Regression und Klassifizierung

Regressionsmodelle werden verwendet, wenn ein diskreter Wert vorhergesagt werden soll. Beispiele aus der Wirtschaft sind die Vorhersage von Aktienkursen, die Vorhersage der verstrichenen Zeit bei Batch-Jobs, die Vorhersage der Wettertemperatur oder die Vorhersage der Lebenserwartung im Rahmen einer medizinischen Diagnoseanalyse.

---

[4] Einen kurzen Überblick über die verschiedenen RL-Algorithmen bietet [5].

[5] Hierfür verwenden wir im Folgenden die Abkürzung ANN (Artical Neural Network).

Die *lineare Regression* ist die gebräuchlichste Form der Regressionsanalyse, bei der eine Kurve gezeichnet wird, die den Daten nach einem mathematischen Kriterium wie zum Beispiel der Methode der kleinsten Quadrate am besten entspricht. Andere Formen der Regressionsanalyse sind die *logistische Regression*, die *polynomiale Regression*, die *schrittweise Regression* und andere.

Klassifizierungsalgorithmen[6] werden verwendet, um eine Kategorie vorherzusagen, welches entweder eine Zweiklassen- (binär) oder auch eine Mehrklassenkategorie sein kann. Beispiele aus der Wirtschaft sind (1) die Erkennung von Betrug (Betrug vs. Nicht-Betrug), (2) die Erkennung von Spam-E-Mails (Spam vs. Nicht-Spam), (3) die Vorhersage von Abwanderung (Abwanderung vs. keine Abwanderung von Kunden) oder (4) die Kundenklassifizierung (Diamant vs. Gold vs. Silber). Weitere Beispiele sind die Klassifizierung von Medikamenten (Medizin), Objekten (selbstfahrende Fahrzeuge), Kreditanträgen und anderen.

Es gibt eine ganze Reihe von ML-Algorithmen, die für Klassifizierungsanwendungen verwendet werden können, wie z. B. *logistische Regression*, *k-nearest neighbor*, *Entscheidungsbäume*, *Support Vector Machines* (SVMs), usw.

Support Vector Machines (SVMs) werden anhand von Beispielen trainiert, die einer von zwei Kategorien zugeordnet sind, so dass die daraus resultierenden Modelle vorhersagen können, ob ein neues Beispiel in die eine oder die andere Kategorie fällt.

Entscheidungsbäume

Entscheidungsbäume können als Vorhersagemodelle dienen, bei denen Beobachtungen über ein in den Zweigen dargestelltes Element zu Schlussfolgerungen über die in den Blättern dargestellten Zielwerte führen. Entscheidungsbäume können für Regressions- und Klassifizierungsaufgaben verwendet werden.

Wie bereits erwähnt, werden Klassifikationsbäume verwendet, wenn die Ausgabe eine diskrete Klasse ist, und Regressionsbäume, wenn das vorhergesagte Ergebnis als reelle Zahl betrachtet wird. Ensemble-Methoden, wie z. B. *Boosted Trees,* erstellen zwecks Verbesserung der Genauigkeit mehr als einen Entscheidungsbaum. Algorithmen zur Erstellung von Entscheidungsbäumen arbeiten in der Regel von oben nach unten und wählen bei jedem Schritt eine Variable, die die Elemente am besten aufteilt.

---

[6] Siehe [6] für eine kurze Einführung in Klassifizierungsalgorithmen.

Random Forest ist ein Beispiel für auf der Ensemble-Trainingsmethode basierende Entscheidungsbäume, die für Klassifizierung, Regression oder andere Aufgaben verwendet werden kann. Hierbei werden während des Trainings eine Anzahl von Entscheidungsbäumen erstellt und die Ergebnisse derart kombiniert, dass die Ausgangsklasse oder der Ausgangswert optimal bestimmt werden. Random Forests können im Vergleich zu einzelnen Entscheidungsbäumen zu Verbesserungen führen, wenn das Modell den Trainingsdatensatz übererfüllt (Overfitting).

Clustering

Das Ziel von Clustering-Algorithmen ist es, Daten in Clustern zu gruppieren, um die Daten im Kontext einer geschäftlichen Anforderung optimal zu organisieren. Ein wichtiger Aspekt des Clustering ist, dass die verfügbaren Datenpunkte nicht gelabelt sind. Daher gehört das Clustering zum unüberwachten ML-Typ. Die Bewertung des Ergebnisses hinsichtlich seiner Korrektheit unterliegt dem geschäftlichen Kontext, was dazu führen kann, dass die Clustering-Algorithmen so lange wiederholt werden, bis ein zufriedenstellendes Geschäftsergebnis (eine Menge von Clustern) gefunden wurde. Geschäftsbeispiele sind das Clustern von Kunden (Kundensegmentierung) auf der Grundlage ihres Kaufverhaltens, ihres Kreditkartennutzungsverhaltens, ihrer Reisepräferenzen usw.

Es gibt eine ganze Reihe von Clustering-Algorithmen,[7] wie z. B. *k-means*, *k-medians*, *hierarchisches Clustering* und *Erwartungsmaximierung*.

Bayesscher Ansatz

Ein *Bayessches Netz* ist ein Algorithmus, der einen Satz von Variablen und ihre bedingten Abhängigkeiten durch einen gerichteten azyklischen Graphen darstellt. Bayessche Netze eignen sich ideal für die Vorhersage der Ursache eines aufgetretenen Ereignisses, z. B. für die Vorhersage einer Krankheit anhand der beobachteten Symptome. Weitere Beispiele für bayessche Algorithmen sind der *naive Bayes-Klassifikator*, der *gaußsche naive Bayes*, das *Bayes Belief Network* (BNN) und so weiter.

---

[7] Siehe [7] für eine kurze Einführung in Clustering-Algorithmen.

Dimensionalitätsreduktion

Bei KI und ML geht es nicht nur darum, KI-Modelle zu entwickeln oder Daten zu clustern. Bevor KI-Artefakte jeglicher Art entwickelt werden können, müssen die verfügbaren Quelldaten verstanden werden; die Komplexität der Daten muss vereinfacht werden; Feature müssen ausgewählt und umgewandelt werden, indem beispielsweise Feature oder Prädiktoren weggelassen werden, die nicht zur Verringerung von Fehlern beitragen; und die Dimension des Feature-Raums muss möglicherweise aufgrund bestehender Korrelationen zwischen bestimmten Featuren verringert werden. Bei der Dimensionalitätsreduktion geht es um die Auswahl und Darstellung der Feature zur Optimierung und Vereinfachung der Entwicklung eines Klassifikators.

Aufgrund ihrer Bedeutung für die Datenwissenschaft ist die Dimensionalitätsreduktion[8] nach wie vor ein wichtiges Forschungsgebiet. Heute gibt es eine ganze Reihe von Algorithmen, wie die *lineare Diskriminanzanalyse* (LDA), die *Regression mit partiellen kleinsten Quadraten* bzw. *Partial Least Square Regression* (PLSR), die *Mischungsdiskriminanzanalyse* (MDA), die *flexible Diskriminanzanalyse* (FDA) und die *Hauptkomponentenanalyse* bzw. *Principal Component Analysis* (PCA), um nur einige zu nennen.

PCA, z. B.[9] ist ein Algorithmus – oft auch als Technik oder Methode bezeichnet–, der verwendet wird, um einen großen Satz möglicherweise korrelierter Komponenten oder Dimensionen (Prädiktoren, Feature) auf einen Satz unkorrelierter (oder weniger korrelierter) Dimensionen zu reduzieren, möglicherweise, aber nicht notwendigerweise, auf weniger Dimensionen, die Hauptkomponenten bzw. Principal Components (PC) genannt werden. Diese Dimensionen sind dann orthogonal zueinander (linear unabhängig) und werden nach der Varianz der Daten entlang dieser Dimensionen geordnet. Ziel ist es, die wichtigsten Informationen aus den Datenpunkten entlang einer Reihe neuer Hauptkomponenten zu extrahieren, um auf einfache Weise darzustellen, was für die Variation in den Daten verantwortlich ist.

Wie Sie in Abb. 3-3 sehen, sind die beiden Hauptkomponenten PC1 und PC2 die neuen Dimensionen, die orthogonal zueinander sind. Sie werden als Linearkombination aus den ursprünglichen Features F1 und F2 abgeleitet. PC1 und PC2 werden so bestimmt, dass die Varianzen *var*(*PC1*) und *var*(*PC2*) – Maß für die Abweichung vom

---

[8] Siehe [8] für einen kurzen Überblick über die Dimensionalitätsreduktion.

[9] Siehe [9] für eine umfassende theoretische Behandlung der Pricipal Component Analysis (PCA), einschließlich der mathematischen Grundlagen.

Mittelwert für Datenpunkte entlang der Hauptkomponenten PC1 bzw. PC2 – entlang der neuen Dimensionen mit $var(PC1) > var(PC2)$ maximiert werden. Die Kovarianz $cov(PC1, PC2)$ wird in die Gleichung aufgenommen, um die Beziehung zwischen den Werten entlang der neuen Dimensionen zu verstehen.

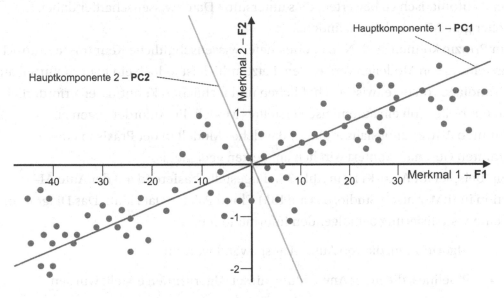

Abb. 3-3. *Principal Component Analysis (PCA)*

Es folgt ein weiteres Beispiel, bei dem der ursprüngliche dreidimensionale Merkmalsraum auf einen zweidimensionalen Hauptkomponentenraum reduziert werden kann: Stellen Sie sich einen Satz von Datenpunkten vor, die in einem dreidimensionalen Raum verteilt sind, wobei die Datenpunkte annähernd auf einer zweidimensionalen Ebene lokalisierbar sind. Wenn Sie die PCA anwenden, um zwei Hauptkomponenten PC1 und PC2 (natürlich orthogonal zueinander) zu bestimmen, die diese Ebene repräsentieren, kann eine dritte Hauptkomponente PC3 eine so geringe Varianz $var(PC3)$ haben, dass sie schlichtweg vernachlässigt werden kann. Anschließend haben Sie den ursprünglichen dreidimensionalen Raum auf einen zweidimensionalen Raum reduziert, was nun die Entwicklung von KI-Modellen auf der Grundlage dieses „neuen" Merkmalsraums vereinfachen kann.

Als Ergebnis des PCA-Algorithmus können die Komplexität und die Anzahl der korrelierten Feature (Merkmale) reduziert werden. Dies kann jedoch den Nachteil mit sich bringen, dass ein später entwickeltes KI-Modell weniger interpretierbar ist.

Auto-KI

Ein relativ neues Konzept im Bereich des ML ist Auto-KI oder Auto-ML mit dem Ziel, die Erstellung von ML-Pipelines zu automatisieren und die daraus resultierenden ML-Modelle automatisch zu bewerten; dies unterstützt Datenwissenschaftler dabei, schneller gute ML-Modelle zu finden.

Im Prinzip können auch Nutzer ohne datenwissenschaftliche Kenntnisse Auto-KI zur Erstellung von Modellen verwenden. Letztendlich ist jedoch ein Expertenurteil auf der Grundlage von datenwissenschaftlichen und fachlichen Kenntnissen erforderlich, um zu beurteilen, ob ein automatisch erstelltes Modell die Anforderungen eines bestimmten Anwendungsfalls erfüllt und welches Modell in der Praxis in einem bestimmten Geschäftskontext wirklich am besten geeignet ist.

Ein Beispiel für Auto-KI ist in Abb. 3-4 dargestellt, basierend auf der Auto AI-Funktion in IBM Watson Studio, das auf IBM Cloud Pak for Data läuft. Das Diagramm zeigt eine Visualisierung der folgenden Informationen:

- Algorithmen, die von Auto AI ausgewählt wurden

- Pipelines, die unter Anwendung dieser Algorithmen erstellt wurden

- Feature-Transformationen, die von einer bestimmten Pipeline verwendet wurden

Die folgende Pipeline-Rangliste in Abb. 3-5 zeigt, welche Pipelines die besten Modelle auf der Grundlage einer ausgewählten Metrik, in diesem Fall der Genauigkeit,[10] erstellt haben.

---

[10] Diese Metrik ist als *accuracy* in Abb. 3-5 ersichtlich.

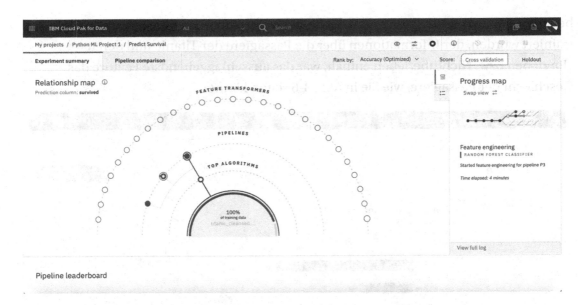

Abb. 3-4. *Auto-KI für das Training einer Reihe von Modellen mit mehreren Trainingspipelines*

Pipeline leaderboard

	Rank ↑	Name	Algorithm	Accuracy (Optimized)	Enhancements	Build time
>	★ 1	Pipeline 4	Random Forest Classifier	0.823	HPO-1 FE HPO-2	00:01:55
>	2	Pipeline 7	XGB Classifier	0.823	HPO-1 FE	00:02:52
>	3	Pipeline 8	XGB Classifier	0.823	HPO-1 FE HPO-2	00:10:34
>	4	Pipeline 3	Random Forest Classifier	0.811	HPO-1 FE	00:01:53
>	5	Pipeline 2	Random Forest Classifier	0.807	HPO-1	00:00:28
>	6	Pipeline 5	XGB Classifier	0.798	None	00:00:03
>	7	Pipeline 6	XGB Classifier	0.798	HPO-1	00:00:42
>	8	Pipeline 1	Random Forest Classifier	0.781	None	00:00:01

Abb. 3-5. *Leaderboard der von Auto AI generierten Model Training Pipelines*

Anschliessend is es möglich, verschiedene Metriken der erstellten Modelle zu untersuchen, um herauszufinden, welche Pipeline das beste Gesamtergebnis liefert, und um weiterhin zu verstehen, welche Feature die Vorhersage am stärksten beeinflussen. In diesem Fall, in dem die Modelle mit einem öffentlichen Datensatz trainiert wurden, der Informationen über die Passagiere der Titanic und deren Überleben bzw. Nichtüberleben enthält, war das ausschlaggebendste Feature das Geschlecht der Passagiere, wie Sie in Abb. 3-6 sehen können.

Abb. 3-6. *Analyse der Feature-Bedeutung durch Auto AI zum besseren Verständnis des Modells*

Auf dem Weg zur Eminenz des KI-Modells

Technische Modellbewertungsmetriken wie Genauigkeit, Konfusionsmatrix, Präzision, Rückruf und andere sind ein wichtiger Faktor, der bei der Auswahl der zu verwendenden Modelle zu berücksichtigen ist.

Es kann jedoch eine Reihe von geschäftlichen Erwägungen und geltenden Gesetzen geben, die letztlich bestimmte Ansätze oder die Verwendung bestimmter Funktionen ausschließen oder es erforderlich machen, ganz bewusst nicht das Modell mit den besten technischen Bewertungskennzahlen zu wählen.

Bei Modellen für Kreditentscheidungen wäre es beispielsweise nicht akzeptabel, das Geschlecht einer Person oder signifikant korrelierte Werte als Merkmal zur Beeinflussung der Kreditbewilligung zu verwenden. Je nach Erklärbarkeit oder Leistungsanforderungen müssen unter Umständen einfachere Modelle gegenüber

Modellen bevorzugt werden, die zwar prinzipiell bessere Ergebnisse liefern, aber weniger erklärbar sind oder zu viel Zeit für die Berechnung benötigen. Je nach Auswirkung der False Positive Vorhersagen muss möglicherweise ein insgesamt weniger genaues Modell gewählt werden, um die Anzahl der False Positive Vorhersagen zu minimieren, z. B. bei der Überprüfung von Kreditkartenbetrug würde jedes False Positive Ergebnis zu enormer Frustration beim Kunden führen, weil er für einen durchaus legitimen Vorgang fälschlicherweise der Unrechtmäßigkeit bezichtigt wird.

Deep Learning (DL)

Zahlreiche Bücher, Artikel und Blogs wurden über DL geschrieben.[11] Dennoch werden Sie sich vielleicht fragen, was der Unterschied zwischen ML, DL und RL ist und wie diese Methoden und Ansätze miteinander zusammenhängen. In diesem Buch haben wir nicht den Platz, um das Thema DL ausführlich zu behandeln. Es geht uns nicht darum, die theoretischen und mathematischen Grundlagen zu beschreiben, sondern vielmehr darum, Ihnen ein besseres Verständnis der Hauptmerkmale von DL sowie der Unterschiede und des Zusammenhangs von DL mit ML und RL zu vermitteln.

Was ist DL?

Einerseits kann DL als eine Teilmenge von ML betrachtet werden, da DL echtes und skalierbares ML darstellt: DL basiert nämlich im Wesentlichen auf künstliche neuronale Netze, die – wie wir bereits gesehen haben – eine bestimmte Art von ML-Algorithmen sind. Die Implementierung *wirklich skalierbarer* ML-Lösungen hängt von speziellen Engines ab, wie GPUs, FPGAs oder ASICs. Außerdem kann DL in überwachtes, unüberwachtes und verstärkendes Lernen unterteilt werden, ähnlich wie die Arten von ML, die wir zu Beginn dieses Kapitels besprochen haben.

Auf der anderen Seite kann DL als eine Weiterentwicklung von ML betrachtet werden, wobei der Schwerpunkt auf unterschiedlichen Algorithmen liegt, die ein Lernen im eigentlichen Sinne ermöglichen, d. h. mit und auch *ohne* markierte Datensätze. Bei ML wird ein ML-Modell trainiert und u. U. abermals trainiert, um sicherzustellen, dass z. B. Genauigkeit und Präzision für ein vordefiniertes Szenario auf einem bestimmten

---

[11] Siehe [10] für eine ausführliche Behandlung von DL und [11] für einen praktischen Leitfaden zu DL.

Niveau verbleiben, während das Modell bei DL *autonom* lernen kann, um im Laufe der Zeit ohne manuelle oder toolgestützte Nachschulung noch eindeutiger und genauer zu werden. DL kann z. B. auf überwachtem Lernen beruhen, wobei überwachte neuronale Netze oder überwachtes Wörterbuchlernen zum Einsatz kommen, für die ein anfängliches Training durchgeführt werden kann. Die anschließende Steigerung der Relevanz und Präzision des Entscheidungsprozesses kann jedoch vom DL-Modell selbst – auf der Grundlage neuer Daten – ohne menschliches oder toolgestütztes Eingreifen vorgenommen werden. Die DL-Fähigkeiten befinden sich also auf einer anderen Ebene und ahmen das menschliche Verhalten tatsächlich nach.

Der Unterschied zwischen RL und DL kann manchmal verwirrend sein. Wie Sie am Anfang des Kapitels bei der Diskussion der verschiedenen ML-Arten gesehen haben, geht es bei RL um das Lernen einer Strategie durch Belohnungen und Bestrafungen. RL kann jedoch schwierig und umständlich sein, wenn die Datendimension sehr groß ist. Dies kann effektiv durch Deep Reinforcement Learning (DRL) gelöst werden, bei dem RL-Algorithmen mit ANNs oder DL-Algorithmen kombiniert werden.

Lassen Sie uns nun Artificial Neural Networks (ANNs) und Deep Learning Networks (DLNs) näher beleuchten und klären, warum wir sie als verschiedene Arten von neuronalen Netzen unterscheiden.

Artificial Neural Networks (ANNs)

ANNs waren die ersten, relativ einfachen neuronalen Netze, die Neuronen wie in einem biologischen Gehirn versuchen nachzubilden. Künstliche Neuronen haben Eingangsverbindungen mit Gewichten und Ausgangsverbindungen und können einen Schwellenwert haben, so dass sie das Ausgangssignal nur senden, wenn dieser Schwellenwert überschritten wird. ANNs sind in der Regel in eine Eingabeschicht, versborgene Schichten und eine Ausgabeschicht gegliedert. ANNs sind in der Lage, verschiedene nichtlineare Funktionen zu lernen. Bei diesem Lernprozess werden die Gewichte der Verbindungen angepasst, indem die sogenannte Verlustfunktion reduziert oder minimiert wird. Die Verlustfunktion kann als integraler Bestandteil der Verwendung eines ANN- oder DLN-Algorithmus zum Trainieren dieser neuronalen Netze betrachtet werden.

Wenn wir den Begriff *ANN- oder DLN-Algorithmus* verwenden, beziehen wir uns auf einen Algorithmus, der zum Training des neuronalen Netzes verwendet wird. In gewisser Weise können wir dann das trainierte ANN oder DLN als DL-Modell bezeichnen (um mit unserer Terminologie konsistent zu sein). *Backpropagation* ist wahrscheinlich der bekannteste ANN-Algorithmus, der eigentlich aus einer Reihe von Trainingsalgorithmen besteht, die für Backpropagation verwendet werden. Andere ANN-Algorithmen sind das *Radial Basis Function Network* (RBFN), das *Hopfield-Netz*, das *Multilayer Perceptron* (MLP), das *stochastische Gradientenverfahren* und so weiter.

Abb. 3-7 zeigt ein einfaches Feed-Forward-ANN mit der Eingabe-, zwei verborgenen und der Ausgabeschicht. Die versteckten Schichten bestehen in der Regel aus mehreren Knoten. In unserem Beispiel besteht die erste Schicht aus den Knoten a, b und c, während die zweite Schicht aus den Knoten d und e besteht. Feed Forward bedeutet, dass die Informationen nur in eine Richtung von der Eingabe- zur Ausgabeschicht fließen. Zum Trainieren des ANN können verschiedene Backpropagation-Algorithmen (z. B. stochastisches Gradientenverfahren) verwendet werden, die zur Anpassung der verschiedenen Gewichte w_{ij} führt, wie in Abb. 3-7 zu sehen ist.

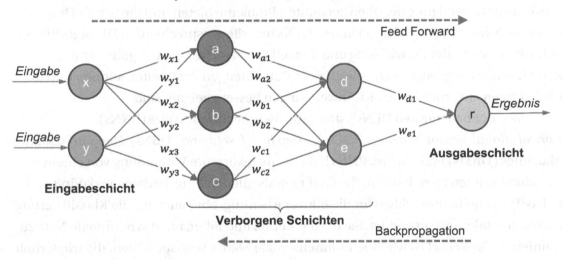

Abb. 3-7. *Artificial Neural Network (ANN)*

Zu den Anwendungen von ANNs gehören Computer Vision, Spracherkennung und maschinelle Übersetzung. Beim *Deep Learning* werden ANNs mit mehreren verborgenen Schichten eingesetzt.

Deep Learning Networks (DLNs)

ANNs können als der ursprüngliche, klassische Typ von neuronalen Netzen angesehen werden, die unkompliziert und relativ einfach waren. Die entsprechenden ANN-Algorithmen waren weniger ausgefeilt. Wie wir bereits erwähnt haben, basierte das

Training der ANN im Wesentlichen auf der Anwendung verschiedener Backpropagation-Algorithmen. Für die heutigen anspruchsvollen KI-Anwendungen sind komplexere ANNs mit einer potenziell großen Anzahl von versteckten Schichten erforderlich. Die daraus resultierende Anzahl von Gewichten w_{ij}, die für diese komplexen ANNs angepasst werden müssen, wird jedoch unüberschaubar groß. Ein weiteres Problem ist der so genannte *vanishing/exploding Gradient*, der das ANN instabil und weniger lernfähig macht. Dies hängt mit der Verlustfunktion zusammen, die oft zu große Gradienten berechnet und daher nicht geeignet ist, die Gewichte w_{ij} adäquat anzupassen. Dieses Phänomen kann sogar so dominierend werden, dass das ANN nicht mehr trainierbar und damit unbrauchbar ist.

Es gibt verschiedene Techniken, um dieses Problem zu lösen, wie z. B. Gewichtsregulierung oder Gradientenabgrenzung.[12] Nichtsdestotrotz sind modernere neuronale Netze aufgetaucht, die neuartige und deutlich innovativere Ansätze zur Bewältigung der oben genannten Probleme bieten und die wir als Deep Learning Networks (DLNs) bezeichnen. DLNs und die entsprechenden DL-Algorithmen befassen sich mit der Entwicklung und dem effizienten Training viel größerer und komplexerer neuronaler Netze, die größere Datenmengen verarbeiten können und für die heutigen anspruchsvollen KI-Anwendungen besser geeignet sind.

Einige der beliebtesten DLNs[13] sind *rekurrente neuronale Netze* (RNNs), *Convolutional Neural Networks* (CNNs), *Deep Belief Networks* (DBNs), Deep Boltzmann Machines (DBMs) und andere. RNNs haben eine rekurrente Verbindung von einem einzelnen Knoten zu sich selbst, die das Ergebnis mit den Eingabedaten verknüpft. CNNs[14] werden hauptsächlich für die Bildverarbeitung, aber auch für die Klassifizierung und Segmentierung verwendet. Sie nutzen Kernel und Filter, um das neuronale Netz zu trainieren. Ein Kernel ist wie eine n-dimensionale Matrix von Gewichten, die wiederholt auf die Eingabedaten angewendet wird. Ein Filter ist eine Verkettung mehrerer Kernel, wobei jeder Kernel einer Teilmenge der Eingabedaten zugeordnet ist.

Die Entstehung, Weiterentwicklung und Erforschung dieser DLNs und die Tatsache, dass sie ein einzigartiges und eigenständiges Gebiet der KI darstellen, veranlassen uns dazu, DL nicht als eine reine Untermenge von ML zu betrachten.

---

[12] In der englischsprachigen Literatur wird hiefür die Beschreibung *weight regularization or gradient clipping* verwendet.

[13] Siehe [12] für einen Überblick über einige der populärsten DLNs.

[14] Siehe [13] für eine eingehende Behandlung von CNNs.

Entscheidungsoptimierung

Entscheidungsoptimierung[15] ist eine Untergruppe der datenwissenschaftlichen Techniken, die für präskriptive Analysen verwendet werden. Im Gegensatz zur prädiktiven Analyse, die darauf abzielt, Ereignisse oder Metriken vorauszusagen, hilft die präskriptive Analyse bei der Entscheidung, welche Maßnahmen basierend auf Vorhersagen bzw. Clustering-Ergebnissen sinnvollerweise zu ergreifen sind.

DO analysiert die möglichen Entscheidungen und bietet die beste Option aus einer großen Anzahl von Alternativen. Sie wissen z. B. nicht, ob ein Kunde möglicherweise kündigen wird (Kundenabwanderung) oder wann eine Industrieanlage ausfallen könnte, aber Sie können vorab entscheiden, ob Sie Ihren Kunden eine bestimmte Werbeaktion anbieten oder ob Sie Wartungspläne für Ihre Anlagen durchführen. Sie werden jedoch durch geschäftliche Zwänge eingeschränkt, z. B. durch das maximale Werbebudget oder die Größe des Wartungsteams. Unter allen möglichen Entscheidungen können daher einige aufgrund der von Ihnen zu optimierenden Geschäftsziele bevorzugt werden. DO gibt Ihnen Empfehlungen, welche Entscheidung Sie in solchen Fällen treffen sollten.

In Kap. 5, *„Von Daten zu Vorhersagen zu optimalen Maßnahmen"*, wird die Integration von ML mit DO[16] und der ganzheitliche Nutzen, der durch die Kombination dieser beiden Bereiche erzielt werden kann, eingehend untersucht.

DO ist in praktisch allen Branchen anwendbar. Zu den Anwendungsbeispielen gehören bekannte Scenarien wie die Optimierung von Lieferketten und die Produktionsplanung und -steuerung, aber auch Portfolio-Optimierung, vorausschauende Instandhaltung, die Optimierung des Energiehandels oder Anwendungen wie zum Beispiel die Preisoptimierung oder die Optimierung von Regalflächen.

Wichtigste Erkenntnisse

Wir schließen dieses Kapitel mit einigen wichtigen Erkenntnissen, die in Tab. 3-1 zusammengefasst sind.

---

[15] In [14] finden Sie einen kurzen Überblick über die Entscheidungsoptimierung.

[16] Siehe [15] für einen kurzen Überblick über die Integration von ML mit DO.

Tab. 3-1. Wichtigste Erkenntnisse

# Wichtigste Erkenntnisse	High-Level Beschreibung
1 ML ermöglicht das Trainieren von Modellen ohne explizite Programmierung	ML-Algorithmen erstellen ein *mathematisches Modell* auf der Grundlage von Beispieldaten, die als „*Trainingsdaten*" bezeichnet werden, um Vorhersagen zu treffen oder Entscheidungen zu treffen, ohne ausdrücklich dafür programmiert zu sein.
2 Überwachtes Lernen zielt auf die Vorhersage	Die Trainingsdaten müssen eine gewünschte Ausgabe enthalten, die als Vorhersageziel identifiziert wird; die Modelle werden trainiert, um die Ausgabe für neue Eingabedaten vorherzusagen.
3 Unüberwachtes Lernen findet Struktur in Daten	Daten werden nach Clustern ähnlicher Daten analysiert.
4 Künstliche neuronale Netze können zur Erkennung verwendet werden	ANN, die biologischen neuronalen Netzen nachempfunden sind, können für Bilderkennung, Spracherkennung, Sprachübersetzung usw. verwendet werden.
5 Entscheidungsbäume können verwendet werden, um Klassen oder Werte vorherzusagen	Entscheidungsbäume werden auf der Grundlage von Eingangsvariablen erstellt, um eine Klasse (Klassifizierungsentscheidungsbaum) oder einen kontinuierlichen Wert (Regressionsentscheidungsbaum) vorherzusagen.
6 Bayessche Netzwerke können Ursachen auf der Grundlage von Beobachtungsdaten vorhersagen	So können beispielsweise bayessche Netzmodelle erstellt werden, um die Krankheit vorherzusagen, die durch die beobachteten Symptome verursacht werden.
7 DO wird für präskriptive Analytik verwendet	Im Gegensatz zur prädiktiven Analytik, die sich auf Vorhersagen konzentriert, adressier DO die Optimierung von Entscheidungen und Handlungen.
8 DO kann komplexe Probleme in allen Branchen lösen	Optimierungsprobleme werden durch Nebenbedingungen, Optimierungsziele und Eingabedaten beschrieben. DO löst Optimierungsprobleme und ermöglicht es, optimale Entscheidungen zu treffen bzw. entsprechende Maßnahmen zu ergreifen.

(*Fortsetzung*)

Tab. 3-1. *(Fortsetzung)*

#	Wichtigste Erkenntnisse	High-Level Beschreibung
9	ML plus DO bietet enormen Mehrwert	Durch die Kombination von ML und DO ist es möglich, von Daten zu Vorhersagen zu optimalen Entscheidungen und daraus resultierenden Maßnahmen zu gelangen. Dies kann zu enormen Einsparungen im Vergleich zu Aktionen auf der alleinigen Grundlage von Vorhersagen führen.

Literatur

1. Wikipedia. *Machine learning,* `https://en.wikipedia.org/wiki/Machine_learning` *(Zugegriffen am April 25, 2020).*

2. Shalev-Shwartz, S., Ben-David, S. *Understanding Machine Learning: From Theory to Algorithms.* ISBN-13: 978-1107057135, Cambridge University Press, 2014.

3. Alpaydin, E. *Introduction to Machine Learning (Adaptive Computation and Machine Learning series).* ISBN-13: 978-0262043793, The MIT Press, 2020.

4. Sutton, R. S., Barto, A. G. *Reinforcement Learning: An Introduction (Adaptive Computation and Machine Learning series).* ISBN-13: 978-0262039246, A Bradford Book, 2018.

5. Moni, R. Medium. *Reinforcement Learning algorithms – an intuitive overview,* `https://medium.com/@SmartLabAI/reinforcement-learning-algorithms-an-intuitive-overview-904e2dff5bbc` (Zugegriffen am April 30, 2020).

6. Priyadarshiny, U. Dzone. *Introduction to Classification Algorithms,* https://dzone.com/articles/introduction-to-classification-algorithms (Zugegriffen am April 29, 2020).

7. Hodgson, E. DotActiv. *Clustering Algorithms: Which One Is Right For Your Business?* www.dotactiv.com/blog/clustering-algorithms (Zugegriffen am April 29, 2020).

8. Silipo, R., Widmann, M. *3 New Techniques for Data-Dimensionality Reduction in Machine Learning,* `https://thenewstack.io/3-new-techniques-for-data-dimensionality-reduction-in-machine-learning/` (Zugegriffen am April 30, 2020).

9. Vidal, R., Ma, Y., Sastry, S. *Generalized Principal Component Analysis (Interdisciplinary Applied Mathematics).* ISBN-13: 978-0387878102, Springer, 2016.

10. Skansi, S. *Introduction to Deep Learning: From Logical Calculus to Artificial Intelligence (Undergraduate Topics in Computer Science).* ISBN-13: 978-3319730035, Springer, 2018.

11. Gad, A. F., *Practical Computer Vision Applications Using Deep Learning with CNNs: With Detailed Examples in Python Using TensorFlow and Kivy.* ISBN-13: 978-1484241660, Apress, 2018.

12. Gupta, R. Medium. *Towards data science. 6 Deep Learning models – When should you use them?* https://towardsdatascience.com/6-deep-learning-models-10d20afec175 (Zugegriffen am May 1, 2020).

13. Khan, S., Rahmani, H., Shah, S. A. A., Bennamoun, M. A *Guide to Convolutional Neural Networks for Computer Vision (Synthesis Lectures on Computer Vision).* ISBN-13: 978-1681730219, Morgan & Claypool Publishers, 2018.

14. IBM. *Decision optimization,* www.ibm.com/analytics/decision-optimization (Zugegriffen am April 29, 2020).

15. Chabrier, A. Medium. *Combine Machine Learning and Decision Optimization in Cloud Pak for Data,* https://medium.com/@AlainChabrier/combine-machine-learning-and-decision-optimization-in-cloud-pak-for-data-60e47de18853 (Zugegriffen am May 1, 2020).

TEIL II

KI-Einsatz

KAPITEL 4

KI-Informationsarchitektur

In diesem Kapitel erfahren Sie mehr über die spezifische Rolle der Informationsarchitektur (IA) bei der Bereitstellung einer zuverlässigen und unternehmensweiten KI-Grundlage. Als Einführung in dieses Thema werden die wichtigsten Aspekte einer Informationsarchitektur (IA) kurz erläutert und die logischen und physischen IA-Komponenten im Kontext von KI hervorgehoben. Diese sind für den Leser wichtig, um die Auswirkungen von KI auf eine bestehende Informationsarchitektur vollständig zu verstehen. Jede Architektur muss mit Produkten und Angeboten untermauert werden. Wir lernen die Schlüsselkomponenten der KI-Informationsarchitektur und ihre Rolle für die Unternehmenstauglichkeit kennen. Wir schließen mit Anwendungsfällen, die KI in der Informationsarchitektur veranschaulichen.

Bei IBM haben wir einigen unserer Kunden geholfen, ihre KI-Reise zu beginnen, indem sie einfach einige frei verfügbare Open-Source-Pakete und -Bibliotheken heruntergeladen und verwendet haben, z. B. die Apache Spark-Bibliotheken. Es müssen jedoch unternehmensweite Richtlinien vorhanden sein. Andernfalls kann dies dazu führen, dass unterschiedliche Open-Source-Bibliotheken von verschiedenen Abteilungen oder Organisationen innerhalb des Unternehmens verwendet werden. Da diese Pakete und Bibliotheken nicht notwendigerweise integriert und interoperabel sind, haben KI-Artefakte, d. h. ML- oder DL-Modelle, unterschiedliche Formate und können nicht einfach zwischen Organisationen und verschiedenen Plattformen ausgetauscht und eingesetzt werden. Jedes KI-Vorhaben erfordert mehr als nur das Herunterladen einiger frei verfügbarer Open-Source-ML- oder DL-Bibliotheken und Laufzeit-Engines. Sie sollten einen ganzheitlichen, unternehmensweiten Ansatz verfolgen und Zusammenarbeit, Integration, spezialisierte Engines, Open-Source, unternehmensweite Angebote usw. einplanen.

© Der/die Autor(en), exklusiv lizenziert an APress Media, LLC, ein Teil von Springer Nature 2023
E. Hechler et al., *Einsatz von KI im Unternehmen*, https://doi.org/10.1007/978-1-4842-9566-3_4

Darüber hinaus ist es für jede Abteilung oder Organisation schwierig, auf die erforderlichen Quelldaten zuzugreifen und diese so umzuwandeln, dass sie für eine bestimmte Anwendung oder einen bestimmten Anwendungsfall angemessen genutzt werden können. Die Steuerung des Zugriffs und der Nutzung von KI-Artefakten, auf die wir in Kap. 8, „KI und Governance", eingehen werden, wird wiederum den einzelnen Abteilungen und Organisationen überlassen. Das Fehlen einer unternehmensweiten Informationsarchitektur führt daher häufig zu inkonsistenten und schwerfälligen Schatten-IT-Implementierungen im gesamten Unternehmen.

Andere Unternehmen beginnen ihre KI-Reise vielleicht mit dem Einsatz eines kommerziell verfügbaren KI-Toolsets, d. h. eines ML- oder DL-Angebots wie IBM Watson Machine Learning (ML) for z/OS, das aus Dutzenden oder sogar Hunderten von Bibliotheken und Algorithmen, einigen Laufzeit-Engines und Komponenten zur Speicherung und Verwaltung von KI-Artefakten besteht. Die Erkennung von Quelldaten und deren Bereitstellung für das KI-Toolset mit der erforderlichen Datenqualität bleibt jedoch ein schwieriges Unterfangen. Eine weitere Herausforderung besteht darin, Ihre Mitarbeiter zu schulen und an ein solches Toolpaket zu gewöhnen. Der Zugriff auf und die Umwandlung von Quelldaten in das erforderliche Daten- und Funktionsformat ist oft unvollständig oder fehlt ganz. Nachfolgende Aufgaben zur Datensynchronisation und -organisation zum Schutz der Daten liegen oft außerhalb des Anwendungsbereichs von KI-Tools. Darüber hinaus ist die Integration dieser KI-Tools in eine bestehende IT- und Unternehmenslandschaft mit unvorhergesehenen organisatorischen und technischen Hürden verbunden, die KI-Projekte oft zu einer frustrierenden Erfahrung werden lassen. So führt das Fehlen einer unternehmensweiten Informationsarchitektur zu einer fragmentierten KI-Infrastruktur, die KI-Projekte und -Anwendungsfälle in Unternehmen zu einem schwierigen und riskanten Unterfangen macht.

Es gibt *keine KI ohne IA*[1] mag wie eine weitere Floskel klingen. Dieses Kapitel liefert jedoch eine weitere Rechtfertigung für angemessene Investitionen in Ihre IA, während Sie auf der KI-Leiter aufsteigen.

Informationsarchitektur – ein kurzer Überblick

Da informationsintensive Geschäftsherausforderungen bereits seit einigen Jahrzehnten bestehen, gibt es einen recht großen Fundus an Wissen und

---

[1] Mehr Motivation für eine Informationsarchitektur im KI-Kontext findet sich in [1].

Veröffentlichungen, die sich auf die Informationsarchitektur[2] beziehen. Dieser Abschnitt gibt einen kurzen Überblick über die Begriffe Informationsarchitektur und Unternehmensinformationsarchitektur, bzw. Enterprise Information Architecture (EIA)[3] und definiert die wichtigsten Aspekte, wie z. B. die Schichten der Unternehmensarchitektur, das Konzept der Referenzarchitektur (RA) und die Arbeitsprodukte der EIA-Referenzarchitektur. Darüber hinaus geben wir einen kurzen Überblick über die wichtigsten Architekturmodelle und -methoden, wie z. B. das Informationsreifegrad-Modell. Dieser kurze Überblick ist allgemeiner Natur und soll dem Leser ermöglichen, die Terminologie und Konzepte zu verstehen, die wir in den folgenden Abschnitten dieses Kapitels näher erläutern.[4]

Terminologie und Definitionen

Wir beginnen unsere Betrachtung mit einer Definition der Unternehmensarchitektur, da diese eine Möglichkeit bietet, die Begriffe IA und EIA zu positionieren. The Open Group Architecture Framework (TOGAF),[5] ein Standard von The Open Group, ist eine der umfassendsten Unternehmensarchitektur-Methoden und -Rahmenwerke.[6] Dem TOGAF-Standard zufolge besteht das Ziel einer Unternehmensarchitektur *darin, „die oft fragmentierten (manuellen und automatisierten) Prozesse im gesamten Unternehmen zu optimieren und in eine integrierte Umgebung zu überführen, die auf Veränderungen reagiert und die Umsetzung der Geschäftsstrategie unterstützt."* Eine Unternehmensarchitektur bietet einen Rahmen, der die Abstimmung zwischen der Geschäftsstrategie, der IT-Strategie und der IT-Implementierung erleichtert. Als solche umfasst sie verschiedene Bereiche, die sich mit der Unternehmensstrategie, den Anforderungen aus den Geschäfts- und Anwendungsbereichen, dem Informations- (oder Daten-) Bereich und der Infrastruktur befassen.

---

[2] Weitere Informationen über EAI und verwandte Konzepte finden Sie in [2] und [3].

[3] Wir verwendem im weiteren die Abkürzung EIA.

[4] Wir möchten den Leser auf [2] und [3] verweisen und zum weiteren Studium von IA-Konzepten ermutigen, um ein breiteres Verständnis von IA und ihrer Bedeutung für eine KI-Strategie zu erlangen.

[5] Weitere Informationen zu The Open Group Architecture Framework (TOGAF) Version 9.1 finden Sie unter [4].

[6] Der möchten den interessierten Leser ermutigen nach weiteren Normen und Rahmenwerken zu suchen.

Im Folgenden sind die Architekturen aufgeführt, die Teil des TOGAF sind:

- Geschäftsarchitektur

- Datenarchitektur

- Anwendungsarchitektur

- Technologiearchitektur

Laut TOGAF beschreibt die Datenarchitektur *„die Struktur der logischen und physischen Datenbestände und Datenverwaltungsressourcen einer Organisation."* Für unsere Zwecke und den Umfang dieses Buches zur Entmystifizierung von KI liefert die Informationsarchitektur die grundlegenden informationsrelevanten Konzepte, Methoden und Frameworks, um die Reaktionsfähigkeit und den vertrauenswürdigen Informationseinblick zu gewährleisten, den das Unternehmen von seiner Informationsebene benötigt. Als Erweiterung der Datenarchitektur nutzt die Informationsarchitektur die informationszentrierten Systeme und Komponenten der IT-Umgebung und definiert deren Beziehung zu den Geschäftszielen.

Die Informationsarchitektur beschreibt darüber hinaus die Prinzipien und Richtlinien, die eine konsistente Implementierung von IT-Lösungen ermöglichen, wie Daten und Informationen im Unternehmen verwaltet und gemeinsam genutzt werden und was getan werden muss, um geschäftsrelevante, vertrauenswürdige Informationen zu erhalten. Wir werden auf diesen besonderen Aspekt in Kap. 8, *„KI und Governance",* zurückkommen.

Im Folgenden finden Sie einige Beispiele für die Grundprinzipien einer Informationsarchitektur:

- **Zugang und Informationsfluss**: Informationsdienste sollten den richtigen Nutzern zur richtigen Zeit uneingeschränkten Zugang bieten und Mittel bereitstellen, um den erforderlichen Informationsfluss zu erleichtern.

- **Wiederverwendung von Diensten**: Erleichtert die Entdeckung, Auswahl und Wiederverwendung von informationsbezogenen Diensten und fördert – wann immer möglich – die Verwendung einheitlicher Schnittstellen.

- **Informationsmanagement**: Eine angemessene Informationsarchitektur und die entsprechende Informationstechnologie sollten die effiziente Umsetzung einer Information-Governance-Strategie unterstützen.

- **Normen**: Es sollte eine Reihe von kohärenten Standards für Daten und Technologie definiert werden, um die Vereinfachung der gesamten Informationsinfrastruktur zu fördern.

Die Enterprise Information Architecture (EIA) ist der Rahmen, der die informationszentrierten Prinzipien, Architekturmodelle, Standards, Methoden und Prozesse definiert, die der Unternehmensarchitektur zugrunde liegen. Die EIA befasst sich mit den informationstechnologischen Entscheidungen im gesamten Unternehmen und den relevanten Geschäftsorganisationen. So übersetzt die EIA die Geschäftsanforderungen in Informationsstrategien und berücksichtigt die gesamte Informationsversorgungskette von den verfügbaren und erforderlichen Datenkomponenten bis hin zu den abgeleiteten Erkenntnissen, die von den Geschäftsanwendungen genutzt werden. Die Verwendung des Begriffs *„Unternehmen"* in der EIA ergänzt die in diesem Abschnitt beschriebene Definition der Informationsarchitektur um den unternehmensweiten Geschäftskontext.

Bevor wir uns mit Methoden und Modellen der KI befassen, wollen wir den Begriff Referenzarchitektur[7] einführen. Eine Referenzarchitektur (RA) ist eine Unternehmensarchitektur, die auf die spezifischen Anforderungen eines bestimmten Bereichs, einer bestimmten Branche oder eines bestimmten Themas ausgerichtet ist, wie z. B. ein logisches Data Warehouse (DWH), die Automobilindustrie oder KI. Sie basiert auf den Grundsätzen eines Unternehmensarchitektur-Frameworks, wird aber an die spezifischen Anforderungen des jeweiligen Bereichs, der Branche oder des Themas angepasst. Daher spricht man von einer KI-Referenzarchitektur (KIRA) oder einer Unternehme nsinformationsarchitektur-Referenzarchitektur. Idealerweise sollte jede RA auf einer Reihe konkreter Kundenprojekte und Lösungsimplementierungen basieren. Sie sollte mit bewährten Verfahren untermauert werden, die aus diesen Einsätzen und Implementierungen gewonnen wurden. In den folgenden Abschnitten beschreiben wir Schlüsselaspekte einer IA für KI, die wir als KI-Informationsreferenzarchitektur (KIIRA) oder einfacher als KI-Informationsarchitektur (KIIA) bezeichnen können.

---

[7] Siehe [5] für eine kurze Definition des Begriffs Referenzarchitektur.

Methoden und Modelle

In den vergangenen Jahrzehnten wurden zahlreiche Methoden für die Unternehmensarchitektur entwickelt. In dieser kurzen Einführung konzentrieren wir uns weiterhin auf das TOGAF Framework. Die Architekturentwicklungsmethode (ADM)[8] des TOGAF besteht aus verschiedenen Methoden zur Entwicklung von Architekturen. Eine davon ist die ADM Information Systems Architectures – Data Architecture, *„die die Geschäftsarchitektur und die Architekturvision ermöglicht, während sie die Anforderungen an die Architekturarbeit und die Bedenken der Stakeholder berücksichtigt."* Es beschreibt detailliert den Entwicklungszyklus der Unternehmensarchitektur, einschließlich seines iterativen Ansatzes, der erforderlichen Anpassung und der zu treffenden Entscheidungen, die sich auf den spezifischen Umfang und die architekturellen Werte der Unternehmensarchitektur beziehen.

Es gibt viele Richtlinien und Grundsätze für Unternehmens- und Informationsarchitekturen, Architekturstile und -muster, Best Practices und Modelle, die entweder allgemeiner Natur sind oder in einer Referenzarchitektur enthalten sind, die sich auf eine bestimmte Branche (Versicherungen, Automobilindustrie usw.) oder einen bestimmten Bereich (logisches DWH, KI usw.) bezieht. In diesem kurzen Überblick gehen wir kurz auf das IA-Informationsreifegrad-Modell ein. In den folgenden Abschnitten dieses Kapitels beziehen wir dieses Informationsreifegrad-Modell auf den spezifischen KI-Bereich.

Ein Informationsreifegrad-Modell ist ein Modell oder eine Technik zur Bewertung des Reifegrads der IA und der Umwandlung von Daten und Informationen in geschäftsrelevante Erkenntnisse. Es kann als eine Technik oder eine Reihe von Imperativen zur Entwicklung einer IA betrachtet werden, die die folgenden Bereiche abdeckt:

1. **Verkürzung der für den Zugriff auf Informationen benötigten Zeit**: Rechtzeitiger Zugriff auf und zeitgerechte Bereitstellung von Daten und Informationen für die Nutzung von Geschäftssystemen und Anwendungen.

2. **Verringerung der Informationskomplexität**: Bewältigung der Vielfalt, Komplexität und unterschiedlichen Formate von strukturierten (z. B. relationalen) bis hin zu unstrukturierten (z. B. Text, soziale Medien, Videos) Daten.

---

[8] Ausführlichere Informationen über die Architekturentwicklungsmethode (ADM) des TOGAF finden Sie unter [6]. Die Abkürzung ADM steht für Architecture Development Method.

3. **Senkung der Kosten durch eine optimierte Infrastruktur**: Kostenreduzierung durch eine vereinfachte IA, die flexibel und anpassungsfähig hinsichtlich sich ändernder Geschäftsanforderungen und häufig auftretender Störungen ist.

4. **Erkenntnisgewinn durch Analyse und Erkennung**: Die Fähigkeit zur Erkennung, Analyse und Beschleunigung von Schlussfolgerungen und Erkenntnissen ist für alle Branchenunternehmen von zentraler Bedeutung.

5. **Nutzung von Informationen für die Umgestaltung von Unternehmen**: Kontinuierliche Einspeisung von Daten und Informationen zur Erleichterung von Geschäftsumwandlungen und zur Umsetzung von neuen Geschäftsszenarien.

6. **Kontrolle über Stammdaten erlangen**: Verwaltung von Stammdaten (z. B. Kunden, Geschäftspartner, Mitarbeiter, Produkte und Dienstleistungen) und Referenzdaten durch geeignete MDM-Systeme für Unternehmen.[9]

7. **Risiko- und Compliance-Management mit einer einzigen Version der Wahrheit**: Einhaltung der immer zahlreicher werdenden Unternehmensvorschriften sowie Verständnis und Minderung von Risiken.

Wie bereits erwähnt, besteht unsere anstehende Aufgabe darin, die vorangegangenen Bereiche (und ähnliche Bereiche) an die spezifischen Bedürfnisse der KI anzupassen und abzubilden, um eine KI-Informationsarchitektur zu entwickeln.

Unternehmenstauglichkeit von KI

In den vorangegangenen Abschnitten haben wir die wichtigsten Konzepte einer Unternehmens- und Informationsarchitektur kurz erläutert. In diesem Abschnitt werden die Eignung und die Auswirkungen einer IA im Kontext der KI beschrieben. Wir gehen auf die Einflussfaktoren der KI ein, die den Bedarf an einer umfassenden KI-Informationsarchitektur begründen.

---

[9] Siehe [7] für eine umfassende Behandlung von MDM-Systemen für Unternehmen.

Relevanz der Informationsarchitektur für KI

Da Unternehmen ihre KI-Strategie entwickeln und zunehmend KI, maschinelles Lernen und Deep Learning einsetzen, wird die Notwendigkeit der Anpassung und Verbesserung ihrer bestehenden KI offensichtlich. Wie Sie in Kap. 1, „KI-*Einführung*", gesehen haben, entstehen neue Anwendungsfälle und Nutzungsmuster von Daten und Informationen, und es werden neue Artefakte, wie z. B. analytische Modelle, entwickelt.

Darüber hinaus müssen innovative und effiziente Modelle für die Zusammenarbeit verschiedener Rollen und Zuständigkeiten in unterschiedlichen Organisationen implementiert werden. Geschäftsanwender, Datenwissenschaftler, Dateningenieure und IT-Betriebsspezialisten müssen effektiv zusammenarbeiten, um neue Arten von Artefakten auszutauschen und zu verwalten, Daten bereitzustellen und in neue Nutzungsmuster umzuwandeln, neue Komponenten für die Entwicklung, das Lernen, den Einsatz und die Verwaltung von ML- und DL-Modellen einzuführen und beispielsweise ML- und DL-Modelle in Verbindung mit neuen Arten von Anwendungen, wie Echtzeit-Transaktionsbewertung oder Echtzeit-Kundenklassifizierung, einzusetzen und zu operationalisieren.

Tab. 4-1 skizziert die Relevanz einer Informationsarchitektur für KI und listet die Erfordernisse und Bedürfnisse auf, die eine KI-Informationsarchitektur antreiben. Diese Liste ist weder vollständig, noch wurde sie nach Prioritäten geordnet. Offensichtlich gibt es einige Überschneidungen und Korrelationen zwischen einigen der Erfordernisse und Bedürfnisse.

Tab. 4-1. *Erfordernisse und Bedürfnisse einer KI-Informationsarchitektur*

#	Erfordernisse und Bedürfnisse	High-Level Beschreibung
1	Neue und aufkommende Anwendungsfälle	Wie in Kap. 1, „KI-*Einführung*", beschrieben, treiben zahlreiche Anwendungsfälle und neu entstehende Geschäftsbereiche wie Fahrerassistenzsysteme und autonomes Fahren, die Bewältigung eines Paradigmenwechsels von bestehenden regelbasierten Betrugsermittlungssystemen hin zur Verwendung von DL und ML, die Integration der Verarbeitung natürlicher Sprache (NLP) zur Verbesserung der Mensch-Computer-Interaktion usw. die KI-Informationsarchitektur voran.

(Fortsetzung)

Tab. 4-1. (*Fortsetzung*)

#	Erfordernisse und Bedürfnisse	High-Level Beschreibung
2	Neue Nutzungsmuster von Daten und Informationen	Für KI-bezogene Szenarien müssen Daten und Informationen auf neue Weise verarbeitet, bereitgestellt und verwaltet werden. Die Verarbeitung kann die Kennzeichnung von Daten oder die Ermittlung von Korrelationen zwischen Hunderten von Datenkomponenten erfordern. Die Bereitstellung kann es erforderlich machen, Transaktionsdaten und andere Prädiktoren umzuwandeln und für die Auswertung in Echtzeit oder mit geringer Latenz zu integrieren. Die Governance[a] muss möglicherweise angepasst werden, um z. B. neue ML- und DL-bezogene Artefakte zu berücksichtigen.
3	Anpassung an neue Artefakte und Standards	KI erfordert die Entwicklung, Integration und Verwaltung neuer Artefakte wie ML- und DL-Modelle, Jupyter Notebooks, Metadaten usw. Neue Standards wie das Open Neural Network Exchange (ONNX) Format[b] und der bestehende Predictive Model Markup Language (PMML) Standard[c] müssen berücksichtigt werden.
4	Bedarf an innovativer und effizienter Zusammenarbeit	KI schafft einen Bedarf an Zusammenarbeit zwischen verschiedenen Benutzerrollen und Verantwortlichkeiten, wie z. B. Geschäftsanalysten, Geschäftsanwendern und Anwendungsentwicklern, Datenwissenschaftlern, Dateningenieuren und DevOps- und IT-Betriebsspezialisten. Dies betrifft innovative Techniken, die den Austausch und die Verwaltung von Anforderungserklärungen, Ressourcen, neuen Artefakten und DevOps-Szenarien erleichtern.

(*Fortsetzung*)

Tab. 4-1. (*Fortsetzung*)

#	Erfordernisse und Bedürfnisse	High-Level Beschreibung
5	Neue Nutzungsmuster von analytischen Erkenntnissen	KI-Methoden führen zu neuen Wegen der Erkenntnisgewinnung, die neue Muster der Erkenntnisgewinnung sowie neue Schlussfolgerungstechniken und Fähigkeiten erfordern, die von der KI-Informationsarchitektur unterstützt werden müssen. ML- und DL-Modelle sind zum Beispiel nicht statisch: ML-Modelle können neu trainiert werden, um ein bestimmtes Maß an Genauigkeit und Präzision beizubehalten, und DL-Modelle können erlernt werden, um die Relevanz von Erkenntnissen kontinuierlich zu verbessern und zu validieren. Die KI-Informationsarchitektur muss die Überwachung, Umschulung (Re-Training) und das kontinuierliche Lernen von ML- und DL-Modellen unterstützen.
6	Verteilte Entwicklung und Einsatzmuster	Die oben genannten Benutzerrollen und Zuständigkeiten können auf verschiedenen Plattformen ausgeführt werden, z. B. auf Open-Source-Hadoop-basierten Data Lakes (z. B. Hortonworks HDP), verteilten Systemen oder IBM zSystems (Großrechnersystemen) sowie privaten, öffentlichen oder hybriden Cloud-Umgebungen. Die Quelldaten können von verschiedenen Plattformen stammen und sich auf diesen befinden. Folglich muss die Entwicklung, das Training, der Test und die Validierung von ML- und DL-Modellen auf einer Plattform möglich sein und der Einsatz und die Operationalisierung einschließlich des Scorings auf einer anderen Plattform erleichtert werden. Die KI-Informationsarchitektur muss die nahtlose Verteilung aller Aufgaben auf diese Plattformen ermöglichen
7	Aspekte des Einsatzes und der Operationalisierung	Die Herausforderungen bei der KI-Operationalisierung[d] stellen heute für viele Unternehmen ein großes Problem dar. Die Notwendigkeit, Entscheidungen und Bewertungen in Echtzeit zu liefern, erfordert beispielsweise eine zeitnahe Datenbereitstellung und -aufbereitung, die den Zugriff auf Daten in einer Vielzahl von Quellsystemen sowie deren Zusammenstellung und Aufbereitung umfassen kann

(*Fortsetzung*)

Tab. 4-1. (*Fortsetzung*)

#	Erfordernisse und Bedürfnisse	High-Level Beschreibung
8	Integration von spezialisierten Engines und Beschleunigern	Spezialisierte Engines wie Grafikprozessoren (GPU), anwendungsspezifische integrierte Schaltkreise (ASIC) oder für die KI-Nutzung optimierte Systeme wie das IBM PowerAI-System[e] müssen in die IT-Landschaft integriert werden, was eine Anpassung der bestehenden IA erforderlich macht.
9	Berücksichtigung unterschiedlicher Anforderungen an Datenzugriff und -umwandlung	Je nach Anwendungsfall müssen neue Daten aus neuen Quellen oder Geräten in Echtzeit erfasst und verarbeitet werden (z. B. Sensordaten, Sprachdaten, usw.). Auch auf bestehende Quelldaten, wie z. B. Datensätze aus Finanztransaktionen, muss in Echtzeit zugegriffen und diese für die Auswertung aufbereitet werden.
10	Einfache Datensuche und Datenexplorationsfunktionen	Insbesondere die Datenexploration zur Erkennung neuer Muster in den Daten oder zur Entdeckung von Korrelationen zwischen verschiedenen KPIs oder Quelldatenpunkten (z. B. Sprachdaten des Callcenters und Transaktionsdaten für einen bestimmten Kunden) ist eine wesentliche Aufgabe, um beispielsweise relevante Features oder Prädiktoren für die Entwicklung von ML-Modellen zu identifizieren. Die KI-Informationsarchitektur muss einfache Funktionen für die Suche, den Zugriff und die Exploration von Daten ermöglichen.
11	Einführung von Lernen und logischem Denken in die bestehende IT- und Unternehmenslandschaft	Neue Aspekte wie das Lernen, die Ergänzung des Verstehens durch logisches Denken oder das Training ohne anfänglich markierte Datensätze (d. h. autonomes Lernen[f]) stellen neue Herausforderungen und Möglichkeiten dar. Zusätzliche Szenarien, wie Lernen mit Null-Input (Lernen von Grund auf) oder autonomes Fahren in unübersichtlichen Situationen, stellen zukünftige Herausforderungen nicht nur für die KI-Informationsarchitektur, sondern für die gesamte Unternehmensarchitektur dar.

(*Fortsetzung*)

Tab. 4-1. (*Fortsetzung*)

#	Erfordernisse und Bedürfnisse	High-Level Beschreibung
12	Integration von Sprach- und anderen Schnitt- stellen	Sprachschnittstellen verbessern die Interaktion zwischen Mensch und Computer durch NLP. Sprachschnittstellen, Augen-Retina-Scans und die Erkennung von Gesichtsausdrücken zur Erkennung von Stimmungen oder zur Berechnung des Stimmungswerts eines Kunden oder zur Ermittlung der Schläfrigkeit eines Autofahrers werden es dem System ermöglichen, ein viel breiteres und tieferes Verständnis über einen Kunden oder einen Fahrer zu gewinnen. Diese Schnittstellen und Scansysteme und ihre entsprechenden Daten müssen bei der Entwicklung einer KI-Informationsarchitektur berücksichtigt werden.

[a]*Weitere Einzelheiten zu diesem Thema finden Sie in Kap. 8, „KI und Governance"*
[b]*Weitere Informationen zum ONNX-Format finden Sie unter [8]*
[c]*Weitere Informationen zum PMML-Standard finden Sie unter [9]*
[d]*Weitere Einzelheiten zu diesem Thema finden Sie in Kap. 6, „Die Operationalisierung von KI"*
[e]*Weitere Informationen über das IBM PowerAI-System finden Sie unter [10]*
[f]*Weitere Informationen zum autonomen Lernen finden Sie in Kap. 13, „Grenzen der KI"*

Wie bereits erwähnt, könnte diese Liste durchaus noch erweitert werden. So müssen bei der Entwicklung einer KI-Informationsarchitektur gängige und überwiegend verwendete Sprachen wie Python, Scala und R berücksichtigt und Open-Source-Komponenten, Laufzeit-Engines und Bibliotheken wie Apache Spark, Scikit-learn, TensorFlow und Caffe – um nur einige zu nennen – integriert werden. Unternehmenstauglichkeit, Sicherheit, Skalierbarkeit, Cloud-Tauglichkeit und Verfügbarkeit sind weitere wichtige Anforderungen.

Auf einige der in der vorstehenden Tabelle aufgeführten Aspekte werden wir in den nachfolgenden Abschnitten dieses Kapitels näher eingehen.

Informationsarchitektur im Kontext von KI

Abb. 4-1 zeigt die Kohärenz zwischen der Unternehmensarchitektur, der Informationsarchitektur und der KI-Informationsarchitektur.

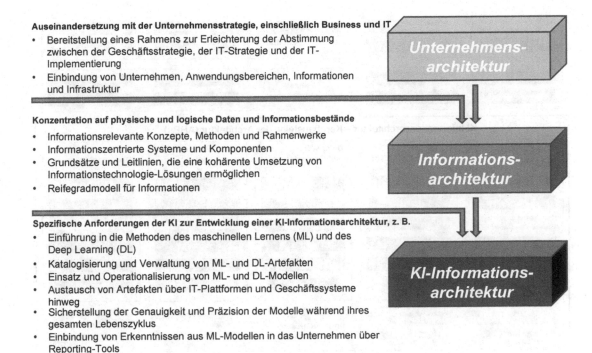

Auseinandersetzung mit der Unternehmensstrategie, einschließlich Business und IT
- Bereitstellung eines Rahmens zur Erleichterung der Abstimmung zwischen der Geschäftsstrategie, der IT-Strategie und der IT-Implementierung
- Einbindung von Unternehmen, Anwendungsbereichen, Informationen und Infrastruktur

Konzentration auf physische und logische Daten und Informationsbestände
- Informationsrelevante Konzepte, Methoden und Rahmenwerke
- Informationszentrierte Systeme und Komponenten
- Grundsätze und Leitlinien, die eine kohärente Umsetzung von Informationstechnologie-Lösungen ermöglichen
- Reifegradmodell für Informationen

Spezifische Anforderungen der KI zur Entwicklung einer KI-Informationsarchitektur, z. B.
- Einführung in die Methoden des maschinellen Lernens (ML) und des Deep Learning (DL)
- Katalogisierung und Verwaltung von ML- und DL-Artefakten
- Einsatz und Operationalisierung von ML- und DL-Modellen
- Austausch von Artefakten über IT-Plattformen und Geschäftssysteme hinweg
- Sicherstellung der Genauigkeit und Präzision der Modelle während ihres gesamten Lebenszyklus
- Einbindung von Erkenntnissen aus ML-Modellen in das Unternehmen über Reporting-Tools

Unternehmens-architektur

Informations-architektur

KI-Informations-architektur

Abb. 4-1. *Die KI-Informationsarchitektur im Kontext*

Die KI-Informationsarchitektur kann als eine IA betrachtet werden, in der die in Tab. 4-1 aufgeführten KI-spezifischen Bedürfnisse und Erfordernisse sowie die Prinzipien der Referenzarchitektur, die sich auf den KI-Bereich beziehen, angewandt werden. Da wir nun die treibenden Aspekte und die Motivation für die Beschreibung einer KI-Informationsarchitektur verstehen, wollen wir die vorangegangenen Imperative in eine Liste von technischen Fähigkeiten umwandeln, die aus konzeptioneller Sicht benötigt werden.

In Abb. 4-2 werden diese Fähigkeiten konzeptionell in einem Architekturübersichtsdiagramm (AOD)[10] dargestellt. Dieses AOD kann genutzt werden, um Kandidaten für KI-Informationsarchitektur-Bausteine zu identifizieren.[11]

---

[10] Wir verwenden im weiteren die Abkürzung AOD (Architecture Overview Diagram).

[11] TOGAF 9.2 definiert einen Architekturbaustein (ABB) und charakterisiert ABBs durch eine wohldefinierte Spezifikation mit klaren Grenzen.

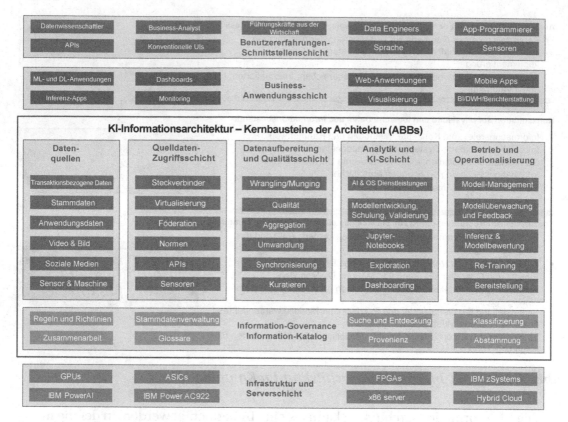

Abb. 4-2. *KI-Informationsarchitektur-Übersichtsdiagramm*

Je nach der KI-Strategie und den gewählten Anwendungsfällen müssen nicht alle diese Bausteine von Anfang an implementiert werden. Die KI-Informationsarchitektur sollte jedoch mit Blick auf Skalierbarkeit, Erweiterungen und Verbesserungen konzipiert werden. Sie sollte hinreichend agil sein, um zukünftigen Anforderungen gerecht zu werden. KI-Tools und -Angebote sollten die Notwendigkeit der Agilität der KI-Informationsarchitektur untermauern.

Bestimmte Aspekte und Fähigkeiten, die eine durchgängige KI-Informationsarchitektur ausmachen, werden nicht berücksichtigt, wie z. B. spezifische Data-Lake-Aspekte und Integrationsaspekte mit traditionellen Unternehmens-BI- und DWH-Systemen. Auf die Rolle von MDM-Systemen[12] für die Verwaltung von Stammdaten wird im folgenden Abschnitt kurz eingegangen.

---

[12] Wir verwenden die Abkürzung MDM (Master Data Management) für den Begriff Stammdatenverwaltung.

Wir haben die zentralen Architekturbausteine (ABBs)[13] der KI-Informationsarchitektur in sechs Schichten oder Kategorien eingeteilt, wobei die ABBs der Information-Governance und des Information-Katalogs[14] den folgenden fünf Schichten zur Verfügung stehen:

1. Datenquellen

2. Quelldaten-Zugriffsschicht

3. Datenaufbereitung und Qualitätsschicht

4. Analytik und KI-Schicht

5. Betrieb und Operationalisierung

Im Folgenden finden Sie eine Auswahl dieser Bausteine,[15] wie sie im obigen Übersichtsdiagramm dargestellt wurden:

- **Zugang zu Quelldaten**: Einschließlich Datenkonnektoren, Virtualisierung und Föderation

- **Datenaufbereitung**: Einschließlich Verarbeitung, Munging, Aggregation und Umwandlung

- **Datenqualität**: Zum Beispiel, um eine vertrauenswürdige Eingabe für die nachgelagerte Datennutzung zu gewährleisten

- **Datenexploration**: Explorative Datenanalyse, einschließlich Entdeckung von Korrelationen, Data Mining und so weiter

- **Datenbereitstellung**: Speziell für Anwendungen zur Ermöglichung von Inferenz und Scoring

- **Modelltraining**: Einschließlich Lernen und Umlernen (re-training), zum Beispiel für ML- und DL-Modelle

- **Modellvalidierung und -prüfung**: Um höchste Genauigkeit und Präzision von ML- und DL-Modellen zu gewährleisten

---

[13] Wir verwenden im weiteren die Abkürzung ABB (Architecture Building Block)
[14] Siehe Kap. 8, *„KI und Governance"*, für weitere Einzelheiten.
[15] Diese Liste erhebt keinen Anspruch auf Vollständigkeit; je nach Umfang und Anwendungsfall eines bestimmten Projekts können Anpassungen und Erweiterungen erforderlich sein.

- **Modellmanagement**: Einschließlich Versionierung, Übertragbarkeit und Bewertung verschiedener Modellversionen mit unterschiedlichen Laufzeit-Engines usw.

- **Inferenzing und Modell-Scoring**: Für Batch- und Echtzeit-Transaktions-Scoring

- **Modell-Monitoring und Feedback**: Bezüglich der Genauigkeit und Präzision der Modelle über ihren gesamten Lebenszyklus

- **Modell Re-Training**: Aufrechterhaltung der Modellgenauigkeit und -präzision über den gesamten Lebenszyklus

- **Spezialisierte Engines und Akzeleratoren**: Zum Beispiel GPUs, ASICs, IBM PowerAI, und andere

- **Information-Katalog**: Für alle KI-bezogenen Assets, einschließlich ML- und DL-Modelle

- **Information-Governance**: Einschließlich Richtlinien, Regeln, Abstammung, Ursprung/Herkunft und andere

Das in Abb. 4-2 dargestellte Übersichtsdiagramm ist die höchste Abstraktionsebene der KI-Informationsarchitektur. Sie basiert auf dem Umfang der konzeptionellen Ebene einer Referenzarchitektur, die – in unserem Fall – den KI-Geschäftsdefinitionen und -prozessen am nächsten ist. Eine Re ferenzarchitektur besteht aus den folgenden drei Ebenen:

1. **Konzeptionelle Ebene**: Beschrieben als die konzeptionelle Architektur

2. **Logische Ebene**: Beschrieben als die log ische Architektur und das Komponentenmodell

3. **Physische Ebene**: Beschrieben als das operative Modell

Zusätzlich zum Übersichtsdiagramm bietet diese konzeptionelle Ebene, die auch als konzeptionelle Architektur bezeichnet wird, einen Überblick über die Architektur auf hoher Ebene und führt die erforderlichen Fähigkeiten und ABB-Kandidaten auf.

Wie bereits beschrieben, gibt es zwei weitere Ebenen der Referenzarchitektur: die logische Ebene mit der logischen Architektur und dem konzeptionellen Modell und die physische Ebene mit dem Betriebsmodell. Einige Aspekte der logischen Ebene der

Referenzarchitektur werden im nächsten Abschnitt verwendet, in dem wir die KI-Informationsarchitektur im Zusammenhang mit dem ML-Workflow beschreiben, insbesondere in Bezug auf das Beziehungsdiagramm der Komponenten und den ML-bezogenen Datenfluss.

Einige Aspekte der physischen Ebene der Referenzarchitektur werden in Kap. 6, *„Die Operationalisierung von KI"*, verwendet, in dem wir die Aspekte der Operationalisierung und des Einsatzes von KI näher erläutern.

Um sich auf die zentralen ABBs der KI-Informationsarchitektur zu konzentrieren, gehen wir weder auf die Benutzererfahrungen und die Schnittstellenschicht noch auf die Geschäftsanwendungsschicht näher ein. Auf die verschiedenen Personas wie Führungskräfte und Entscheidungsträger, Datenwissenschaftler, Geschäftsanalysten, Data Engineers und Anwendungsprogrammierer wird im nächsten Abschnitt über den ML-Workflow erneut Bezug genommen.

Obwohl sie für eine ganzheitliche KI-Lösung sehr wichtig sind, werden die Infrastruktur und die Serverschicht mit ihren Mehrzwecksystemen und ihren Spezial-Engines wie GPUs, ASICs, FPGAs, IBM PowerAI und IBM Power System AC922[16] in diesem Buch nicht weiter behandelt.

KI-Informationsarchitektur und der ML-Workflow

Im vorangegangenen Abschnitt wurde eine ganze Reihe von Fähigkeiten der KI-Informationsarchitektur einschließlich der entsprechenden ABBs vorgestellt. In diesem Abschnitt beschreiben wir die Beziehung und Interaktion einiger dieser Bausteine oder Komponenten speziell im Kontext des ML-Workflows.

Im Folgenden sind einige der wichtigsten Funktionen aufgeführt, die sich speziell auf den ML-Workflow beziehen:

- **Portabilität der Modelle**: Überall entwickeln und überall einsetzen, um plattformübergreifende Transparenz zu ermöglichen

- **Modell-Monitoring**: Rückmeldung von Schlussfolgerungen und Inferenz zum Verständnis von möglichen Modell-Degradierungen

- **Modellgenauigkeit**: Modelle neu trainieren, um Veränderungen zu adressieren und Genauigkeit zu gewährleisten

---

[16] Siehe [10] für weitere Informationen über das IBM Power System AC922.

77

Abb. 4-3 zeigt den ML-Workflow im Zusammenhang mit den zentralen ABBs der KI-Informationsarchitektur. In diesem Abschnitt wird der ML-Workflow selbst nicht detailliert erläutert; das Ziel ist vielmehr, den ML-Workflow mit der KI-Informationsarchitektur in Beziehung zu setzen.

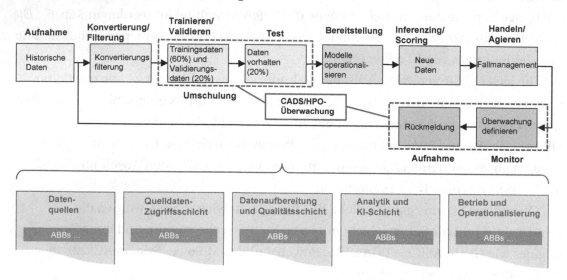

Abb. 4-3. *KI-Informationsarchitektur und der ML-Workflow*

Der ML-Workflow beginnt mit dem Zugriff auf und der Aufnahme von Quelldaten und historischen Daten. Je nach Anwendungsfall und den entsprechenden Datenquellen erfordert dies verschiedene Fähigkeiten, wie Datenkonnektoren (z. B. unter Verwendung von JDBC), Datenvirtualisierung und andere. Sensor- oder Sprachdaten können auch für nachfolgende Schritte erforderlich sein, etwa für die Entwicklung und das Trainieren von ML- oder DL-Modellen.

Die Phase der Datenaufbereitung und Qualitätsverbesserung ist in der Regel der intensivste und langwierigste Schritt im gesamten ML-Workflow; sie kann durchaus mehr als 80 % des Aufwands und der insgesamt verstrichenen Zeit in Anspruch nehmen. Die Datenaufbereitung oder das Munging[17] (Wrangling) in Verbindung mit Datentransformation, -aggregation, -qualitätsverbesserung, -filterung und -kuratierung usw. stellt sicher, dass die Quelldaten, einschließlich Sensor-, Sprach-, Text- oder Bilddaten, vertrauenswürdig, vollständig, verwertbar und „nutzbar" für KI sind.

---

[17] Data Wrangling oder Munging ist die Umwandlung von rohen und oft unvollständigen und schlecht konsumierbaren Daten in ein konsumierbares Format für nachgelagerte Datenverarbeitungsschritte.

ML- und DL-Modelltraining, -validierung und -test[18] sind bekannte Schritte im Rahmen des Modellentwicklungsprozesses. In diesem Buch werden wir keine weiteren Details zu diesen Schritten beschreiben.

Für die meisten Geschäftsszenarien stellen der Einsatz und die Operationalisierung von Modellen sowie die Inferenz und das Scoren von ML- und DL-Modellen eine echte Herausforderung dar. Dies liegt vor allem daran, dass in der Phase der Entwicklung von ML- und DL-Modellen eine Vielzahl von Datenquellen als Grundlage für die Ermittlung geeigneter Prädiktoren und Features herangezogen wurde. Das resultierende Modell bzw. die resultierenden Modelle können die Geschäftsanforderungen perfekt erfüllen.

Nach der Bereitstellung hängen die Inferenz- und Scoring-Anwendungen jedoch von der zeitgerechten Bereitstellung neuer Daten im „richtigen" Format ab. Diese neuen Daten stammen jedoch nach wie vor aus einer Vielzahl von Quelldatensystemen und müssen unter Umständen in Echtzeit oder mit geringer Latenzzeit zusammengestellt werden, um als Input für Inferenz- und Scoring-Anwendungen dienen zu können. Dieser Prozess im ML-Workflow erfordert eine umfassende und flexible KI-Informationsarchitektur, die sich aus ABBs zusammensetzt, z. B. ABBs für die Bereitstellung, Inferenz und Modellbewertung.

Wir werden in Kap. 6, „Die Operationalisierung von KI", näher auf die Herausforderungen bei der Operationalisierung und Bereitstellung eingehen. Sobald analytische Erkenntnisse vorliegen, z. B. eine Bewertung für eine betrügerische Transaktion oder eine Kundenklassifizierung für gezielte Marketingkampagnen, können Case Management Anwendungen verwendet werden, um die entsprechenden Maßnahmen auf der Grundlage dieser Erkenntnisse zu bestimmen. Wir können diesen speziellen Schritt im ML-Workflow sehr wohl mit der Geschäftsanwendungsschicht in Verbindung bringen.

ML- und DL-Modelle können mit der Zeit an Genauigkeit und Präzision verlieren. Dies liegt daran, dass sich Betrugsmuster, Kundenverhalten oder geschäftliche Anforderungen im Laufe der Zeit ändern können. Daher müssen die Genauigkeit und Präzision von ML-Regressions- oder DL-Modellen überwacht werden. Selbst Clustering und Klassifizierung müssen unter Umständen neu erstellt werden, wenn sich die zugrunde liegenden Annahmen oder Datenpunkte ändern. Bei ML-Regressionsmodellen muss die Umschulung in Abhängigkeit von festgelegten

---

[18] Weitere Informationen zum Training, zur Validierung und zum Testen von ML-Modellen finden Sie in [11].

Schwellenwerten erleichtert werden. In einigen Fällen müssen bestehende ML- und DL-Modelle angepasst werden, indem zusätzliche Prädiktoren hinzugefügt oder zusätzliche Algorithmen evaluiert werden, die eine bessere Genauigkeit oder Präzision liefern können. Der in Abb. 4-3 dargestellte ML-Workflow veranschaulicht diese Aufgaben. Die KI-Informationsarchitektur muss die Überwachung und Rückmeldung insbesondere der Genauigkeit und Präzision von ML-Regressionsmodellen unterstützen, z. B. durch eine Reihe von RESTful-APIs oder praktischen GUIs. Die meisten ABBs der Kategorie Einsatz und Operationalisierung befassen sich mit diesen Aufgaben.

Einige der IBM-Angebote umfassen innovative Funktionen zur Optimierung der Leistung und der Parametereinstellung während des Modellentwicklungszyklus. Der kognitive Assistent für Datenwissenschaftler (CADS) und die Hyperparameter-Optimierung (HPO)[19] gewährleisten die Leistungsoptimierung bei der Entwicklung von ML-Modellen. CADS erleichtert es einem Datenwissenschaftler, die richtigen Algorithmen zu identifizieren und das beste Modell zu entwickeln. Dieser Prozess erfolgt in der Regel durch langwierige Trial-and-Error-Tests. HPO hilft Datenwissenschaftlern bei der Ermittlung und Auswahl der besten Hyperparameter. Diese Funktion wiederum hilft ihnen, die Vorhersagefähigkeiten ihrer Modelle vollständig zu optimieren. Im folgenden Abschnitt, in dem wir uns mit der Zuordnung zu IBM-Angeboten befassen, werden wir auf die CADS- und HPO-Funktionen zurückkommen.

KI-Informationsarchitektur für jede Cloud

Cloud Computing gibt es bereits seit den 1960er-Jahren. Das Konzept der Nutzung von Remote-Servern, Middleware-Software, Daten und Anwendungen ohne Installation und Hosting von Infrastruktur, Software und Anwendungen hat mit dem Aufkommen des Internets in den 1970er- und 1980er-Jahren einen großen Aufschwung erfahren. Die führenden Unternehmen von heute nutzen bereits Cloud-Dienste wie Infrastructure as a Service (IaaS), Platform as a Service (PaaS) und Software as a Service (SaaS) in öffentlichen, privaten oder hybriden Cloud-Bereitstellungsmodellen.

---

[19] Siehe [12] für weitere Informationen zum kognitiven Assistenten für Datenwissenschaftler (CADS) und Hyperparameter-Optimierung (HPO). CADS ist die Abkürzung für Cognitive Assistant for Data Scientists.

KI as a Service (KIaaS) scheint jedoch in Bezug auf die Angebote, Plattformen und Tools der Anbieter noch nicht so ausgereift zu sein. KI als Service erfordert verschiedene Fähigkeiten, die von daten- und informationsbezogenen Diensten bis hin zu spezifischen KI-Diensten in einer beliebigen Cloud reichen. Folglich ist eine moderne Informationsarchitektur erforderlich, die KI als Service ermöglicht und unterstützt.

Die oben beschriebene KI-Informationsarchitektur sollte als integrierter und modularer Satz von Fähigkeiten über Infrastruktur, Tools, Angebote und KI-Dienste implementiert werden, die eine Cloud-Plattform für Daten und KI untermauern. Diese Cloud-Plattform für Daten und KI umfasst eine Infrastruktur, eine Serverschicht und die zentralen ABBs der KI-Informationsarchitektur, wie in Abb. 4-2 dargestellt, die entweder als integraler Bestandteil einer privaten Cloud-Implementierung oder von einem öffentlichen Cloud-Dienstanbieter bereitgestellt werden.

Das IBM Cloud Pak for Data System[20] ist ein solches Angebot, das eine Vielzahl von Anforderungen erfüllt, um Daten und KI in jeder Cloud-Umgebung zu ermöglichen. Eine ausführliche Beschreibung des IBM Cloud Pak for Data finden Sie weiter unten in diesem Kapitel.

Zusätzlich zu den bereits identifizierten Fähigkeiten der KI-Informationsarchitektur muss KI in jeder Cloud die in Abb. 4-4 dargestellten zusätzlichen Anforderungen erfüllen, die für eine komfortable Erfahrung und schnelle Bereitstellung von KI-Diensten in Verbindung mit informationsbezogenen Diensten unerlässlich sind:

1. **Integrierte Infrastruktur, Speicher und Server**: Insbesondere für eine private Cloud-Bereitstellung müssen alle erforderlichen Infrastrukturkomponenten, Netzwerkelemente, Speicher, Allzweckserver und spezialisierte Engines wie GPUs, FPGAs, ASICs, die IBM PowerAI for DL oder z. B. das IBM Power System AC922 vorintegriert sein.

2. **Vordefinierte ausbalancierte Konfigurationen**: Abhängig von der Arbeitslast und den auszuführenden Aufgaben, dem Datenvolumen, der Anzahl der Nutzer, der Anzahl und der Verarbeitungskomplexität (in Bezug auf die benötigten GPUs) der zu trainierenden und zu verwaltenden ML- und DL-Modelle sowie den spezifischen Anforderungen des Anwendungsfalls

---

[20]Weitere Informationen über das IBM Cloud Pak for Data System finden Sie unter [13].

muss das System mit vordefinierten Konfigurationen in T-Shirt-Größe geliefert werden, aus denen die Nutzer bequem auswählen können.

3. **Mandantenfähigkeit**: Ermöglicht den sicheren Betrieb mehrerer Anwendungen und Benutzer in einer gemeinsamen Umgebung.

4. **Erweiterbar für Anwendungen, Beschleuniger und Modelle**: Die KI-Informationsarchitektur für KI in einer beliebigen Cloud sollte entweder die Einbeziehung von branchenspezifischen Anwendungen, ML- und DL-Modellen und Beschleunigern (Akzeleratoren) vorsehen oder die Bereitstellung und den Import von Assets von ISVs ermöglichen.

5. **Flexibilität zur Nutzung verschiedener Cloud-Plattformen**: KI sollte in jeder Cloud einsetzbar sein, z. B. in IBM Cloud Pak for Data, Red Hat OpenShift, Amazon Web Services (AWS), Microsoft Azure, Google Cloud Platform usw.

6. **DevOps, Wartungsfreundlichkeit und Wartungsmöglichkeiten**: Unabhängig vom Bereitstellungsmodell (private, öffentliche oder hybride Cloud) muss KI in jeder Cloud moderne DevOps-, Wartungs- und Instandhaltungsszenarien unterstützen.

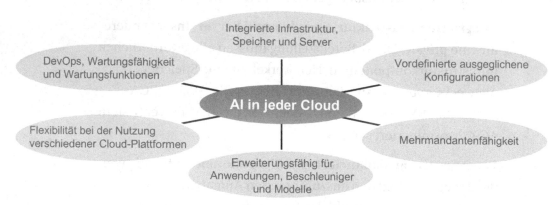

Abb. 4-4. *Notwendige Voraussetzungen für KI in der Cloud*

Informationsarchitektur für eine vertrauenswürdige KI-Grundlage

Wie wir in diesem Kapitel gesehen haben, gibt es eine Reihe von zentralen ABBs, die für die Entwicklung einer KI-Informationsarchitektur erforderlich sind. In diesem Abschnitt gehen wir auf die folgenden Aspekte der KI-Informationsarchitektur ein, die für die Bereitstellung einer vertrauenswürdigen KI-Grundlage entscheidend sind:

- Datenermittlung und Vertrauenswürdigkeit der Daten

- Datenumwandlung und -synchronisierung

- Datenexploration zur Gewinnung relevanter Erkenntnisse

- Datenbereitstellung für relevante und zeitgerechte Schlussfolgerungen

- Die Rolle der Stammdatenverwaltung für KI

Diese Fähigkeiten sind bereits bekannt und spielen eine wichtige Rolle in vielen Informationsreferenzarchitekturen, die auf eine bestimmte Domäne, Branche oder ein bestimmtes Thema ausgerichtet sind, wie z. B. ein logisches DWH oder eine Branche (z. B. die Automobilindustrie) oder Data Lakehouse Implementierungen. Wir beziehen und beschränken die Diskussion jedoch speziell auf KI.

Datenermittlung und Vertrauenswürdigkeit von Daten

Daten, Informationen[21] und Artefakte sind in der Regel in unterschiedlichen Formaten gespeichert und über das gesamte Unternehmen in verschiedenen Silos verstreut, was die Suche und Ermittlung oft zu einem schwierigen Unterfangen macht. In einigen Anwendungsfällen können die Daten und Informationen sogar außerhalb des Unternehmens liegen, z. B. Wetterdaten, Finanz- und Börsenhandelsdaten, Daten auf schwarzen Listen (z. B. Kreditkartennummern), Daten aus sozialen Medien, Daten Dritter usw. Bei all diesen Datenquellen ist die Glaubwürdigkeit und Vertrauenswürdigkeit der Daten, wie Vollständigkeit, Genauigkeit, Qualität, Aktualität, Herkunft usw., für alle KI-Szenarien von zentraler Bedeutung.

---

[21] Wir verwenden den Begriff „Informationen" als abgeleitete Erkenntnisse aus Daten in einem bestimmten Geschäftskontext. Beispiele für „Informationen" sind Geschäftsberichte oder eine Betrugsbewertung, die aus „rohen" Transaktionsdaten abgeleitet werden.

Die Entwicklung von ML- und DL-Modellen, einschließlich der Trainings- und Evaluierungs-/Testphasen, erfordert unternehmenstaugliche Such- und Erkennungsfunktionen für Datenwissenschaftler, um relevante (unternehmensinterne und -externe) Daten zur Lösung eines bestimmten Geschäftsproblems zu ermitteln. Diese Such- und Erkennungsfunktionen müssen mit verschiedenen Daten- und Informationsformaten umgehen können.

Glaubwürdigkeit und Vertrauenswürdigkeit müssen nicht nur für die Entwicklung von Modellen, sondern auch für Schlussfolgerungen und Bewertungen gewährleistet sein. Dies stellt eine Herausforderung dar, vor allem, wenn Aktualität erforderlich ist, z. B. beim Scoring in Echtzeit zur Verhinderung von Betrug oder zur Empfehlung der nächstbesten Maßnahme.

Wir möchten darauf hinweisen, dass KI – insbesondere ML-Methoden – eingesetzt werden könnten und sollten, um die Glaubwürdigkeit und Vertrauenswürdigkeit von Daten zu erhöhen. Auf diese besondere Möglichkeit wird in diesem Buch jedoch nicht weiter eingegangen.

Datenumwandlung und -synchronisierung

Quelldaten liegen selten in einem Format vor, das für die Exploration und die Erstellung, das Training und die Validierung/Tests von ML- oder DL-Modellen geeignet ist, und sind auch nicht für zeitnahe Schlussfolgerungen geeignet. Daher ist eine Datentransformation, -aggregation und -synchronisation erforderlich, um eine angemessene Nutzbarkeit der Quelldaten für KI-Szenarien zu gewährleisten.

Obwohl wir die gleiche Terminologie wie bei der Erstellung eines DWH verwenden, haben diese Aufgaben die folgenden Auswirkungen und Aspekte, die sehr spezifisch für KI sind:

- **Die Datenumwandlung ist mit der Gewinnung von Erkenntnissen verknüpft**: Die Agilität des Unternehmens und die Notwendigkeit einer kontinuierlichen Anpassung und Optimierung des Geschäfts erfordern eine Verknüpfung und Verflechtung von Datentransformationsaufgaben, während ML- und DL-Modelle entwickelt werden. Während zusätzliche und tiefere Einblicke gewonnen werden, wird die Transformation wiederholt und muss im Laufe der Zeit angepasst werden. Im Kontext der KI ist dies ein iterativer Prozess und kein stabiler oder statischer Prozess, vergleichbar mit den bekannten ETL-Prozessen zum Aufbau beispielsweise eines Unternehmens-DWH.

- **Lernen und Überwachung wirken sich kontinuierlich auf die Datenumwandlung aus**: Aufgrund der kontinuierlichen Überwachung der Genauigkeit und Präzision von ML- und DL-Modellen und des kontinuierlichen Lernens von DL-Modellen müssen die Datenpipeline und die Transformation permanent angepasst werden. So müssen beispielsweise neue Features berücksichtigt werden, um Anpassungen und Verbesserungen der ML- und DL-Modelle zu ermöglichen.

- **Die Datentransformation selbst wird durch ML beeinflusst**: Im Gegensatz zu den traditionellen ETL-Prozessen für DWH-Systeme werden die Anforderungen an die Datentransformation durch ML-Techniken ergänzt, z. B. um ML-basierte Datenexploration oder die Entwicklung von Prädiktoren (Features) durchzuführen. Mit anderen Worten: Die Datentransformation ist weitgehend in die Entwicklung von Datenpipellnes integriert.

Die vorgenannten Features erfordern, dass die entsprechenden ABBs der KI-Informationsarchitektur einheitlich integrierbar und assimilierbar sind, z. B. in den gesamten ML-Workflow.

Datenexploration zur Gewinnung relevanter Einblicke

KI wird im Allgemeinen mit prädiktiver Modellierung und Klassifizierung in Verbindung gebracht. Datenexploration und nicht überwachte Lernmethoden wie Data-Mining-Aufgaben, Hauptkomponentenanalyse (PCA)[22] oder Clustering machen jedoch einen großen Teil aller KI-Bemühungen aus und beanspruchen möglicherweise sogar mehr als

---

[22] Die Hauptkomponentenanalyse ist eine Methode zur Reduzierung einer großen Menge möglicherweise korrelierter Komponenten oder Dimensionen (Prädiktoren, Features) auf eine (möglicherweise noch kleinere) Menge unkorrelierter Dimensionen, die als Hauptkomponenten bezeichnet werden. Weitere Einzelheiten finden Sie in Kap. 3, *„Schlüsselkonzepte der ML, DL und Entscheidungsoptimierung"*. Wir verwenden für die Hauptkomponentenanalyse im weiteren die Abkürzung PCA (Principal Component Analysis).

80 % der Gesamtzeit. Die entsprechende ABB „Exploration" innerhalb der Analyse- und KI-Schicht unserer KI-Informationsarchitektur muss diese KI-spezifischen Aufgaben unterstützen.

Die Datenexploration wird in der Regel als integraler Bestandteil eines ML- und DL-Toolsets angeboten. In den nächsten beiden Abschnitten, in denen wir das IBM Cloud Pak for Data als beispielhaftes Angebot vorstellen und die Zuordnung der KI-Informationsarchitektur zu einigen Beispielangeboten von Anbietern erörtern, werden wir uns erneut mit der Datenexploration als Teil dieser Angebote befassen.

Datenbereitstellung für sachdienliche und zeitgerechte Schlussfolgerungen

Sobald ML- oder DL-Modelle entwickelt und eingesetzt wurden, müssen neue Daten für relevante und zeitgerechte Schlussfolgerungen bereitgestellt werden. Hierfür sind in der Regel IT-Betriebsspezialisten und Anwendungsprogrammierer gemeinsam verantwortlich. Anwendungsprogrammierer entwickeln z. B. Scoring-Anwendungen, die Prädiktoren in einem bestimmten Format als Eingabe benötigen, während IT-Betriebsspezialisten diese erforderlichen Prädiktoren auf der Grundlage von Transaktionsrohdaten und möglicherweise anderen Datenquellen, die auch außerhalb des Unternehmens liegen können, bereitstellen müssen.

Hierbei handelt es sich um eine kollaborative Aufgabe, bei der die Datenbereitstellung in erheblichem Maße mit dem vorangegangenen Schritt der Datenaufbereitung und -qualität zusammenhängt, einschließlich der entsprechenden Datenumwandlungs-, Qualitäts- und Aggregationsaufgaben.

Im Gegensatz zur traditionellen ETL, bei der dies üblicherweise als Batch-Prozess über Nacht erfolgt, erfordert die Datenbereitstellung für KI eine zeitnahe Inferenz. Aus diesem Grund muss sich die KI-Informationsarchitektur darauf verlassen, dass die Datenbereitstellungsaufgaben durch Datenstreaming und -beschleunigung untermauert werden, und ist daher mit einer Infrastruktur- und Serverschicht verbunden, die aus speziellen Engines wie GPUs, ASICs, FPGAs usw. besteht.

Die Rolle der Stammdatenverwaltung für KI

Die Verwaltung von Kerninformationen wie Kunden-, Mitarbeiter-, Geschäftspartner-, Produkt- oder Servicedaten und andere, sowie die Integration von vertrauenswürdigen

Stammdaten in jeden Geschäftsprozess kann eine anspruchsvolle Aufgabe sein, die in der Regel durch die Integration von MDM[23] Customer Data Integration (CDI) und Product Information Management (PIM) Systemen in die Geschäfts- und IT-Landschaft gelöst wird.

Wie sich KI und MDM gegenseitig beeinflussen und bereichern, ist ein interessantes Thema, auf das wir in Kap. 9, *„KI und Stammdatenmanagement"*, näher eingehen, wo wir uns auf *ML-basiertes Matching für MDM* konzentrieren. Im Zusammenhang mit der KI-Informationsarchitektur führen wir nur einige spezifische Imperative im Zusammenhang mit MDM auf:

- **MDM für den ML-Arbeitsablauf**: Zuverlässige Kerninformationen müssen in den ML-Workflow integriert werden, der auch ML- und DL-Modelltraining, Validierung/Tests sowie Inferenz umfasst. So müssen beispielsweise Kundendaten in Echtzeit für Inferenz und Scoring zur Verfügung stehen und umgekehrt: CDI-Systeme müssen auch mit neuen Kundenerkenntnissen aktualisiert werden, z. B. in Bezug auf die Produkt- und Dienstleistungspräferenzen der einzelnen Kunden.

- **KI zur Erweiterung von MDM-Szenarien**: Da Marketingkampagnen und Next-Best-Actions sowie Produkte, Dienstleistungen und Angebote, die den Kunden empfohlen werden, immer gezielter auf einzelne Kunden ausgerichtet werden, muss KI mit ML- und DL-Methoden ein integraler Bestandteil von MDM-Systemen werden, um MDM-zentrierte Szenarien zu ergänzen und zu verbessern. KI kann MDM auch verbessern, indem sie beispielsweise relevantere Kerninformationskomponenten vorhersagt oder die Genauigkeit beim Abgleich von Kerninformationssegmenten verbessert.

Zuordnung zu Musterangeboten von Anbietern

Um die Vorteile der KI in vollem Umfang nutzen zu können, bieten die meisten führenden Anbieter umfassende Informationsarchitektur-Plattformen mit entsprechenden Dienstleistungen an. In diesem Abschnitt stellen wir einige Beispiele von IBM, Amazon, Microsoft und Google vor.

---

[23] Weitere Informationen über die Verwaltung von Unternehmensstammdaten finden Sie unter [7].

IBM Cloud Pak for Data

In diesem Abschnitt beschreiben wir – als mögliches Beispiel – wie sich die KI-Informationsarchitektur auf das IBM Cloud Pak for Data[24] bezieht. Wie wir bereits dargelegt haben, sollte KI in jeder Cloud ein integrierter Bestandteil der Infrastruktur-, Netzwerk-, Speicher- und Serverplattform (einschließlich spezialisierter Server) sein, die in einer Reihe von vordefinierten, ausgewogenen Konfigurationen auf einer Vielzahl von Cloud-Plattformen wie IBM Cloud, Red Hat OpenShift, AWS usw. bereitgestellt werden kann. Sie sollte sogar KI-Anwendungen, Beschleuniger und Assets enthalten. Genau das ist das Ziel von IBM Cloud Pak for Data, wie in Abb. 4-5 dargestellt.

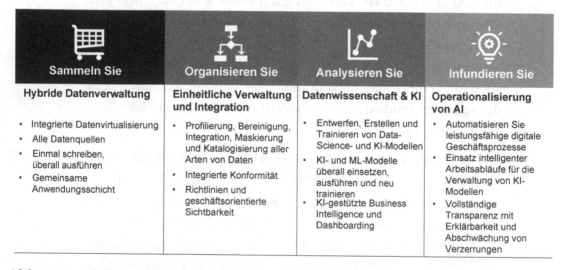

Sammeln Sie	Organisieren Sie	Analysieren Sie	Infundieren Sie
Hybride Datenverwaltung	**Einheitliche Verwaltung und Integration**	**Datenwissenschaft & KI**	**Operationalisierung von AI**
• Integrierte Datenvirtualisierung • Alle Datenquellen • Einmal schreiben, überall ausführen • Gemeinsame Anwendungsschicht	• Profilierung, Bereinigung, Integration, Maskierung und Katalogisierung aller Arten von Daten • Integrierte Konformität • Richtlinien und geschäftsorientierte Sichtbarkeit	• Entwerfen, Erstellen und Trainieren von Data-Science- und KI-Modellen • KI- und ML-Modelle überall einsetzen, ausführen und neu trainieren • KI-gestützte Business Intelligence und Dashboarding	• Automatisieren Sie leistungsfähige digitale Geschäftsprozesse • Einsatz intelligenter Arbeitsabläufe für die Verwaltung von KI-Modellen • Vollständige Transparenz mit Erklärbarkeit und Abschwächung von Verzerrungen

Abb. 4-5. *Schlüsselfunktionen von IBM Cloud Pak für Data*

High-Level Beschreibung

IBM Cloud Pak for Data ist eine integrierte Sammlung von Daten- und Analyse-Microservices, die auf einer Cloud-nativen Architektur aufbaut, die es den Nutzern ermöglicht, Daten mit beispielloser Einfachheit und Agilität innerhalb einer kontrollierten Umgebung zu sammeln, zu organisieren und zu analysieren. Die Softwarekomponenten sind vorkonfiguriert und müssen nicht zusammengesetzt

---

[24]Weitere Einzelheiten zum IBM Cloud Pak for Data finden Sie unter [13].

werden. Dies hilft Unternehmen, KI zu operationalisieren und die Inferenz zu beschleunigen, um analytische Erkenntnisse in KI-Anwendungen einzubringen. Im Wesentlichen handelt es sich bei IBM Cloud Pak for Data[25] um eine Multi-Cloud-Daten- und KI-Plattform, die eine KI-Informationsarchitektur mit KI-Funktionen „out of the box" bereitstellt. Sie nutzt Container und Kubernetes als Grundlage. Dadurch kann sie in einer privaten Cloud oder auf einer öffentlichen Cloud-Plattform wie IBM Cloud, Red Hat OpenShift, AWS, Microsoft Azure und Google Cloud Platform betrieben werden.

Im Folgenden finden Sie eine allgemeine Beschreibung der wichtigsten Funktionen von IBM Cloud Pak for Data:[26]

- **Datenvirtualisierung**: Ermöglicht Benutzern die Erkennung, den Zugriff, die Verwaltung und die Analyse von Remote-Daten, ohne diese physisch zu bewegen. Sie umfasst Optimierungen für SQL-Abfragen.

- **Datenbanken**: Bietet Unterstützung für integrierte Datenbanken, z. B. IBM Db2 Event Store, Db2 Warehouse SMP und MPP-Bereitstellungsoptionen als ein einziges Paket, Mongo DB, usw.

- **Unterstützung von Mandantenfähigkeit**: Benutzer und Organisationen können sich denselben Cluster teilen, jedoch unabhängig in ihren eigenen dedizierten Cloud Pak for Data-Instanzen arbeiten. Jede Instanz hat ihre eigenen isolierten Benutzer, Daten, Quoten, Namespace und Ports.[27]

- **Terraform-Unterstützung**: Verwendung von Terraform zur automatischen Installation einer eigenständigen Version von IBM Cloud Pak for Data auf AWS oder Microsoft Azure unter Umgehung manueller Installationsschritte, einschließlich Netzwerk, Firewall und Registry.

---

[25] Detaillierte Informationen zu Inhalt, Bedingungen, Preisen usw. des IBM Cloud Pak for Data V2.1 finden Sie unter [14].

[26] Siehe [15] für eine aktuelle Beschreibung der neuesten Fähigkeiten, Funktionen und Features des IBM Cloud Pak for Data.

[27] Siehe [16] für weitere Informationen zur Mandantenfähigkeit von IBM Cloud Pak for Data.

- **Industrie-Beschleuniger**: Drei Akzeleratoren, bestehend aus vorkonfigurierten Datenattributen, Datenmodellen und Notebooks für die Vermögensverwaltung – dynamische Segmentierung, Kundenfluktuation und Vorhersage von Lebens- und Finanzereignissen.

IBM und Add-ons von Drittanbietern

IBM Cloud Pak for Data V2.1 enthält die folgenden sechs IBM Add-ons:

1. **IBM Data Stage Edition für Cloud Pak for Data**: Erweitert die Basisintegrationsfunktionen um zusätzliche Konnektoren und Transformationsstufen, die Möglichkeit um Aufträge zu planen, und die Git-Integration für die Versionierung, Sicherung und Wiederherstellung von ETL-Jobs.

2. **IBM Watson Knowledge Catalog Professional**: Integriert Governance und ermöglicht Self-Service für das Auffinden, den Zugriff und die Aufbereitung von Daten, um sicherzustellen, dass geschäftsfähige Daten verfügbar sind.

3. **IBM Watson OpenScale für IBM Cloud Pak for Data**: Ermöglicht einen Einblick in die Entwicklung und Nutzung von KI und bietet Transparenz und Erklärbarkeit der KI-Ergebnisse. Mehr dazu (auf konzeptioneller Ebene, nicht auf Plattformebene) wird in Kap. 6, *„Die Operationalisierung von KI"*, und in Kap. 8, *„KI und Governance"*, behandelt. Dies kann zum Beispiel Verzerrungen in ML-Modellen aufdecken, die durch unerwartete Korrelationen aus neuen Datenquellen verursacht werden.

4. **IBM Watson-Anwendungen und APIs**:

   a. **Watson Assistent**: Angebot für die Integration von Konversationsschnittstellen in jede Anwendung, jedes Gerät und jeden Kommunikationskanal

b. **Watson Discovery**: Erleichtert den Aufbau von KI-Lösungen, die schnell und präzise relevante Antworten in komplexen, heterogenen Daten finden

c. **Watson API-Kit**: Natürliches Sprachverständnis, Watson Knowledge Studio, Speech to Text und Text to Speech

Darüber hinaus enthält IBM Cloud Pak for Data V2.1 die folgenden sechs Add-ons von Drittanbietern: PostgreSQL, Knowis, WAND, NetApp, Prolifics und Lightbend. WAND beispielsweise bietet vorgefertigte Taxonomien und Ontologien, um die Erstellung eines Geschäftsglossars zu beschleunigen.

Datenvirtualisierung

Wie wir bereits beschrieben haben, ermöglicht die Datenvirtualisierungs-Engine des IBM Cloud Pak for Data[28] den Nutzern, remote Daten zu entdecken, darauf zuzugreifen, sie zu verwalten und zu analysieren, ohne sie physisch zu bewegen. Sie konsolidiert Daten, die in mehreren Datensätzen vorhanden sind, in einer einzigen Tabelle und virtualisiert so die Daten, indem sie die Tabellen verbindet. Es sind keine ETL-Prozesse und keine doppelte Datenspeicherung erforderlich. Die Daten werden nicht kopiert; sie sind nur im Quellsystem persistiert.

Abb. 4-6 ist eine konzeptionelle Darstellung der Datenvirtualisierung in IBM Cloud Pak for Data. IBM Data Virtualization Manager für z/OS kann als Datenanbieter für die Datenvirtualisierungs-Engine in IBM Cloud Pak for Data dienen. Dies ermöglicht beispielsweise den Zugriff auf zSystems-Daten über ein Jupyter-Notebook, das auf IBM Cloud Pak for Data läuft, und den Zugriff auf Nicht-zSystems-Daten aus einer beliebigen Datenquelle unter der Kontrolle von IBM Cloud Pak for Data über ein Jupyter-Notebook, das beispielsweise auf Watson ML for z/OS läuft.

---

[28] Weitere Informationen zur Datenvirtualisierung in IBM Cloud Pak for Data finden Sie unter [17].

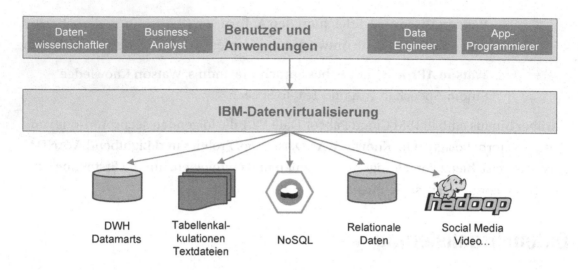

Abb. 4-6. *Datenvirtualisierung in IBM Cloud Pak for Data*

So können zSystems-Daten und Nicht-zSystems-Daten virtualisiert und von jeder Anwendung, die auf IBM Cloud Pak for Data läuft, leicht zugänglich gemacht werden.

Unsere KI-Informationsarchitektur ist hauptsächlich in den Datenvirtualisierungsmethoden durch die folgenden ABBs in der Quelldatenzugriffsschicht vertreten: Konnektoren, Virtualisierung, Verbund und APIs.

Amazon

Amazon Web Services (AWS) bietet ein umfassendes und integriertes Servicepaket, das KI mit Analysen und ML auf der Grundlage von Data Lake-Implementierungen ermöglicht. Dazu gehören Informationsarchitektur-Services für den einfachen Zugriff, das Verschieben (vor Ort und in Echtzeit), Speichern, Verwalten und Umwandeln von Daten. AWS bevorzugt die Verwendung eines Data Lakes als zentrales Repository zur Speicherung aller relevanten strukturierten und unstrukturierten Daten in beliebigem Umfang.[29] Im Gegensatz zu herkömmlichen DWH-Implementierungen bietet ein Data Lake den Vorteil, dass Daten in ihrem ursprünglichen Format gespeichert werden können, ohne dass die Absicht der zukünftigen Datennutzung bekannt ist. Daher muss kein ETL oder spezifisches Datenmodell (z. B. ein DWH-Sternschema) im Vorfeld implementiert werden. Dies bietet maximale Flexibilität für Geschäftsanwendungen.

---

[29] Weitere Informationen zu Data Lakes und Analysen auf AWS finden Sie unter [18].

Dies ist jedoch oft mit hohen Kosten und Risiken verbunden, die mit der Verlagerung von potenziell großen Datenmengen einhergehen. Um die Herausforderungen der Datenverschiebung zu bewältigen, bietet AWS mehrere Möglichkeiten, Daten von Client-Datenspeichern zu AWS zu verschieben, z. B. AWS Direct Connect und AWS Snowball und AWS Snowmobile, um Petabytes bis Exabytes von Daten zu AWS zu verschieben. Daten können auch in Echtzeit *von neuen Quellen wie Websites, mobilen Anwendungen und mit dem Internet verbundenen Geräten* übertragen werden. Amazon Kinesis Data Firehose, Amazon Kinesis Video Streams oder AWS IoT Core können verwendet werden, um Streaming-Daten zu erfassen und in Ihren AWS Data Lake zu laden.

Das AWS-Analytik- und ML-Portfolio bietet eine Vielzahl von Services, die der *„Analyse- und KI-Schicht"* und der *„Bereitstellungs- und Operationalisierungsschicht"* unseres ABB-Kerns entsprechen, wie in Abb. 4-2 Übersichtsdiagramm der KI-Informationsarchitektur dargestellt.

In der folgenden Liste finden Sie eine kurze Beschreibung der wichtigsten AWS-Analyseservices:

- **Interaktive Analysen**: Amazon Athena bietet interaktive Analysen unter Verwendung der Standard-SQL-Sprache.

- **Big Data-Verarbeitung**: Amazon Elastic MapReduce (EMR) ist eine Cloud-native Big-Data-Plattform, die auf Open-Source-Tools basiert.

- **Data Warehousing**: Amazon Redshift ist eine Cloud-basierte DWH-Plattform für komplexe, analytische Abfragen auf großen Datenmengen.

- **Echtzeit-Analysen**: Auf der Grundlage von Amazon Kinesis ermöglicht AWS das Aufnehmen, Puffern und Verarbeiten von Streaming-Daten in Echtzeit.

- **Operative Analysen**: Mit Amazon Elasticsearch Service ermöglicht AWS operative Analysen und bietet Unterstützung z. B. für Kibana.

- **Dashboards und Visualisierungen**: Über Amazon QuickSight bietet AWS Services zur Erstellung von Visualisierungen und umfangreichen Dashboards.

In der folgenden Liste finden Sie eine kurze Beschreibung der wichtigsten AWS ML-Services und -Tools:

- **Frameworks und Schnittstellen**: AWS bietet eine Reihe von ML- und DL-Frameworks, wie Apache MXNet, TensorFlow, PyTorch und andere.

- **Plattformdienste**: Amazon SageMaker[30] ist ein ML-Plattformservice für den gesamten ML-Workflow, der bereits 2017 eingeführt wurde.

- **Anwendungsservices**: AWS bietet lösungsorientierte KI-APIs, die Anwendungsservices für Entwickler bereitstellen.

Microsoft

Die Cloud Computing Platform Microsoft Azure kann zum Erstellen, Testen, Bereitstellen und Verwalten von Anwendungen und Diensten über von Microsoft verwaltete Rechenzentren verwendet werden. Sie umfasst Dienste, die sich auf einige unserer zentralen ABBs der KI-Informationsarchitektur beziehen, wie in Abb. 4-2 Übersichtsdiagramm der KI-Informationsarchitektur dargestellt. Dazu gehören Analyse- und Integrationsdienste sowie die folgenden drei Säulen der Azure-KI-Dienste:[31]

1. **Maschinelles Lernen**: Der ML-Service ist ein Cloud-basierter Dienst, mit dem Sie Ihre KI- und ML-Modelle erstellen, trainieren, bereitstellen und verwalten können. Der Dienst umfasst automatisierte ML- und Autoskalierungsfunktionen, die die besten ML-Algorithmen identifizieren und die Konfiguration von Hyperparametern erheblich beschleunigt. Dies umfasst Open-Source-Frameworks, -Sprachen und -Standards wie PyTorch, TensorFlow, Python, R, Scikit-learn, ONNX usw. und ermöglicht es den Benutzern, ML-Modelle nach der Bereitstellung zu verwalten und zu monitoren.

2. **Wissenssuche**: Dieser KI-Dienst kann zur Analyse von Daten und zur Suche nach wertvollen Erkenntnissen und Trends aus all Ihren Inhalten in großem Umfang verwendet werden. Er nutzt

---

[30] Wir kommen in Kap. 8, „*KI und Governance*", auf Amazon SageMaker zurück.
[31] Weitere Informationen zu Microsoft Azure AI finden Sie unter [19].

Azure Cognitive Search mit integrierten Funktionen zur Erkennung von Mustern und Beziehungen in Ihren Inhalten und zum Verständnis und Analyse der Stimmung bzw. Gemütslage. Die Inhalte können ein beliebiges Format haben, z. B. E-Mails, Textdateien, Dokumente, PDFs, Bilder, gescannte Formulare usw.

3. **KI-Apps und -Agenten**: Dabei handelt es sich um eine Reihe von Azure Cognitive Services und einen Bot Service, d. h. *vortrainierte, gebrauchsfertige Algorithmen, die es Apps, Bots und Websites ermöglichen, Benutzerbedürfnisse zu sehen, zu hören, zu sprechen, zu verstehen und so zu interpretieren, sodass sie sich natürlich und menschlich anfühlen.* Sie können diese Modelle mit Ihren eigenen Daten anpassen und sie überall einsetzen. Mit dem Azure Bot Service können Sie Bots schnell aus vorgefertigten Vorlagen erstellen, verwalten und auf einer Vielzahl von Plattformen einsetzen. Die Azure Cognitive Services beziehen sich auf Sprache, Entscheidung und Suche usw.

Microsoft Azure umfasst auch erweiterte Sicherheits-, Verwaltungs- und Kontrolldienste zum Schutz Ihrer Ressourcen, zur Einschränkung des Zugriffs oder zur Anwendung von Azure-Sicherheitsrichtlinien.

Google

Google bietet eine Reihe von öffentlichen Cloud-Diensten und IaaS unter der Google Cloud Platform[32] (GCP) an. Google hebt sich eindeutig durch seine Innovationen und Open-Source-Beiträge ab, insbesondere bei Container-Technologien und DL- und ML-Frameworks. Kubernetes zum Beispiel hat sich aus einer internen Container-Orchestrierung bei Google im Zeitraum 2003–2004 entwickelt. TensorFlow, ein beliebtes DL-Framework, wurde von Google erfunden. Kürzlich hat Google ein Open-Source-Projekt namens Kubeflow ins Leben gerufen, das ML und DL mit Kubernetes zusammenbringen soll und es beispielsweise ermöglicht, TensorFlow-DL-Modelle in Kubernetes-Containern zu trainieren und einzusetzen. Die meisten ABBs unserer KI-Informationsarchitektur können auf die GCP-Dienste und -Produkte abgebildet werden, z. B. die Rechenprodukte, die Datenanalyseprodukte, die Migrationsprodukte für die Datenübertragung usw.

---

[32] Weitere Informationen über die Google Cloud Platform (GCP) finden Sie unter [20].

Google bietet eine Reihe von KI- und ML-Produkten als Teil des GCP-Umfangs an, wie den AI Hub und die KI-Bausteine. Im Jahr 2019 hat Google seine Google AI Platform[33] auf den Markt gebracht, eine umfassende Plattform zur Entwicklung von *KI-Anwendungen, die auf GCP und vor Ort ausgeführt werden können.* Die Google AI Platform ist eine End-to-End-DL- und ML-Plattform as a Service (PaaS), die sich an DL- und ML-Entwickler, Datenwissenschaftler und KI-Infrastrukturingenieure richtet.

Die folgende Liste beschreibt die wichtigsten Komponenten der Google AI Platform:

1. **AI-Plattform Notebooks**: Ermöglicht Entwicklern die Erstellung und Verwaltung von Instanzen virtueller Maschinen (VM), die mit JupyterLab, der neuesten webbasierten Schnittstelle für Jupyter, vorkonfiguriert sind.

2. **VM-Abbild für Deep Learning**: Ermöglicht die einfache Instanziierung eines VM-Images mit den gängigsten DL- und ML-Frameworks auf einer Google Compute Engine-Instanz.

3. **Deep Learning-Container (Beta)**: Erstellt Ihr DL-Projekt schnell mit einer portablen und konsistenten Umgebung für die Entwicklung, das Testen und die Bereitstellung Ihrer KI-Anwendungen.

4. **Datenbeschriftungsdienst (Beta)**: Ermöglicht es Ihnen, eine menschliche Beschriftung für eine Datensammlung anzufordern, die Sie zum Trainieren eines benutzerdefinierten ML-Modells verwenden möchten.

5. **AI-Plattform-Training**: Ermöglicht das Trainieren von Modellen mit einer breiten Palette von Anpassungsoptionen.

6. **AI Plattform Vorhersagen**: Ermöglicht es Ihnen, Vorhersagen auf der Grundlage eines trainierten Modells zu erstellen, unabhängig davon, ob das Modell auf der KI-Plattform trainiert wurde oder nicht.

---

[33] Weitere Informationen über die Google AI Platform finden Sie unter [21].

7. **Kontinuierliche Bewertung (beta)**: Vergleicht und bewertet fortlaufend die Vorhersagen von ML-Modellen, um kontinuierliches Feedback für erforderliche Anpassungen zu liefern.

8. **Was-wäre-wenn-Werkzeug**: Zur Untersuchung der Modellleistung für verschiedene Features, Optimierungsoptionen und unterschiedliche Datenpunkte.

9. **Cloud TPU**: Verwendung einer Reihe von HW-Beschleunigern, die von Google speziell für die Verarbeitung von TensorFlow-Modellen entwickelt wurden.

10. **Kubeflow**: Verwendung des ML-Toolkits für die Bereitstellung von ML-Workflows auf Kubernetes.

Beispiel-Szenarien

In diesem Abschnitt beschreiben wir eine Reihe von Beispielszenarien, die mit den Kern-ABBs der KI-Informationsarchitektur zusammenhängen. Der Begriff *„Szenario"* wird in der Regel eher unscharf und mehrdeutig verwendet. Idealerweise sollte dieser Begriff im Zusammenhang mit einer breiteren Palette von Themen verwendet werden, wie z. B. den wichtigsten Handlungssträngen des Szenarios, den erforderlichen Datenquellen, dem Datenfluss, den erforderlichen technischen Fähigkeiten, den abgeleiteten Ergebnissen, den Monetarisierungsaspekten und dem Geschäftswert.

Da wir uns in unserer Beschreibung auf die technischen Aspekte der KI-Informationsarchitektur beschränken, ist unsere Sichtweise eher eng, und konzentriert sich auf die erforderlichen technischen Fähigkeiten und die Zuordnung dieser Szenarien zu den wichtigsten ABBs.

Wie Sie in Abb. 4-7 sehen, werden die folgenden vier Beispielszenarien erläutert. Sie lassen sich alle in kleinere Teilmengen untergliedern.

1. Verwaltung von Unternehmensdaten überall

2. Operationalisierung von Datenwissenschaft und KI

3. Beibehaltung der Genauigkeit von ML- und DL-Modellen

4. Erforschung von Daten, um Erkenntnisse zu gewinnen

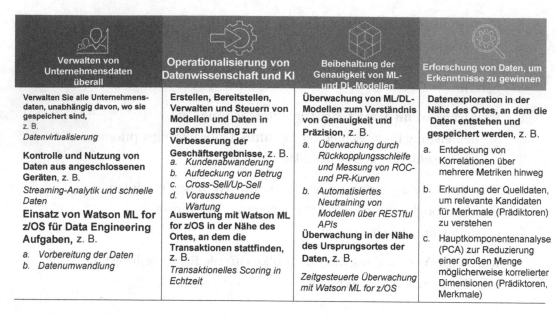

Verwalten von Unternehmensdaten überall	Operationalisierung von Datenwissenschaft und KI	Beibehaltung der Genauigkeit von ML- und DL-Modellen	Erforschung von Daten, um Erkenntnisse zu gewinnen
Verwalten Sie alle Unternehmens-daten, unabhängig davon, wo sie gespeichert sind, z. B. *Datenvirtualisierung* **Kontrolle und Nutzung von Daten aus angeschlossenen Geräten**, z. B. *Streaming-Analytik und schnelle Daten* **Einsatz von Watson ML for z/OS für Data Engineering Aufgaben**, z. B. a. *Vorbereitung der Daten* b. *Datenumwandlung*	**Erstellen, Bereitstellen, Verwalten und Steuern von Modellen und Daten in großem Umfang zur Verbesserung der Geschäftsergebnisse**, z. B. a. *Kundenabwanderung* b. *Aufdeckung von Betrug* c. *Cross-Sell/Up-Sell* d. *Vorausschauende Wartung* **Auswertung mit Watson ML for z/OS in der Nähe des Ortes, an dem die Transaktionen stattfinden**, z. B. *Transaktionelles Scoring in Echtzeit*	**Überwachung von ML/DL-Modellen zum Verständnis von Genauigkeit und Präzision**, z. B. a. *Überwachung durch Rückkopplungsschleife und Messung von ROC- und PR-Kurven* b. *Automatisiertes Neutraining von Modellen über RESTful APIs* **Überwachung in der Nähe des Ursprungsortes der Daten**, z. B. *Zeitgesteuerte Überwachung mit Watson ML for z/OS*	**Datenexploration in der Nähe des Ortes, an dem die Daten entstehen und gespeichert werden**, z. B. a. Entdeckung von Korrelationen über mehrere Metriken hinweg b. Erkundung der Quelldaten, um relevante Kandidaten für Merkmale (Prädiktoren) zu verstehen c. Hauptkomponentenanalyse (PCA) zur Reduzierung einer großen Menge möglicherweise korrelierter Dimensionen (Prädiktoren, Merkmale)

Abb. 4-7. *KI-Informationsarchitektur-bezogene KI-Szenarien*

Verwaltung von Unternehmensdaten überall

Um Datentourismus zu vermeiden, müssen Unternehmensdaten vorzugsweise in der Nähe der Systeme verwaltet werden, aus denen sie stammen oder in denen sie schließlich gespeichert werden. Es ist nicht besonders klug, Daten im Unternehmen zu verschieben, vor allem, wenn nicht klar ist, wofür sie verwendet werden sollen. In diesem Szenario werden daher alle Unternehmensdaten unabhängig von ihrem Standort verwaltet. Dies erfordert zum Beispiel Datenvirtualisierungs- und Verbundfunktionen. Dies kann auch eine schnelle und oft sogar Echtzeit-Bereitstellung von Daten für die nutzenden Systeme erfordern.

Da die meisten Unternehmensdaten in großen Organisationen auf IBM zSystems (Mainframe-Systemen) gespeichert sind, müssen Data-Engineering-Aufgaben wie Datenaufbereitung und -transformation auf der IBM zSystems-Plattform durchgeführt werden.

Die Mehrzahl der ABBs aus der Quelldaten-Zugangsschicht (z. B. Konnektoren, Virtualisierung, Föderation, etc.) und der Datenaufbereitungs- und Qualitätsschicht (z. B. Aggregation, Transformation, Synchronisation, etc.) aus unserer KI-Informationsarchitektur sind für diesen Anwendungsfall relevant. Die spezifische Auswahl und Anwendung von ABBs hängt von der Ausrichtung des Anwendungsfalls ab.

Operationalisierung von Datenwissenschaft und KI

In Kap. 6, *„Die Operationalisierung von KI"*, werden die Aspekte der Operationalisierung und des Einsatzes von Datenwissenschaft und KI ausführlicher behandelt. Daher geben wir nur die für diese Fähigkeit oder Anforderung relevanten ABBs an, die in der Einsatz- und Operationalisierungsschicht unserer KI-Informationsarchitektur kategorisiert sind, nämlich Bereitstellung, Inferenz und Modellbewertung sowie Modellmanagement. Die Modellverwaltung umfasst auch die Modellportabilität, die es beispielsweise ermöglicht, ein ML-Modell an einem beliebigen Ort zu entwickeln und das Modell auf andere Plattformen mit anderen Tools zu importieren und einzusetzen.

Die Verwaltung von ML- und DL-Modellen erfordert eine Reihe von ABBs aus unserer Information-Governance- und Information-Katalog-Schicht,[34] wie z. B. Suche und Entdeckung, Abstammung, Regeln und Richtlinien, und so weiter.

Beibehaltung der Genauigkeit von DL- und ML-Modellen

Wie wir bereits erörtert haben, können die Genauigkeit und Präzision von ML-Modellen mit der Zeit abnehmen. Die Überwachung der Genauigkeit und Präzision von ML-Modellen durch eine Rückkopplungsschleife und die Messung der ROC-Kurven[35] und PR-Kurven[36] sowie die Einleitung einer automatischen Nachschulung der Modelle über RESTful APIs sind die wesentlichen Merkmale dieses Szenarios. Es ist wichtig, die Genauigkeit und Präzision in der Nähe des Ursprungsortes der Daten zu überwachen. Wenn die Daten von einem anderen System stammen als demjenigen, das für Modellentwicklung, Training und Validierung/Test verwendet wird, ist die Fähigkeit zur Modellportabilität von entscheidender Bedeutung.

Die folgenden ABBs sind für dieses Szenario von Bedeutung: Modellmanagement, Modellüberwachung und -rückmeldung, Umschulung und Bereitstellung.

---

[34] Aspekte der KI-Governance werden in Kap. 8, *„KI und Governance"*, ausführlicher behandelt.

[35] ROC steht für Receiver Operating Characteristic; die ROC-Kurve ist eine Leistungsmessung für Klassifizierungsprobleme bei verschiedenen Schwellenwerteinstellungen.

[36] PR steht fürPrecision-Recall; die PR-Kurve ist eine Darstellung der Präzision und des Recalls für verschiedene Schwellenwerte, ähnlich wie die ROC-Kurve.

Erforschung von Daten, um Erkenntnisse zu gewinnen

Dieses Szenario ist von wesentlicher Bedeutung und wird in der Regel iterativ und vor der Entwicklung von Regressions- oder Segmentierungsmodellen durchgeführt. Neben der Hauptkomponentenanalyse (PCA), mit der ein großer Satz möglicherweise korrelierter Dimensionen (Prädiktoren, Features) auf einen (möglicherweise noch kleineren) Satz unkorrelierter Dimensionen reduziert wird, zielt die Datenexploration darauf ab, ein besseres Verständnis relevanter Kandidaten für Modell-Features (Prädiktoren) zu gewinnen oder Korrelationen von möglicherweise hunderten von Metriken zu ermitteln.

Im Hinblick auf unsere KI-Informationsarchitektur ist der Explorations-ABB aus der Analyse- und KI-Schicht anwendbar. Darüber hinaus enthält die Information-Governance- und Information-Katalog-Schicht eine Reihe von ABBs, die ebenfalls relevant sind, wie z. B. Suche und Entdeckung, um relevante Datenartefakte zu identifizieren, und Provenienz, um beispielsweise die Vertrauenswürdigkeit von Datenquellen zu verstehen – um nur einige zu nennen.

Wichtigste Erkenntnisse

Wir schließen dieses Kapitel mit einigen wichtigen Erkenntnissen ab, die in Tab. 4-2 zusammengefasst sind und sich ausschließlich aus dem Bereich der KI-Informationsarchitektur ergeben. Auch wenn dies nur ein kleiner Aspekt des gesamten KI-Bedarfs ist, sollte dem Leser die Bedeutung und Relevanz der KI-Informationsarchitektur als Teil aller KI-Bestrebungen verständlich geworden sein.

Tab. 4-2. *Wichtigste Erkenntnisse*

#	Wichtigste Erkenntnisse	High-Level Beschreibung
1	Ein ganzheitlicher Ansatz für KI	Jedes KI-Projekt erfordert mehr als das Herunterladen einiger frei verfügbarer Open-Source-ML- oder DL-Bibliotheken und Laufzeit-Engines. Verfolgen Sie einen ganzheitlichen, unternehmensweiten Ansatz und planen Sie Zusammenarbeit, Integration, spezialisierte Engines, Open-Source, unternehmensweite Angebote und anderes ein.

(Fortsetzung)

Tab. 4-2. (*Fortsetzung*)

#	Wichtigste Erkenntnisse	High-Level Beschreibung
2	Aspekte der Informationsarchitektur einbeziehen	Eine KI-Reise sollte unabhängig von den gewählten Einstiegspunkten und den anfänglichen Anforderungen oder Anwendungsfällen wichtige Aspekte der KI-Informationsarchitektur umfassen. Antizipieren Sie den zukünftigen Bedarf und die Bedeutung der KI-Informationsarchitektur.
3	Antizipieren Sie den Bedarf an Information-Governance	Aspekte der Information-Governance und des Information-Katalogs sollten von Anfang an berücksichtigt werden. Dies ist mehr als die Einhaltung und Konformität mit regulatorischen Anforderungen; es umfasst Aspekte wie MDM, Regelrichtlinien, Provenienz usw.
4	Verstehen Sie den gesamten ML-Workflow	Das Entwickeln, Trainieren und Validieren/Testen eines ML-Modells ist nur ein relativ kleiner Aspekt des gesamten ML-Workflows. Verstehen und berücksichtigen Sie andere wichtige Aspekte des ML-Arbeitsablaufs, wie z. B. die Überwachung der Genauigkeit und Präzision von Modellen, Re-Training usw.
5	Optimieren für die Operationalisierung	Erfolgreiche KI-Implementierungen erfordern eine sorgfältige Planung und Optimierung für die Operationalisierung von KI-Artefakten (z. B. ML- oder DL-Modelle), einschließlich einer effizienten Bereitstellung von Transaktions- und anderen Daten für Schlussfolgerungen und mögliche Echtzeit-Bewertungsszenarien.
6	Aspekte der Datenlokation berücksichtigen	Vermeidung von Datentourismus, wo immer dies möglich ist, durch Nutzung von Funktionen und ABBs der KI-Informationsarchitektur, wie z. B. Datenvirtualisierung und -föderation sowie Datenexploration und -aufbereitung in der Nähe des Ursprungs der Daten.
7	Verwirklichen Sie Ihre KI-Anforderungen in einer beliebigen Cloud	Überprüfung der wichtigsten Voraussetzungen für den Einsatz von KI in einer beliebigen Cloud (z. B. private, öffentliche oder hybride Cloud), z. B. die Notwendigkeit der Integration von Infrastruktur, Speicher und Servern (einschließlich spezieller Engines, z. B. FPGAs, GPUs usw.) oder die Erweiterbarkeit um KI-Anwendungen, Modelle und andere KI-Artefakte.

Literatur

1. Rob Thomas, IBM, *Think Blog, AI Watson Anywhere,* `www.ibm.com/blogs/think/2019/02/enabling-watson-anywhere/` (Zugegriffen am May 13, 2019).
2. Godinez, S., Hechler, E., Koenig, K., Lockwood, S., Oberhofer, M., Schoeck, M. *The Art of Enterprise Information Architecture: A Systems-Based Approach for Unlocking Business Insight.* ISBN-13: 978-0137035717, Pearson Education (IBM Press), 2010.
3. Resmini, A. (Editor), *Reframing Information Architecture,* ISBN-13: 978-3319064918, Springer, 2014.
4. The Open Group. *The TOGAF Standard – Version 9.2.* `www.opengroup.org/togaf` (Zugegriffen am May 23, 2019).
5. Wikipedia. *Reference architecture,* `https://en.wikipedia.org/wiki/Reference_architecture` (Zugegriffen am May 23, 2019).
6. The Open Group. Introduction to the ADM, `http://pubs.opengroup.org/architecture/togaf8-doc/arch/chap03.html` (Zugegriffen am May 25, 2019).
7. Dreibelbis, A., Hechler, E., Milman, I., Oberhofer, M., Van Run, P., Wolfson, D. *Enterprise Master Data Management – An SOA Approach to Managing Core Information.* ISBN-13: 978-0132366250, Pearson Education (IBM Press), 2008.
8. ONNX. *Open Neural Network Exchange (ONNX) Format.* `https://onnx.ai/` (Zugegriffen am May 26, 2019).
9. Wikipedia. *Predictive Model Markup Language (PMML).* `https://en.wikipedia.org/wiki/Predictive_Model_Markup_Language` (Zugegriffen am May 26, 2019).
10. Nohria, R., Santos, G. IBM Power System AC922 – Technical Overview and Introduction, REDP-5494-00, IBM Redbooks, 2018.
11. Mohri, M., Rostamizadeh, A., Talwalkar, A. *Foundations of Machine Learning.* ISBN-13: 978-0262039406, The MIT Press, 2nd edition, 2018.
12. Sloan, J., Zawacki, A. *The IBM analytics and machine learning advantage – Optimize the valuable data behind your firewall.* IBM Analytics Thought Leadership White Paper, `www.ibm.com/downloads/cas/NXLXQ8NJ` (Zugegriffen am May 29, 2019).
13. IBM. *IBM Cloud Pak for Data System.* `www.ibm.com/products/cloud-pak-for-data/system` (Zugegriffen am May 31, 2019).
14. IBM. IBM Cloud Private for Data V2.1 delivers an information architecture for developing AI applications with advanced data governance and transformation. `www.ibm.com/downloads/cas/US-ENUS219-305-CA/name/ENUS219-305.PDF` (Zugegriffen am June 2, 2019).

15. IBM. IBM Knowledge Center – Overview of IBM Cloud Pak for Data. `www.ibm.com/support/knowledgecenter/SSQNUZ_2.1.0/com.ibm.icpdata.doc/zen/overview/overview.html` (Zugegriffen am June 2, 2019).

16. Mascarenhas, C., MacKenzie, B., Srinivasan, S. *Multi-Tenancy with ICP for Data*. `https://ibm.ent.box.com/s/niud78bitlzgm39vnql40i76u8b2vu46` (Zugegriffen am June 2, 2019).

17. IBM. *Eliminate data silos: Query many systems as one – Data virtualization in IBM Cloud Private for Data*. `www.ibm.com/downloads/cas/97AJPYNN` (Zugegriffen am June 4, 2019).

18. Amazon. AWS. Data Lakes and Analytics on AWS. `https://aws.amazon.com/big-data/datalakes-and-analytics/?nc=sn&loc=1` (Zugegriffen am February 11, 2020).

19. Microsoft. Microsoft Azure. Azure AI. `https://azure.microsoft.com/en-us/overview/ai-platform/` (Zugegriffen am February 11, 2020).

20. Google. Google Cloud. Google Cloud Platform. `https://cloud.google.com/docs/` (Zugegriffen am February 12, 2020).

21. Google. Google Cloud. AI Platform. `https://cloud.google.com/ai-platform/` (Zugegriffen am February 12, 2020).

KAPITEL 5

Von Daten zu Vorhersagen zu optimalen Maßnahmen

Das Konzept der Entscheidungsoptimierung auf der Grundlage von Vorhersagen unter Berücksichtigung zusätzlicher Daten und Limitierungen, das in Kap. 1, *„Einführung in die KI"*, vorgestellt wurde, ist oft entscheidend für die Lösung echter Geschäftsprobleme. Die Entscheidungsoptimierung[1] geht noch einen Schritt weiter und garantiert, dass eine optimale Kombination von geschäftsrelevanten Maßnahmen auf der Grundlage von Vorhersagen und relevantem Kontext getroffen werden kann.

In diesem Kapitel werden wir diesen Bereich genauer untersuchen und Beispiele dafür geben, wie ML und DO kombiniert werden können, um von Daten zu Vorhersagen zu optimalen Entscheidungen und daraus resultierenden Maßnahmen zu gelangen.

Anwendungsfall: Eine Marketingkampagne

Eine Bank möchte eine gezielte Marketingkampagne durchführen, um die Erträge für ihre Bankprodukte und ihren Kundenstamm zu maximieren und gleichzeitig zu vermeiden, dass Kunden zu viele Nachrichten erhalten.

Die Bank verfügt über umfassende Kundenprofilinformationen, Daten über die Einlagen der Kunden bei der Bank, Einkommen, Alter, Haushaltsgröße und Daten darüber, welche Anlagen und Produkte der Bank die Kunden im letzten Jahr bereits genutzt haben.

Das Data Steward Team der Bank kuratiert die Daten, die für das Projekt der Marketingkampagne als notwendig erachtet werden, und stellt sie zusammen mit den Antworten auf frühere Marketingkampagnen einem Team von Datenwissenschaftlern

---

[1] Hierfür verwenden wir im Folgenden die Abkürzung DO (Decision Optimization).

© Der/die Autor(en), exklusiv lizenziert an APress Media, LLC, ein Teil von Springer Nature 2023
E. Hechler et al., *Einsatz von KI im Unternehmen*, https://doi.org/10.1007/978-1-4842-9566-3_5

zur Verfügung, damit diese ML- und DO-Modelle erstellen können, die zur Optimierung von Umsatz und Gewinn eingesetzt werden. Für diese Kampagne ist es von entscheidender Bedeutung, die vielversprechendsten Kunden mit den am besten geeigneten Produkten und Dienstleistungen anzusprechen.

Lösung mit ML

Das Team von Datenwissenschaftlern erstellt ein ML-Modell zur Vorhersage, welche Kunden im neuen Jahr mit hoher Wahrscheinlichkeit an welchen Produkten oder Dienstleistungen interessiert sein könnten.

Das ML-Modell wird anhand von Eingabedaten trainiert, die sich aus relevanten Features zusammensetzen. Diese ergeben sich aus den Informationen zum Kundenprofil, den Bareinlagen des Kunden, den bereits genutzten Produkten und Dienstleistungen, und den im vergangenen Jahr erworbenen Produkten.

Die Datenwissenschaftler stellen der IT-Abteilung das ML-Modell zur Verfügung, und die Mitglieder des IT-Teams führen einen Batch-Scoring-Job durch, bei dem täglich für alle Kunden der Bank berechnet wird, welche Produkte und Dienstleistungen sie am ehesten kaufen würden.

Das Ergebnis ist eine Tabelle in einer Datenbank mit einer Zeile für jeden der Zehntausenden von Kunden der Bank, einschließlich des vorhergesagten Produkts, das jeder einzelne Kunde mit hoher Wahrscheinlichkeit kaufen würde.

Diese Vorhersagen, einschließlich der Kaufwahrscheinlichkeit, könnten genutzt werden, um jedem Kunden eine gezielte Marketingbotschaft mit einem Produktangebot zu schicken, das mit hoher Wahrscheinlichkeit in eine positive Kaufentscheidung resultiert.

Verfeinerte Lösung: ML plus DO

In der Praxis gibt es hierbei typischerweise Rahmenbedingungen die berücksichtigt werden müssen, zum Beispiel:

- **Budgetbeschränkungen**: Das Budget für die Marketingkampagne könnte überschritten werden. Die Kampagne könnte nicht zielgerichtet genug sein, was bedeutet, dass zu viele Kunden ein Angebot erhalten, das sie schlichtweg ablehnen.

- **Verfügbarkeit von Produkten und Dienstleistungen**: Der Bank könnten einige Produkte ausgehen, für die sie nur begrenzte finanzielle Mittel hat, oder sie könnte in der Lage sein, eine ressourcenintensive Dienstleistung nur einer Handvoll ausgewählter Kunden anbieten zu können.

- **Risiken, Beschränkungen und Kosten**: Produkt- und Dienstleistungsangebote, die mit Risiken, Beschränkungen und Kosten verbunden sind, bedürfen einer Prüfung, um negative Auswirkungen auf die Rentabilität oder das von der Bank übernommene Risiko zu vermeiden.

- **Risiko der negativen Einstellung der Kunden**: Produktangebote, die als „unangemessen" empfunden werden und dem Kunden das Gefühl geben, dass die Bank zu viele Einblicke besitzt und diese auch verwendet, können zu einer negativen Wahrnehmung der Bank führen.

Ein Brute-Force-Ansatz, bei dem jedem Kunden ein Angebot für das Produkt unterbreitet wird, von dem man basierend auf ML-Vorhersagen annimmt, dass er es am ehesten kaufen würde, wäre deshalb suboptimal. Es könnte zu hohen Kosten, Risiken und möglicherweise zur Unzufriedenheit der Kunden führen, wenn zu viele von der Bank nicht umsetzbare Angebote unterbreitet werden.

Wenn ML-Vorhersagen zu einer nicht trivialen Anzahl von Entscheidungen und daraus resultierenden Maßnahmen führen, ist es wichtig, die Gesamtheit der möglichen Entscheidungen im Kontext der zugehörigen Daten und Limitierungen zu berücksichtigen. DO dient genau dazu, unter den relevanten Gegebenheiten die optimalen Entscheidungen zu treffen.

Mit DO können Datenwissenschaftler oder Optimierungsexperten ein *Optimierungsproblem* definieren, das aus einer Reihe von zu beachtenden Einschränkungen, zu optimierenden Zielen und Daten besteht, die bei der Lösung des Problems berücksichtigt werden müssen. Das auf diese Weise definierte Problem wird dann mit einer DO-Engine gelöst, die als Ergebnis eine *optimierte* Reihe von Entscheidungen erzeugt.

Die Anwendung von DO auf die Marketingkampagne der Bank stellt sicher, dass innerhalb eines gegebenen Marketingbudgets und einer gegebenen Produktmenge die optimalen Produktangebote an die richtigen Kunden unterbreitet werden. Dies basiert auf den Vorhersagen des prädiktiven ML-Modells, wodurch der Umsatz optimiert und Angebote verhindert werden, die die Bank möglicherweise nicht erfüllen kann.

Beispiel: Kombination von ML und DO

In diesem Abschnitt zeigen wir Ihnen ein Beispiel, wie ML und DO zusammen in IBM Watson Studio[2] verwendet werden können, indem ein prädiktives ML-Modell und ein präskriptives DO-Modell in einem Projekt entwickelt, bereitgestellt, und für die Verwendung durch einen Prozess verfügbar gemacht werden, der das prädiktive ML-Modell und präskriptiven DO-Modell aufrufen kann.[3]

Ein Projekt erstellen

Ein Projektverantwortlicher erstellt ein Projekt und kann bei Bedarf verschiedene Personen wie Datenwissenschaftler, Fachexperten und Optimierungsexperten hinzufügen, die als Team an dem Projekt arbeiten. Nur Projektmitglieder können auf die vom Projekt bereitgestellte sichere Umgebung zugreifen.

Wie in Abb. 5-1 zu sehen ist, arbeiten die verschiedenen Personen im Rahmen eines Projekts effizient zusammen, um verschiedene Aufgaben zu erfüllen, z. B. die Verbindung zu Datensätzen herzustellen und diese zu verfeinern. Darüber hinaus können verschiedene Notebooks zur Datenexploration, Analyse und Visualisierung entwickelt werden. Im Kontext des Projekts können ML- und DL-Modelle sowie DO-Modelle entwickelt, trainiert, validiert, eingesetzt und schließlich getestet werden.

---

[2] Siehe [1] für weitere Informationen zu IBM Watson Studio.
[3] Für dieses Beispiel verwenden wir IBM Watson Studio; es könnten jedoch auch ähnliche Tools von verschiedenen Anbietern verwendet werden.

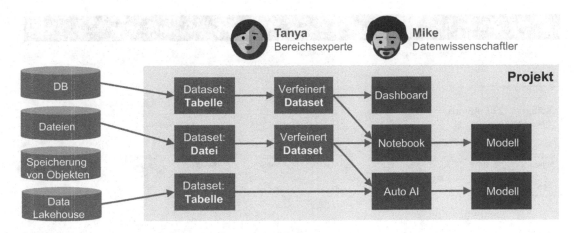

Abb. 5-1. *Erstellen eines Datenwissenschafts-Projekts*

In den folgenden Abschnitten beschreiben wir diese verschiedenen Aufgaben genauer und visualisieren einige dieser Schritte mit IBM Watson Studio.

Daten verbinden

Projektmitglieder können über Konnektoren eine Verbindung zu Daten in Datenbanken, Objektspeichern oder anderen Datenquellen herstellen und Teilmengen der relevanten Daten als Datenbestand im Projekt referenzieren oder kopieren. Wenn die Originaldaten sensible Informationen enthalten, die nicht im Projekt verwendet werden sollen, können bestimmte Spalten beim Hinzufügen zum Projekt ausgelassen werden.

In diesem Fall wurde dem Projekt ein Data Steward hinzugefügt, der die erforderlichen Daten für die Verwendung im Projekt bereitstellen kann. Der Data Steward wählt die im Rahmen des Projekts den Datenwissenschaftlern, Data Engineers und andere Personen zur Verfügung gestellten Daten aus, und fügt diese dem Projekt als Datenbanktabelle oder CSV-Datei hinzu. Es können Daten aus verschiedenen Datenquellen zur Verfügung gestellt werden.

Ziel ist es, alle Daten, die für diese spezielle Geschäftslösung relevant sind, verfügbar zu machen. Das klingt nach einer recht trivialen Aufgabe, die oft auf der Annahme beruht, dass relevante Daten einfach vorhanden und leicht zugänglich sind. Dennoch kann die Bereitstellung relevanter Daten für Data Engineers und Datenwissenschaftler ein schwieriges Unterfangen sein.

Wie in Abb. 5-2 dargestellt, enthalten die Datensätze relevante Spalten aus den Kundendatensätzen der Bank, die in der Datenvorschau des Projekts angezeigt werden.

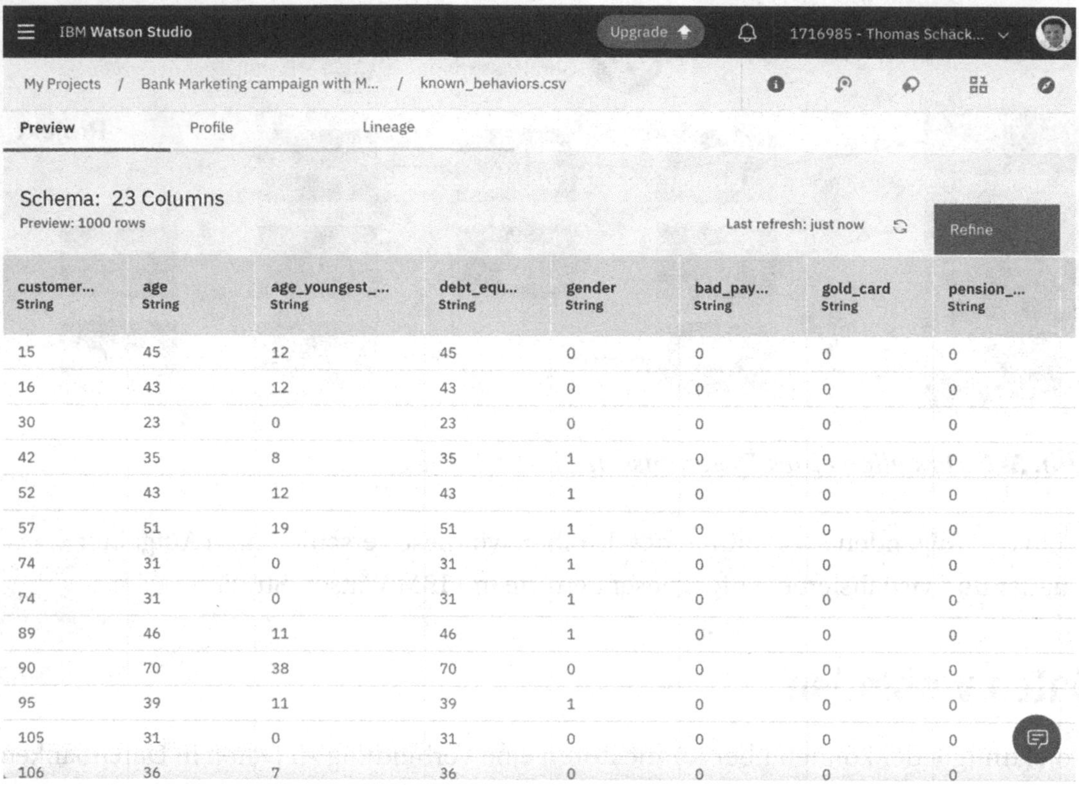

customer... String	age String	age_youngest_... String	debt_equ... String	gender String	bad_pay... String	gold_card String	pension_... String
15	45	12	45	0	0	0	0
16	43	12	43	0	0	0	0
30	23	0	23	0	0	0	0
42	35	8	35	1	0	0	0
52	43	12	43	1	0	0	0
57	51	19	51	1	0	0	0
74	31	0	31	1	0	0	0
74	31	0	31	1	0	0	0
89	46	11	46	1	0	0	0
90	70	38	70	0	0	0	0
95	39	11	39	1	0	0	0
105	31	0	31	0	0	0	0
106	36	7	36	0	0	0	0

Abb. 5-2. *Mit einem Projekt verknüpfte Datensätze*

Verfeinern, Visualisieren, Analysieren von Daten

Die Projektmitglieder können die Daten nach Bedarf untersuchen und verfeinern, um das erforderliche Maß an Datenqualität und repräsentativer Datenverteilung zu erreichen. Data Engineers sind in der Regel federführend bei der Aufbereitung und Transformation der verfügbaren Daten in ein Format, das für die weitere Nutzung durch Datenwissenschaftler geeignet ist. Dennoch ist die Datenexploration, -verfeinerung und -visualisierung in der Regel ein eher kollaboratives Unterfangen, bei dem Datenwissenschaftler mit Data Engineers zusammenarbeiten. Fachleute aus dem Unternehmensbereich, wie z. B. Experten für Marketingkampagnen, müssen Hilfestellung leisten, um das gewünschte Geschäftsergebnis zu gewährleisten. Einige Daten sind vielleicht nicht nützlich, um Vorhersagen zu treffen, sollten aber dennoch einbezogen werden, um zusätzliche Einblicke zu ermöglichen.

Die Verfeinerung der Daten kann zum Beispiel mit der *Refinery-Funktion* im Rahmen des Projekts erfolgen. Sie kann auch durch Codierung erfolgen, um die Daten in Notebooks[4] mit Python, R oder vielen anderen Sprachen zu verfeinern.

Sie können zur interaktiven Visualisierung und Analyse von Daten verwendet werden, um die Korrelation und Kohärenz verschiedener Datensegmente besser zu verstehen. Das übergeordnete Ziel ist die Exploration und Verfeinerung der Daten, um relevante Features für die Erstellung und das Training von Modellen zu ermitteln.

Wie in Abb. 5-3 zu sehen ist, verwenden die Datenwissenschaftler in diesem Beispiel die Visualisierung der Daten zu den Kundenkäufen des vergangenen Jahres direkt in einem Notebook. Es können zahlreiche Visualisierungsgrafiken verwendet werden, um beispielsweise wichtige Korrelationen zwischen Datenspalten, KPIs oder definierten Features darzustellen. Dadurch kann ein Datenwissenschaftler relevante Einblicke in die Datensegmente gewinnen, die bei der Entwicklung eines ML- oder DL-Modells berücksichtigt werden sollten.

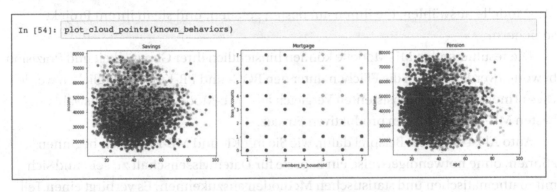

Abb. 5-3. *Datenvisualisierung in einem Notebook*

Die vorangegangenen Beispiele machen auch deutlich, dass mögliches Bias in Betracht gezogen werden sollte. Die Erkenntnisse könnten z. B. in Bezug auf bestimmte demografische Kennzahlen (z. B. Alter, Geschlecht, Familienstand usw.) biased sein, was die Realität widerspiegeln kann oder auch nicht.

---

[4] Siehe [2] und [3] für weitere Informationen zu Notebooks für Datenwissenschaftler.

Erstellen und Trainieren prädiktiver Modelle

Sobald die Daten in der richtigen Form vorliegen und hinreichend gut verstanden sind, können Datenwissenschaftler mithilfe integrierter Tools, z. B. Auto AI, Python Notebooks oder SPSS-Flows, ML-Modelle erstellen und trainieren.

Wir stellen Ihnen diese integrierten Tools im Detail vor, um Ihnen ein besseres Verständnis der entsprechenden Fähigkeiten zu vermitteln.

Auto AI

Auto AI bietet eine einfache Möglichkeit, eine Reihe von Modell-Pipeline-Kandidaten zu erstellen, indem ein Datensatz zur Verfügung gestellt wird und Auto AI[5] die Modellauswahl, das Feature-Engineering, die Hyperparameter-Optimierung usw. für eine Reihe von Pipeline-Kandidaten durchführt. Datenwissenschaftler können dann verschiedene Metriken der resultierenden Modelle untersuchen, die ML-Modelle auswählen, die ihnen am besten gefallen, und sie in ihrem Projekt speichern.

Die resultierenden ML-Modelle können hinsichtlich ihrer Genauigkeit und Präzision bewertet werden, indem die Flächen unter den ROC- und PR-Kurven verglichen werden. Dies ermöglicht einen konsistenten Vergleich aller ML-Modelle und die Auswahl des besten ML-Modells für den produktiven Einsatz.

Auto AI ist ein gutes Beispiel dafür, wie Sie mit KI- und ML-Projekten beginnen können, ohne notwendigerweise ein Experte für Datenwissenschaft zu sein und sich mit mathematischen und statistischen Methoden auszukennen. Es verbirgt einen Teil der Komplexität, die normalerweise mit datenwissenschaftlichen Aufgaben verbunden ist.

Abb. 5-4 zeigt eine Zusammenfassung der Auto AI Pipeline-Generierung mit verschiedenen Schritten, wie z. B. der Auswahl der Algorithmen, der Durchführung der Hyperparameter-Optimierung und der Feature-Engineering-Aufgaben.

---

[5] Siehe [4] für weitere Informationen über Auto AI.

112

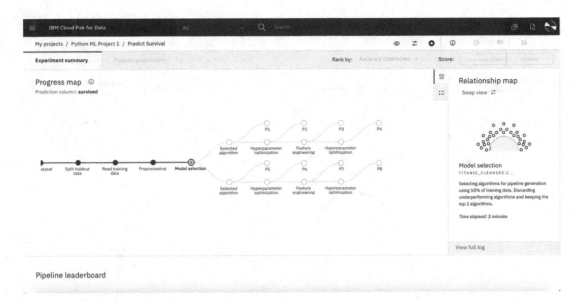

Pipeline leaderboard

Abb. 5-4. *Auto AI Experiment zur Pipeline Generierung*

Einige dieser Schritte können iterativ durchgeführt werden, um die Genauigkeit und Präzision der ML-Modelle zu erhöhen. Während Auto AI die Schritte ausführt, zeigt es dem Benutzer den Fortschritt an. Wenn größere Datensätze verwendet werden, können sich die Nutzer auch abmelden und später zu ihrem Experiment zurückkehren.

Abb. 5-5 gibt einen Überblick über alle nach Abschluss eines Auto AI Experiments ausgewählten Algorithmen, die auf der Grundlage dieser Algorithmen erstellten Trainings-Pipelines und die von diesen Pipelines verwendeten Feature-Transformatoren. Sie können nicht nur das ML-Modell auswählen und speichern, das Ihren Anforderungen am besten entspricht, sondern auch eine Modell-Pipeline auswählen und sie als Python-Notebook speichern.

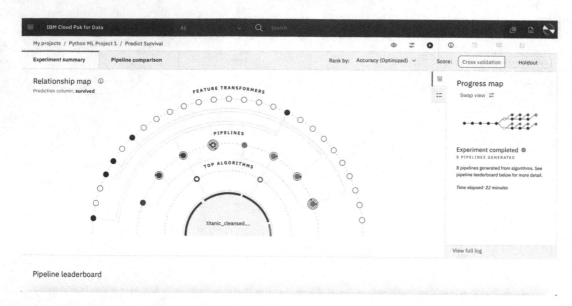

Abb. 5-5. *Auto AI Experiment Zusammenfassung*

So können Sie verschiedene Aufgaben (z. B. Datenvorbereitung, Feature-Engineering, Hyperparametereinstellungen) weiter verbessern und anpassen und die Genauigkeit und Präzision Ihrer ML-Modelle weiter optimieren.

Sie können auch optional mit Auto AI interagieren, um Ihre eigenen Präferenzen für den automatischen Auto AI Prozess festzulegen. Im Folgenden finden Sie einige Beispiele:

- Datenaufbereitung und fortgeschrittene Datenverfeinerungsaufgaben

- Feature-Engineering, einschließlich Merkmalstransformationen

- Automatische KI-Pipeline-Optimierung

- Hyperparameter-Optimierung (HPO)[6]

- Erklärbarkeit und Fairness

- KI-Lebenszyklusmanagement zur Überwachung der Leistung nach der Bereitstellung

---

[6] Siehe [5] für weitere Informationen zur Hyperparameter-Optimierung.

SPSS-Flows

SPSS-Flows ermöglichen es mehreren Personen, einschl. Fachleuten ohne Programmierkenntnisse, ML-Modelle zu erstellen und zu trainieren, indem sie Modell-Trainingsflüsse in einem visuellen Editor definieren und diese ausführen, um Modelle zu erstellen, zu trainieren und im Projekt zu speichern.

Abb. 5-6 zeigt ein Beispiel für einen SPSS-Flow, der ohne Programmierkenntnisse zusammengestellt werden kann.

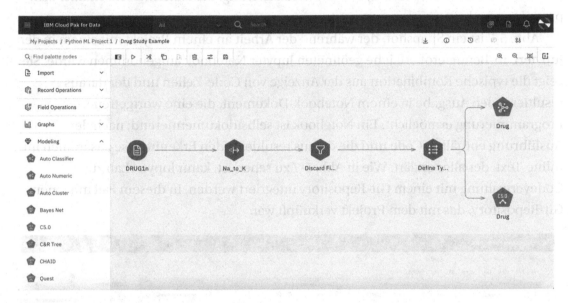

Abb. 5-6. *Beispiel eines SPSS-Flows*

SPSS[7] ist eine Alternative für Personen mit geringen oder keinen Programmierkenntnissen.

Notebooks

Datenwissenschaftler können Notebooks zum Trainieren von ML-Modellen mit Python oder anderen Sprachen wie R verwenden, wobei die trainierten ML-Modelle dann über die Projekt-API aus ihrem Code im Notebook in das Projekt gespeichert werden können.

---

[7] Siehe [6] für weitere Informationen zu SPSS.

Notebooks erfordern zwar Programmierkenntnisse, bieten aber ein Höchstmaß an Flexibilität und sollten als State of the Art Technik für jeden Datenwissenschaftler betrachtet werden.

Python ist unserer Beobachtung nach die beliebteste Programmiersprache unter Datenwissenschaftlern und auch im Allgemeinen weit verbreitet. Dies hat dazu geführt, dass eine breite Palette von leicht verfügbaren Bibliotheken von Python-Code verwendet werden können, einschließlich einer großen Anzahl von leistungsstarken Bibliotheken für Datenwissenschaft, ML, DL, DO und Visualisierung, die Datenwissenschaftler sehr produktiv machen.

Abb. 5-7 ist ein Snapshot, der während der Arbeit an einem Projekt mit einem in der JupyterLab-Benutzeroberfläche geöffneten Jupyter Notebook aufgenommen wurde. Sie zeigt die typische Kombination aus der Anzeige von Code-Zellen und der daraus resultierenden Ausgabe in einem Notebook-Dokument, die eine wortgetreue Programmierung ermöglicht. Ein Notebook ist selbstdokumentierend; nach der Ausführung enthält es Code und die daraus resultierenden Erkenntnisse zusammen mit Inline-Text, der alles erklärt. Wie in Abb. 5-7 zu sehen ist, kann JupyterLab zur Codeverwaltung mit einem Git-Repository integriert werden, in diesem Fall mit einem Git-Repository, das mit dem Projekt verknüpft war.

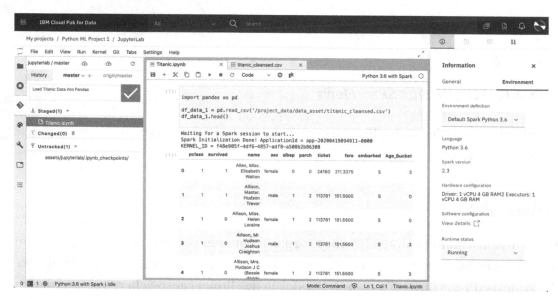

Abb. 5-7. *Jupyter Notebook mit Python*

Um Codezellen auszuführen, benötigen Notebooks eine zugrunde liegende Laufzeitumgebung, in diesem Fall eine Umgebung basierend auf Python und Spark, die sowohl die Ausführung von Python-Code auf einem einzelnen Knoten als auch die parallele Ausführung von Python-Code unter Nutzung des Apache Spark-Frameworks ermöglicht (Abb. 5-8).

```
In [18]:  from sklearn import svm
          from sklearn import ensemble

In [19]:  classifiers = []
          for i,p in enumerate(products):
              clf = ensemble.GradientBoostingClassifier()
              clf.fit(X, ys[i])
              classifiers.append(clf)
```

Abb. 5-8. *Python-Notebook zum Trainieren eines Modells*

In einem Notebook lassen sich unterschiedliche Python Libraries kombinieren. Ein hervorragendes Beispiel für die Kombination von ML und DO in einem Notebook stammt von Alain Chabrier[8] von IBM, einem Vordenker und Experten für DO und die intelligente Kombination mit ML.

Einsatz von ML-Modellen

Modelle können von autorisierten Benutzern für Online- oder Batch-Scoring von einem Projekt in einen *Bereich* zur *Modellbereitstellung* propagiert werden.

Dadurch werden die ML- oder DL-Modelle über öffentliche REST-APIs zugänglich. Anwendungen oder Geschäftsprozesse können die Modelle über diese REST-APIs aufrufen, um Vorhersagen zu erhalten. In Abb. 5-9 ist die Bereitstellung von ML- oder DL-Modellen dargestellt. Sobald die Modelle bereitgestellt sind, können Protokolle aller Input-Daten und resultierende Modell-Vohersagen in einer Datenbanktabelle aufgezeichnet werden, die kontinuierlich überwacht und auf Fairness analysiert werden können. Dies ermöglicht die automatische Erkennung von abnehmender Modell-Performance, Drift oder Bias in der Modellbewertung und ermöglicht bei Bedarf Korrekturmaßnahmen.

---

[8]Siehe [7] für weitere Informationen über DO von Alain Chabrier.

117

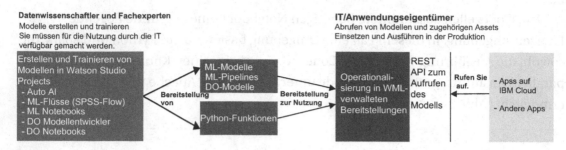

Abb. 5-9. *Bereitstellen von ML-Modellen*

Experten erstellen, trainieren und validieren Modelle und stellen diese für die Operationalisierung in der IT- und Geschäftsumgebung zur Verfügung. Bei den KI-Artefakten kann es sich um ML- oder DL-Modelle und Pipelines, DO-Modelle und Python-Funktionen zur Kombination von Modellen handeln. IT und Anwendungen müssen diese KI-Artefakte integrieren, in dem sie diese über REST-APIs aufrufen.

DO-Modelle erstellen

Wie in Abb. 5-10 dargestellt, kann man ML mit DO kombinieren, um von Vorhersagen zu optimalen Maßnahmen zu gelangen, so dass Vorhersagen aus einem ML-Modell und andere Eingabedaten in ein präskriptives DO-Modell einfließen können, um schließlich optimale Maßnahmen auf der Grundlage dieser Eingaben zu bestimmen.

Abb. 5-10. *Kombination von ML- und DO-Modellen*

Ein Optimierungsexperte oder Datenwissenschaftler, der mit Optimierung vertraut ist, erstellt und testet ein DO-Modell in einem Notebook oder im DO-Modell Builder, wobei er Daten aus dem Projekt und Vorhersagen verwendet, die durch das prädiktive ML- oder DL-Modell erstellt wurden, um optimale Entscheidungen und daraus resultierende Maßnahmen zu finden. DO in IBM Watson Studio nutzt die Docplex-Engine,[9] um Optimierungsprobleme zu lösen.

---

[9] Siehe [8] für weitere Informationen über die docplex-Engine.

Einsatz von DO-Modellen

Wie prädiktive ML-Modelle können auch präskriptive DO-Modelle zur Lösung von Optimierungsproblemen eingesetzt werden. Dadurch werden die DO-Modelle über die öffentlichen REST-APIs von Watson ML für den Zugriff durch Anwendungen oder Geschäftsprozesse zugänglich. Anschließend löst die Docplex-Engine mit den relevanten Daten und ML-Vorhersagen als Input das Problem und generiert optimale Maßnahmen.

Durch den Einsatz von ML- und DO-Modellen in Kombination mit demselben Watson ML-Service wird es für Anwendungen oder Prozesse einfach, ML-Modelle aufzurufen, um Vorhersagen auf der Grundlage relevanter Daten zu erstellen, und dann DO-Modelle mit Datenvorhersagen aufzurufen, um die optimalen Maßnahmen zu bestimmen.

In diesem Beispiel werden die Vorhersagen und die optimierten Entscheidungen in Datenbanktabellen gespeichert, die aus den Batch-Scoring der ML- und DO-Modelle stammen.

Einführung von ML- und DO-Modellen in die Produktion

Wie wir im ersten Kapitel festgestellt haben, müssen KI-Modelle, die für die Produktion eingesetzt werden sollen, oft völlig separaten Systemen für die Produktionsbereitstellung hinzugefügt und dort bereitgestellt werden.

Um dies mit Watson Studio zu erreichen, ist es zum Beispiel möglich, einen OpenShift-Cluster mit IBM Cloud Pak for Data mit Watson Studio und Watson Machine Learning als Arbeitsumgebung für Datenwissenschaftler zu installieren und weitere Cluster mit Watson Machine Learning für Build-, Test- und Produktionsumgebungen zu installieren, wie in Abb. 5-11 dargestellt.

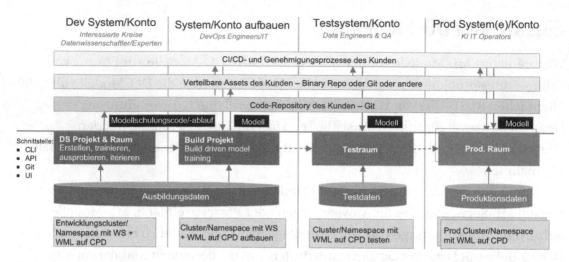

Abb. 5-11. *Heterogene Entwicklungs- und Produktionsumgebung*

Datenwissenschaftler können ihre Arbeitsergebnisse an ein Git-Repository übermitteln oder die Assets als ZIP-Datei exportieren, um die ML- und DO-Modell-Assets einer CI/CD-Pipeline[10] zur Verfügung zu stellen, die normalerweise von einem separaten IT-Team erstellt und betrieben wird. Die CI/CD-Pipeline kann dann Assets an Build-, Test- und schließlich Produktionsumgebungen weitergeben, um einen genau definierten Prozess für die Überführung von ML- und DO-Modell-Assets nach reproduzierbarem Training und Testen in die Produktion zu etablieren.

Einbettung von KI in Anwendungen und Prozesse

Nach der Bereitstellung von ML- und DO-Modellen für den Produktionseinsatz können Geschäftsprozesse und Anwendungen diese Modelle nun nutzen, um Vorhersagen und optimale Entscheidungen zu treffen, um optimale automatisierte oder KI-gestützte Aktionen durchzuführen.

In unserem Beispiel können die Marketingprozesse der Bank die daraus resultierenden optimierten Entscheidungen aus einer Datenbanktabelle beziehen, die den optimalen Satz von Entscheidungen darüber enthält, welche Angebote an welche Kunden über welchen Channel erfolgen sollen, um das optimale Ergebnis innerhalb des verfügbaren Budgets und der Produktverfügbarkeit und anderer Einschränkungen zu erzielen.

---

[10] CI/CD (Continuous Integration/Continuous Delivery) steht für kontinuierliche Integration und kontinuierliche Bereitstellung.

Wichtigste Erkenntnisse

Wir schließen dieses Kapitel mit einigen wichtigen Erkenntnissen, die in Tab. 5-1 zusammengefasst sind.

Tab. 5-1. *Wichtigste Erkenntnisse*

#	Wichtigste Erkenntnisse	High-Level Beschreibung
1	Von Daten zu Vorhersagen zu gelangen, ist oft nicht genug	Vorhersagen allein sind in der Regel nicht umsetzbar; es ist wichtig, von Vorhersagen zu optimalen Entscheidungen zu gelangen, um die besten Maßnahmen zu treffen.
2	Naiver Ansatz für eine Marketingkampagne	Da es in der Praxis nicht möglich ist, alle potenziellen Käufer anzusprechen, sollte zumindest ein ML-Modell genutzt werden, um vorherzusagen, welche Kunden wahrscheinlich welche Produkte kaufen werden.
3	Kluger Ansatz für eine Marketingkampagne: Berücksichtigung von Limitierungen	Berücksichtigung von Limitierungen wie Budget, Produktverfügbarkeit, Versandbeschränkungen usw. und Optimierung im Hinblick auf klar definierte Ziele sollte ein ML-Modell ergänzen.
4	Entscheidungsoptimierung für die automatische Lösung von Optimierungsproblemen	Bei der Entscheidungsoptimierung können Datenwissenschaftler oder Optimierungsexperten ein *Optimierungsproblem* definieren, das aus einer Reihe von zu beachtenden Einschränkungen und zu optimierenden Zielen und Daten besteht, die bei der Lösung des Problems berücksichtigt werden müssen.
5	IBM Watson Studio ist ein Beispiel für eine mit ML und DO kombinierte Umgebung	Watson Studio ermöglicht das Erstellen von Projekten, das Hinzufügen von Mitgliedern, das Verbinden und Hinzufügen von Daten. Watson Studio ermöglicht die Entwicklung sowie das gemeinsame Bereitstellen von ML- und DO-Modellen für Anwendungen und Prozesse.

(Fortsetzung)

Tab. 5-1. (*Fortsetzung*)

#	Wichtigste Erkenntnisse	High-Level Beschreibung
6	Modelle zur Entscheidungsoptimierung können über UI oder Python erstellt werden	*DO-Designer* ermöglicht die visuelle Definition von Modellen; alternativ können DO-Modelle in Jupyter mit Python definiert und gelöst werden.
7	Nutzung von DevOps mit CI/CD für die Übernahme von ML- und DO-Modellen in die Produktion	Sicherstellen, dass alle relevanten Artefakte in einem vertrauenswürdigen Code- und Asset-Repository (z. B. Git) verwaltet werden und über automatisierte CI/CD-Pipelines auf reproduzierbare Weise in Test- und Produktionssystemen bereitgestellt werden können.
8	Sicherstellen von HA und DR für Modellbereitstellungen	Bereitstellung von Modellen an mindestens zwei unabhängigen Standorten mit Lastausgleich von Anfragen und mit Failover, falls ein Standort ausfällt, um geschäftskritische Anwendungen und Prozesse zu bedienen.

Literatur

1. IBM, *IBM Watson Studio*, www.ibm.com/cloud/watson-studio (Zugegriffen am April 27, 2020).

2. Galea, A. *Beginning Data Science with Python and Jupyter: Use powerful tools to unlock actionable insights from data.* ISBN-13: 978-1789532029, Packt Publishing, 2018.

3. Nelli, F. *Python Data Analytics: With Pandas, NumPy, and Matplotlib.* 2nd ed. Edition. ISBN-13: 978-1484239124, Apress, 2018.

4. Malaika, S., Wang, D. IBM. Artificial Intelligence. *AutoAI: Humans and machines better together*, https://developer.ibm.com/technologies/artificial-intelligence/articles/autoai-humans-and-machines-better-together/ (Zugegriffen am April 27, 2020).

5. Naya, G. Towards Data Science. *Available hyperparameter-optimization techniques*, https://towardsdatascience.com/available-hyperparameter-optimization-techniques-dc60fb836264 (Zugegriffen am April 27, 2020).

6. IBM. *IBM SPSS software*, www.ibm.com/analytics/spss-statistics-software (Zugegriffen am April 27, 2020).

7. Chabrier, A. Medium. *Combine Machine Learning and Decision Optimization in Cloud Pak for Data*, https://medium.com/@AlainChabrier/combine-machine-learning-and-decision-optimization-in-cloud-pak-for-data-60e47de18853 (Zugegriffen am May 1, 2020).

8. IBM, *The IBM Decision Optimization CPLEX Modeling for Python*, https://pypi.org/project/docplex/ (Zugegriffen am April 20, 2020).

KAPITEL 6

Die Operationalisierung von KI

Die Entwicklung von KI-Lösungen, einschließlich des Trainings und des Einsatzes von ML/DL-Modellen, bleibt eine wichtige und oft ressourcenintensive Aufgabe. Die Integration von KI-Artefakten wie ML/DL-Modellen und Data-Engineering-Modulen in eine bestehende IT-Infrastruktur und Anwendungslandschaft des Unternehmens stellt eine zusätzliche Herausforderung dar. Die Operationalisierung von KI und die Ableitung von KI-basierten analytischen Erkenntnissen in verbrauchende Anwendungen werden in diesem Kapitel näher untersucht, wobei wir uns auf die Operationalisierung von KI speziell im Unternehmenskontext konzentrieren. Darüber hinaus beleuchten wir die wichtigsten Herausforderungen bei der Operationalisierung von KI[1] und beschreiben wesentliche Ziele für eine effiziente und nachhaltige Operationalisierung von KI-Lösungen, insbesondere ML- und DL-Modelle und Data-Engineering-Artefakte.

Einführung

Obwohl KI und ML keineswegs neu sind, variiert das Ausmaß, in dem erkenntnisorientierte Unternehmen ML und DL über Software und Anwendungen in ihre Geschäftsprozesse und Anwendungsfälle einbetten, stark. Vor allem die Operationalisierung von ML-Modellen und die Gewährleistung von Echtzeit-Scoring stellen für die meisten Unternehmen noch immer eine große Herausforderung dar. Dies hängt mit der erforderlichen Effizienz der Modellbereitstellung, des Modell-Pipelining und Scoring, der Prüfung und Überwachung zusammen.

---

[1] Weitere Informationen über die Operationalisierung von KI finden Sie unter [1].

Ein besonderer Aspekt ist die Operationalisierung von Vorhersagemodellen innerhalb von Transaktionsanwendungen, die ohne großen Aufwand Echtzeiteinblicke während der Interaktion ermöglichen. Transaktionsscoring in Echtzeit oder Scoring mit ultraniedriger Latenz ist eine Schlüsselanforderung für eine ganze Reihe von Anwendungsfällen, z. B. für den Schutz vor Betrug, kontextbezogene Marketingangebote, Cybersicherheit und so weiter.

KI-Implementierungen müssen für eine effiziente Operationalisierung von ML und DL in Unternehmensumgebungen optimiert werden, die Vertrauen, Robustheit und angemessene Leistung erfordern. Für eine unternehmenstaugliche ML- und DL-Lösung sind Modellversionierung, Auditing und Überwachung sowie hohe Verfügbarkeit, hohe Leistung und geringe Latenz unerlässlich. Die Versionierung ermöglicht die Bereitstellung verschiedener Modellversionen, einschließlich des Scorings verschiedener Versionen mit unterschiedlichen Scoring-Services – falls erforderlich. Modellüberwachung und Re-Training sowie Modellanpassungen gewährleisten die Unternehmensrelevanz der Modelle während ihrer gesamten Lebensdauer. Um die Genauigkeit und Präzision der Modelle zu gewährleisten, sollte das Re-Training der Modelle beispielsweise über RESTful APIs erfolgen.

Ein weiterer wichtiger Aspekt ist die Automatisierung von ML- und DL-Modellen (die wir als ML- und DL-as-a-Service bezeichnen). Um die KI-Operationalisierung[2] zu ermöglichen, sollten die Produkte und Tools der Anbieter Data-Engineering- und Pipelining-Fähigkeiten bieten, d. h. das Lesen und Bereitstellen der erforderlichen Daten für die Scoring-Engine, die Konvertierung der Daten, z. B. in einen Pandas- oder Spark-DataFrame, das Löschen oder Hinzufügen einiger Spalten, die Durchführung einiger Transformationen oder Berechnungen über die Spalten und die Normalisierung der Daten. Darüber hinaus sollten die Produkte und Tools der Anbieter verschiedene Optionen für das Scoring von ML- und DL-Modellen bieten. Die Optionen könnten beispielsweise auf einer speicherbasierten Online-Scoring-Engine oder einem in CICS integrierten Online-Scoring-Service für Unternehmen mit einer herkömmlichen Mainframe-Infrastruktur basieren. Heutige Unternehmen können mehrere ML- und DL-Modelltypen verwenden, z. B. Apache Spark-Modelle, Scikit-Learn-Modelle und PMML- oder ONNX-Modelle, die ebenfalls unterschiedliche Scoring-Engines erfordern.

---

[2] Ein Teilbereich der Operationalisierung von KI, wie sie in diesem Buch verwendet wird, wird oft als *Inferenz* oder *Inferencing bezeichnet.*

Die notwendigen Data-Engineering-Aufgaben, einschließlich des Datenzugriffs, des Daten-Pipelining und der Datenumwandlung zur Vorbereitung des Scorings, erfordern eine optimierte IT-Infrastruktur und die Bereitschaft des Unternehmens, mit der die meisten Unternehmen heute noch zu kämpfen haben.

Herausforderungen der KI-Operationalisierung

Es gibt eine Reihe von Herausforderungen im Zusammenhang mit der KI-Operationalisierung. Nachfolgend sind Schlüsselbereiche oder Domänen aufgeführt, die wir verwenden, um diese Herausforderungen der KI-Operationalisierung zu kategorisieren.[3] Die folgenden sechs Bereiche sind zwar unterschiedlich, aber dennoch miteinander verbunden.

1. **Data Engineering**: Als Input für den Scoring-Service sind Daten-Engineering und Pipelining erforderlich, d. h. die Aufbereitung, Umwandlung und das Pipelining neuer Datensätze, Eingaben von Sensorgeräten und anderer Daten in Features, die von ML- und DL-Modellen genutzt und verarbeitet werden können. Dies stellt eine große Herausforderung dar, da die Quelldaten mit extrem geringer Latenz aus einer heterogenen System- und Anwendungslandschaft zusammengestellt werden müssen. Ein gewisses Maß an Daten-Pipelining kann in sogenannte KI-Pipeline-Modelle integriert werden.

2. **Transparenz der Infrastruktur**: ML- und DL-Modelle können auf einer bestimmten IT-Plattform (z. B. einem Hadoop-basierten Data Lake) entwickelt, trainiert und validiert werden, wobei ein bestimmter Satz von KI-Open-Source- oder Anbieterprodukten verwendet wird, während die Bereitstellung und Operationalisierung auf einer anderen Plattform (z. B. einem herkömmlichen Mainframe-System) mit anderen Produkten und Tools erfolgen muss, was eine transparente IT-Infrastruktur und Interoperabilität von Open-Source-Tools und Anbieterprodukten erfordert.

---

[3] Weitere Informationen zu den Anforderungen und Herausforderungen der KI-Operationalisierung finden Sie in [2].

3. **Modell-Scoring**: Online-Scoring-Dienste müssen in die bestehende Transaktions- oder Anwendungslandschaft *integriert* werden, was Flexibilität und hohe Leistung erfordert, wie sie z. B. über Microservices und RESTful APIs oder durch die Integration von Scoring-Diensten direkt in ein Datenbankmanagementsystem (DBMS) oder in die bestehenden Transaktionsmanagementsysteme bereitgestellt werden können. So können beispielsweise IBM Watson ML for z/OS Scoring Services in einer CICS-Region konfiguriert werden.[4]

4. **Ableitung von Erkenntnissen**: Nach dem Scoring von ML/DL-Modellen muss die Inferenz der analytischen Erkenntnisse erfolgen. Das Ergebnis des Modells, z. B. ein Score eines Klassifizierungsmodells oder eine Menge von Clustern eines unüberwachten Clustering-Modells, muss in die entsprechenden Anwendungen einfließen. Dies erfordert Klarheit und Interpretierbarkeit der ML/DL-Modellergebnisse.

5. **Modellüberwachung**: Nach dem Einsatz und der Operationalisierung ist eine ML/DL-Modellüberwachung erforderlich, um beispielsweise Verzerrungen und Abweichungen von der ursprünglichen Genauigkeit und Präzision[5] dieser Modelle zu erkennen, zu verstehen und zu messen. Je nach den Anforderungen des Anwendungsfalls und der Anwendung muss dies kontinuierlich oder zumindest in regelmäßigen Abständen erfolgen.

6. **Modellanpassungen**: Die aus der ML/DL-Modellüberwachung abgeleiteten Erkenntnisse können in notwendige Anpassungen der KI-Anwendung oder einiger Modelle resultieren, die entweder zu einem erneuten Training der bestehenden Modelle mit neuen gelabelten Trainings- und Validierungsdaten oder sogar zu

---

[4] Weitere Informationen zur Konfiguration von IBM Watson ML für z/OS Scoring Services in einer CICS-Region finden Sie unter [3].

[5] In Kap. 4, *„KI-Informationsarchitektur"*, haben wir die Genauigkeit und Präzision von ML-Modellen im Zusammenhang mit dem ML-Workflow beschrieben.

Modellanpassungen führen, d. h. zur Entwicklung eines neuen
Satzes von Beispielmodellen mit höherer Genauigkeit und
Präzision.

Auf einige dieser Bereiche haben wir bereits in Abb. 4-2, *Übersichtsdiagramm der
KI-Informationsarchitektur* in Kap. 4, *„KI-Informationsarchitektur"*, Bezug genommen.
In Abb. 4-2 wurde die Bereitstellung und Operationalisierung als eine Reihe von
Kern-ABBs kategorisiert und dargestellt. Darüber hinaus bezieht sich der ML-
Workflow im Zusammenhang mit den Kern-ABBs der KI-Informationsarchitektur auf
einige dieser Bereiche. Eine der größten Herausforderungen bei der
Operationalisierung von KI liegt in den erforderlichen Datenentwicklungs- und
Pipelineaufgaben. Dies ist auf die häufig bestehende Kluft zwischen der KI-
Entwicklung (einschließlich Training, Validierung und Tests) und der KI-
Betriebsumgebung zurückzuführen, wobei sich die Umstände und Zwänge dieser
beiden Umgebungen stark unterscheiden können.

Während der KI-Entwicklung werden beispielsweise Daten aus verschiedenen
Quellsystemen konsolidiert, umgewandelt und in Pipelines zusammengeführt;
verschiedene Techniken des Feature-Engineering werden angewandt, um
schließlich die am besten geeigneten Features für ein bestimmtes ML- oder DL-
Modell zu definieren. Diese Pipelining- und Feature-Engineering-Aufgaben können
jedoch zu komplexen Pipelines und Datenumwandlungsmodulen führen, deren
Erstellung viel Zeit in Anspruch nimmt, oft mehrere Tage. Während der
Operationalisierung dieser ML/DL-Modelle und Data-Engineering-Artefakte
müssen diese identischen Features den Online-Scoring-Diensten in Echtzeit als
Input zur Verfügung gestellt werden. Dies erfordert völlig andere technische
Integrations- und Transformationsfähigkeiten, die in den meisten Fällen
unvorhergesehene und enorme Herausforderungen für die Data Engineering und
Pipelines in fast allen Unternehmen mit sich bringen.

Tab. 6-1 listet die Herausforderungen der KI-Operationalisierung in Verbindung mit
den entsprechenden Bereichen auf.[6] Es versteht sich von selbst, dass diese Liste weiter
angepasst und verfeinert werden sollte.

---

[6] Die Liste der Herausforderungen ist nicht prorisiert.

Tab. 6-1. *Herausforderungen für die Operationalisierung von KI*

#	Herausforderung	Bereich
1	Sicherstellung der Genauigkeit und Präzision des ML/DL-Modells während des gesamten Lebenszyklus	Modellüberwachung, Modellanpassungen
2	Echtzeit-Zugriff und Datenbereitstellung der erforderlichen Quelldatensätze für Data-Engineering-Aufgaben	Data Engineering
3	Bereitstellung von Echtzeit-Scoring-Services (mit geringer Latenz) für Anwendungen und Transaktionen	Modell-Scoring, Erkenntnisgewinnung
4	Verstehen von Verzerrungen, Fairness usw. der eingesetzten ML/DL-Modelle	Modellüberwachung
5	Erneutes Trainieren von Modellen mit neuen Datensätzen zur Verbesserung der Modellrelevanz, -genauigkeit und -präzision	Modellanpassung
6	Beseitigung oder Verringerung von Verzerrungen, Überanpassung, Unfairness usw. in KI-Modellen, z. B. durch Optimierung von Hyperparametern oder durch Anwendung neuer KI-Algorithmen	Modellanpassung
7	Nutzung verschiedener Plattformen für die Entwicklung und den Einsatz von KI-Modellen, z. B. öffentliche Cloud oder vor Ort	Transparenz der Infrastruktur
8	Nutzung verschiedener Produkte von Anbietern und Open-Source-Tools für die Entwicklung von KI-Modellen im Vergleich zur Implementierung und Operationalisierung	Transparenz der Infrastruktur
9	Auswahl verschiedener ML/DL-Algorithmen zur Anpassung an veränderte Merkmale der Anwendungsfälle oder neue verfügbare Daten	Modellanpassungen
10	Integration und Nutzung von Open-Source-Tools und -Funktionen für die Operationalisierung (und Entwicklung) von ML/DL-Modellen	Transparenz der Infrastruktur
11	Anwendung der erforderlichen Pipelining- und Data-Engineering-Aufgaben als Vorbereitung für die Bewertung auf der Grundlage einer schlechten Quelldatenqualität	Data Engineering
12	Bereitstellung der erforderlichen Skalierbarkeit und Leistung (z. B. geringe Latenz, Echtzeit) für alle Pipelining-Aufträge	Data Engineering
13	Ergebnisse, z. B. von Scoring, zu erklären und zu interpretieren, um die Erkenntnisse in Anwendungen angemessen zu nutzen	Erkenntnisgewinnung

Allgemeine Aspekte der KI-Operationalisierung

In diesem Abschnitt erörtern wir den Zusammenhang und die Kohärenz der folgenden drei allgemeinen Aspekte der KI-Operationalisierung:

1. Aspekte des KI-Einsatzes

2. Interoperabilität der Plattformen

3. Transparenz des Anbieters

Wir beziehen Aspekte des Einsatzes von KI-Modellen insofern in die Diskussion mit ein, als dies den notwendigen und oft mühsamen Austausch von KI-Artefakten über verschiedene Plattformen hinweg, unter Verwendung verschiedener Open-Source-Tools und -Bibliotheken sowie verschiedener Anbieterprodukte betrifft. Wie wir zu Beginn dieses Kapitels erwähnt haben, erfordert dies entsprechende Bereitstellungsfähigkeiten, bei denen die verschiedenen Aufgaben, wie die Entwicklung von KI-Modellen einschließlich Training, Validierung, Testen sowie Bereitstellung und Versionierung, mit verschiedenen Tools und Produkten durchgeführt werden können, die auf unterschiedlichen Plattformen installiert und konfiguriert sind.

Abb. 6-1 veranschaulicht die Beziehung bzw. den Zusammenhang zwischen diesen drei Aspekten. Bevor wir diese drei allgemeinen KI-Operationalisierungsaspekte einzeln untersuchen, möchten wir auf die Einflussmerkmale hinweisen, die diese drei Aspekte aufeinander haben. Die Variationen der KI-Einsatzaspekte in Bezug auf die Verwendung verschiedener Programmiersprachen und Standards und die Nutzung der erforderlichen Einsatzfähigkeiten, um beispielsweise KI-Modelle unter Verwendung verschiedener KI-Umgebungen und -Frameworks zu exportieren und zu importieren, werden durch die Realität der heutigen Unternehmen bestimmt, die Plattforminteroperabilität und Anbietertransparenz erforderlich machen.

131

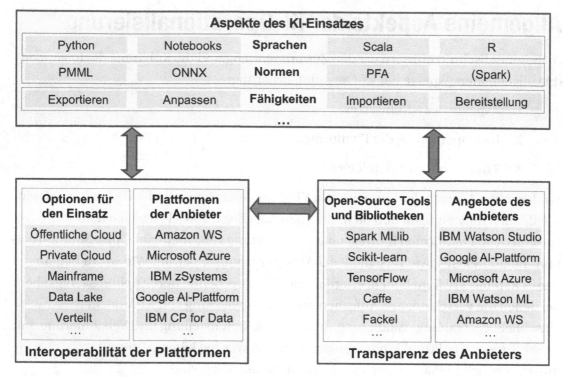

Abb. 6-1. *Allgemeine Aspekte der KI-Operationalisierung*

In zahlreichen Projekten mit IBM Kunden haben wir festgestellt, dass viele
verschiedene Open-Source-Tools, -Bibliotheken, -Frameworks und Produkte von den
verschiedenen Unternehmensorganisationen genutzt werden. Dies führt oft zu einer
heterogenen Schatten-IT-Landschaft, die eine nahtlose Austauschbarkeit der Anbieter
und Transparenz verhindert, die notwendig wäre um eine Koexistenz zwischen den
Organisationen zu ermöglichen. Darüber hinaus erfordern unterschiedliche
Bereitstellungsoptionen und Anbieterplattformen notwendigerweise eine
Interoperabilität der Anbieterplattformen und der Bereitstellung. Wie Sie in Abb. 6-1
sehen können, hängen die Transparenz der Anbieter und die Interoperabilität der
Plattformen voneinander ab und beeinflussen sich gegenseitig.

In den folgenden Abschnitten werden die Aspekte der Bereitstellung, der
Interoperabilität der Plattformen und der Transparenz der Anbieter näher erläutert. Es
wird empfohlen, diese drei allgemeinen Aspekte der KI-Operationalisierung und ihre
Interdependenz ernsthaft zu berücksichtigen, bevor ein KI-Projekt gestartet wird.

Aspekte des KI-Einsatzes

Wie Sie gesehen haben, können KI-Implementierungen[7] durch die Verwendung verschiedener Programmiersprachen, KI-Modell-bezogener Standards und einer Reihe von Fähigkeiten charakterisiert werden. Wir beschränken uns bei den KI-Einsatzmerkmalen auf diejenigen, die für die Interoperabilität der Plattformen und die Transparenz der Anbieter relevant sind. Es gibt eine ganze Reihe von mehr oder weniger populären KI-bezogenen Programmiersprachen, z. B. Python (die bekannteste), Scala, R und weitere Sprachen für Notebooks wie Python, Ruby, Perl, F# und C#.

Es gibt mehrere Standards für KI-Modelle,[8] wobei die Predictive Model Markup Language (PMML), Open Neural Network Exchange (ONNX) und Portable Format for Analytics (PFA) einige der bekanntesten Beispiele sind. Obwohl Spark kein Standard ist, ist es dennoch unter Datenwissenschaftlern beliebt und bietet de facto eine Standardisierung, insbesondere für den Austausch und die Portabilität von Spark ML-Modellen.

Die Anwendbarkeit und Auswahl der vielen KI-Sprachen und -Standards hängt von den Anwendungsfällen, Fähigkeiten und Vorlieben der einzelnen Unternehmen, Datenwissenschaftlern und Data Engineers ab. Einige der KI-Modelle können mithilfe eines bestimmten Standards transformiert oder integriert werden. Einige KI-Modelle können auch in andere Standards transformiert werden. Python Scikit-learn Modelle können beispielsweise mit PMML in die Produktion gebracht werden.

Der Einsatz von KI im Kontext von Plattforminteroperabilität und Anbietertransparenz erfordert verschiedene Fähigkeiten, wie z. B. das Exportieren von KI-Modellen von einer bestimmten Anbieterplattform oder einem bestimmten Anbieterprodukt und das Importieren dieser Modelle in ein anderes Produkt, das auf einer anderen Plattform installiert sein kann, wobei u. U. einige Anpassungen an den KI-Modellen vorgenommen werden müssen. Beispielsweise kann IBM Watson Studio als Teil von IBM Cloud Pak for Data verwendet worden sein, das auf einer privaten Cloud-Plattform für die Entwicklung von KI-Modellen einschließlich Training, Validierung und Test eingesetzt werden kann, wobei die Bereitstellung und Operationalisierung für die Echtzeitauswertung auf einer IBM zSystems Mainframe-Umgebung erfolgen kann.

---

[7] Weitere Informationen über den Einsatz von KI, insbesondere im Hinblick auf die Entwicklung von Scorecards und die Durchführung umfassender Selbstbewertungen, finden Sie unter [4].

[8] Weitere Informationen über PMML, ONNX und PFA finden Sie unter [5].

Diese plattformübergreifende Interoperabilität ist für Unternehmen von entscheidender Bedeutung, um die Realität der Anwendungsfälle und organisatorischen Präferenzen zu berücksichtigen und den IT-Ressourcenverbrauch zu optimieren.

Interoperabilität der Plattformen

Angesichts der Vielzahl unterschiedlicher Bereitstellungsoptionen und Anbieterplattformen, die heute zur Verfügung stehen, fällt es Unternehmen oft schwer, die richtige Wahl zu treffen. Cloud-Implementierungen können als öffentliche, private, hybride oder Multi-Cloud-Implementierungen (gemischt und mit mehreren Anbietern) durchgeführt werden. In den meisten Fällen unterhalten die Unternehmen heute Multi-Cloud-Bereitstellungen in verschiedenen Organisationen.

Data Lake-Implementierungen – auf der Grundlage von Apache-Hadoop-Plattformen – und verteilte, beispielsweise Linux-basierte Plattformen erweitern die Zahl der Möglichkeiten. In den letzten Jahren wurden die traditionellen IBM zSystems Mainframe-Systeme, die nach wie vor das IT-Rückgrat der größten Unternehmen bilden, modernisiert und mit einer Reihe von ML- und analytikbezogenen Funktionen ausgestattet.[9]

Wie Sie in Kap. 4, *„KI-Informationsarchitektur"*, gesehen haben, gibt es eine ganze Reihe von Anbieterplattformen, wie AWS, MS Azure, Google AI Platform und IBM Cloud Pak for Data, die – neben anderen Fähigkeiten – KI-bezogene Dienste anbieten. Diese Anbieterplattformen und Bereitstellungsoptionen müssen miteinander interagieren; sie müssen zumindest nebeneinander bestehen und sinnvolle Integrationsoptionen bieten, um die Zusammenarbeit von Rollen und Verantwortlichkeiten, den Austausch von KI-Artefakten und eine sinnvolle Aufteilung von KI-bezogenen Aufgaben zu ermöglichen.

Transparenz des Anbieters

Wie eingangs erwähnt, gibt es eine Vielzahl von Anbieterprodukten und Open-Source-Tools, -Bibliotheken und -Frameworks, aus denen man wählen kann. Die Produkte bzw. Services der Anbieter,[10] wie IBM Watson Studio, die Google AI Platform, Microsoft Azure, IBM Watson ML und Amazon WS, sind nur einige Beispiele.

---

[9] Weitere Informationen zu Daten und KI auf IBM zSystems finden Sie unter [6].
[10] In Kap. 4, *„KI-Informationsarchitektur"*, haben wir einige dieser Anbieter beschrieben.

Die Liste der KI-Open-Source-Tools, -Bibliotheken und -Frameworks[11] ist schier endlos und auch verwirrend. Apache SparkML, Scikit-learn, TensorFlow, Caffe, Torch, OpenNN, Theano und Keras sind nur einige der bekanntesten davon. Die meisten Anbieter bieten eine reichhaltige Auswahl und Flexibilität, indem sie eine Reihe von Open-Source-Paketen in ihre Angebote integrieren und es Unternehmen so ermöglichen, die richtigen Bibliotheken und Frameworks im Kontext ihrer speziellen Anwendungsfallanforderungen auszuwählen. Die Transparenz der Anbieter in Bezug auf die Integration verschiedener Anbieterprodukte, um beispielsweise KI-Workflow-Aufgaben auf verschiedene Tools und Produkte aufzuteilen und KI-Artefakte über verschiedene Anbieterprodukte und Plattformen hinweg einzusetzen und zu operationalisieren, stellt jedoch immer noch eine Herausforderung dar.

Bevor Unternehmen ein KI-Projekt in Angriff nehmen, sollten sie die Produkte der Anbieter im Hinblick auf ihre integrierten Open-Source-Tools, -Bibliotheken und -Frameworks sowie die Integrationsmöglichkeiten der verschiedenen Anbieter sorgfältig prüfen. Um nicht an ein bestimmtes Anbieterprodukt gebunden zu sein, sollten Transparenz und Offenheit geprüft werden. Die Transparenz und Offenheit der Anbieter geht also mit Aspekten der Plattforminteroperabilität und der KI-Implementierung einher, wie in Abb. 6-1 dargestellt.

Schlüsselbereiche der KI-Operationalisierung

Wie wir bereits gesehen haben, ist die Entwicklung von KI-Modellen, -Artefakten und -Aufgaben, einschließlich Training, Validierung und Test, mit einer ganzen Reihe von Herausforderungen verbunden. Die Operationalisierung von KI und die Integration von KI-Artefakten und -Lösungen in eine bestehende Anwendungs- und IT-Landschaft erfordern jedoch die entsprechende Bereitschaft des Unternehmens und eine leistungsstarke und umfassende KI-Informationsarchitektur. Die Unternehmensbereitschaft bezieht sich auf den Bedarf an Zuverlässigkeit, Sicherheit, kontinuierlicher Verfügbarkeit, Agilität und Flexibilität, Change Management und Lebenszyklusmanagement usw., um KI-Lösungen in einer nachhaltigen Produktionsumgebung einsetzen zu können. Wie wir in Kap. 4,

---

[11] In [7] finden Sie eine kurze Beschreibung der bekanntesten Open-Source-Tools, -Bibliotheken und -Frameworks für KI.

„KI-Informationsarchitektur", erörtert haben, gibt es zahlreiche ABBs, die zusammen eine umfassende Infrastruktur für die Entwicklung und den Betrieb von KI bereitstellen sollten.

Nachdem wir einige allgemeine Aspekte erörtert haben, werden in diesem Abschnitt die folgenden sechs Schlüsselbereiche der KI-Operationalisierung untersucht:

1. Data Engineering und Pipelining

2. Integration von Scoring-Services

3. Ableitung von Erkenntnissen

4. Überwachung von KI-Modellen

5. Analyse der Ergebnisse und Fehler

6. Anpassung von KI-Modellen

Abb. 6-2 (*Schlüsselbereiche der KI-Operationalisierung*) veranschaulicht die Beziehung oder den Zusammenhang dieser sechs Bereiche bzw. Ziele.

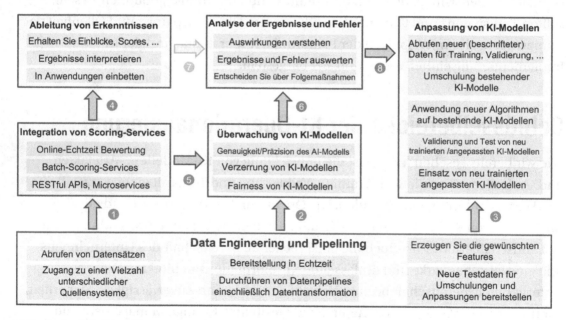

Abb. 6-2. *Schlüsselbereiche der KI-Operationalisierung*

Bevor wir diese sechs Schlüsselbereiche der KI-Operationalisierung einzeln und detaillierter untersuchen, möchten wir auf die Einflussmerkmale hinweisen, die diese Bereiche aufeinander haben.

Beeinflussende Merkmale

Im Zusammenhang mit der Operationalisierung von KI spielt der Bereich *Data Engineering und Pipelining* eine grundlegende Rolle. Dies liegt an den Schlüsseldiensten, die Data Engineering und Pipelining für die folgenden drei Bereiche bereitstellen müssen: *Integration von Scoring-Services, Überwachung von KI-Modellen* und *Anpassung von KI-Modellen.*[12]

Einige der Data-Engineering- und Pipelining-Services, wie z. B. der Zugriff auf eine Vielzahl verschiedener Quellsysteme, um die erforderlichen Datensätze abzurufen, sind in den drei oben genannten Bereichen sehr ähnlich. Die Durchführung von Data-Pipelining, einschließlich Datenumwandlungsaufgaben, steht in erster Linie im Zusammenhang mit den beiden Bereichen *Integration von Scoring-Services* und *Überwachung von KI-Modellen.* Die Bereitstellung von Features in Echtzeit ist in erster Linie darauf ausgerichtet, integrierte Scoring-Services zu ermöglichen, insbesondere für Online-Transaktions-Scoring. Sie kann jedoch auch genutzt werden, um Präzision und Genauigkeit oder Verzerrungen und Fairness von KI-Modellen in Echtzeit zu überwachen. Für die *Anpassung von KI-Modellen an den* jeweiligen Bereich ist die Bereitstellung neuer Testdaten zum Re-Training und zur Modell-Anpassung erforderlich. Der Dienst zur Erzeugung der erforderlichen Feature kann unterschiedliche Charakteristiken aufweisen, je nachdem, ob die Features für die Bewertung eines bereits eingesetzten KI-Modells bereitgestellt werden müssen oder ob ein erneutes und angepaßtes Feature-Engineering erforderlich ist, um KI-Modelle durch die Anwendung neuer ML-Algorithmen anzupassen.

Wie in Abb. 6-2 und der vorangegangenen Diskussion zu sehen ist, bietet der Bereich *Data Engineering und Pipelining* wichtige grundlegende Dienste für die Operationalisierung von KI. Die Integration von Scoring-Services in Anwendungen oder Transaktionen, z. B. über RESTful APIs, Microservices oder die Integration in Transaktionsmanagementsysteme, ermöglicht die Ableitung von neuen Erkenntnissen.[13]

Die Ergebnisse der Scoring-Services müssen abgerufen, in Anwendungen eingebettet und in verwertbare Erkenntnisse umgewandelt werden. Die Ergebnisse müssen wiederum im Kontext des jeweiligen Geschäftsbereichs interpretiert werden.

---

[12] Dies steht im Zusammenhang mit den Nummern 1, 2 und 3 in Abb. 6-2, den *Schlüsselbereichen für die Operationalisierung von KI.*

[13] Dies steht im Zusammenhang mit Nummer 4 in Abb. 6-2, den *Schlüsselbereichen der KI-Operationalisierung.*

Die Überwachung von KI-Modellen zielt darauf ab, Veränderungen in der Genauigkeit und Präzision von KI-Modellen zu verstehen, die im Laufe der Zeit auftreten können, und die Verzerrungen und die Fairness von KI-Modellen zu verstehen. Die Überwachung von KI-Modellen stützt sich auf Scoring-Services, die Input liefern, aber auch einige Data-Engineering- und Pipelining-Services[14] sind hierzu erforderlich. Die Überwachungsdienste dienen als Input für den Bereich *Analyse der Ergebnisse und Fehler*, in dem die Ergebnisse und Fehler bewertet und die Auswirkungen (z. B. Aufwand und Kosten, erwartete Verbesserungen und geschäftliche Relevanz) möglicher Anpassungen verstanden werden müssen, um über geschäftsrelevante Folgemaßnahmen entscheiden zu können. Dies kann sogar einen gewissen Input aus der Domaine *Ableitung von Erkenntnissen*[15] erforderlich machen.

Nach der Analyse von Ergebnissen und Fehlern ist die *Anpassung von KI-Modellen* die Domäne der KI-Operationalisierung, bei der KI-Modelle mit neuen beschrifteten (gelabelten) Daten neu trainiert oder beispielsweise durch Anwendung neuer ML-Modelle[16] angepasst werden können. In einigen Fällen kann sogar ein neuer Satz von KI-Modellen entwickelt werden, was bedeutet, dass ein wesentlicher Teil des KI-Workflows erneut ausgeführt werden muss. In jedem Fall erfordert die Anpassung von KI-Modellen Dienstleistungen aus dem Bereich *Data Engineering und Pipelining*, z. B. die Bereitstellung neuer gelabelter Daten für das Neutrainieren und die Anpassung von KI-Modellen. Wenn für die Anpassung von KI-Modellen möglicherweise neue ML-Algorithmen verwendet werden müssen, ist auch ein neues Daten-Pipelining erforderlich, das Datenumwandlung, Feature Engineering usw. umfasst.

Diese sechs KI-Operationsbereiche können als eine Reihe von drei KI-Operationalisierungs-Workflows betrachtet werden, die miteinander verwoben sind. Der erste Arbeitsablauf dient einfach der Gewinnung von Erkenntnissen, der zweite der Überwachung von KI-Modellen, um die Auswirkungen auf das Geschäft zu verstehen, und der dritte der Reaktion auf diese Auswirkungen, indem ausgewählte KI-Modelle angepasst werden.

---

[14] Dies steht im Zusammenhang mit den Nummern 2 und 5 in Abb. 6-2, den *Schlüsselbereichen für die Operationalisierung von KI*.

[15] Dies steht im Zusammenhang mit den Nummern 6 und 7 in Abb. 6-2, den *Schlüsselbereichen für die Operationalisierung von KI*.

[16] Dies steht im Zusammenhang mit den Nummern 3 und 8 in Abb. 6-2, den *Schlüsselbereichen für die Operationalisierung von KI*.

Nachdem wir den Zusammenhang und die Kohärenz herausgearbeitet haben, werden wir diese sechs Hauptziele einzeln weiter untersuchen.

Data Engineering und Pipelining

Die Datenverarbeitung und das Feature-Engineering, die für die Entwicklung von KI-Modellen und -Lösungen erforderlich sind, sind durch eine Reihe spezifischer Herausforderungen gekennzeichnet: Die Quelldaten müssen im Kontext des zu lösenden Geschäftsproblems verstanden werden, die Relevanz der Daten muss validiert werden, und die Daten müssen erforscht und visualisiert werden. Darüber hinaus sollten die Daten für KI-Modelle aufbereitet und gekennzeichnet werden, die trainiert und möglicherweise mit riesigen Datenmengen weiter verarbeitet, bewertet und ausgewählt werden müssen. Die zeitkritischen Aspekte, die Leistungsmerkmale und die Datenmenge unterscheiden sich jedoch bei der KI-Entwicklung erheblich von der KI-Operationalisierung. Um dies näher zu untersuchen, wollen wir uns den in Abb. 6-3 dargestellten Arbeitsablauf und die Aufgaben des KI-Data-Engineering und Pipelining genauer ansehen.

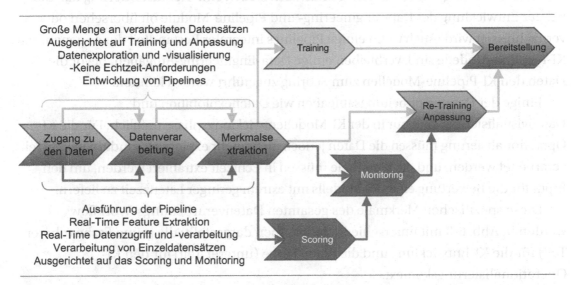

Abb. 6-3. *KI-Data-Engineering und Pipelining-Workflow*

Die linke Seite von Abb. 6-3 veranschaulicht die Aufgaben des Datenzugriffs, der Datenverarbeitung und der Feature Extraktion. Diese Aufgaben sind sehr ähnlich, unabhängig davon, ob das Ergebnis auf Training und Anpassung oder auf Operationalisierung einschließlich Scoring und Monitoring ausgerichtet ist. Es muss auf die Daten zugegriffen werden und sie müssen konvertiert werden (z. B. in einen Spark

DataFrame, ein JSON-Format oder eine einfache CSV-Datei), Spalten müssen gelöscht werden, Daten müssen aus verschiedenen Quellsystemen zusammengeführt werden, und es müssen Datentransformationen und Normalisierungsaufgaben durchgeführt werden. Der Kontext ist jedoch ein anderer, und die Aufgaben müssen möglicherweise sogar auf unterschiedlichen Plattformen durchgeführt werden: Die Datenverarbeitung für das Training und das Re-Training von KI-Modellen erfordert keine Echtzeit- oder ultraniedrige Latenzmerkmale, wie es beispielsweise beim Online-Transaction-Scoring der Fall ist.

Bei der Entwicklung von KI-Modellen können alle Datenverarbeitungsschritte bequem mit der verfügbaren Data-Engineering- und Data-Scientist-Plattform durchgeführt werden, ohne zeitkritische Aspekte. Wenn es an der Zeit ist, das Scoring (und auch das Monitoring) durchzuführen, müssen dieselben Datentransformations- und Pipeline-Aufgaben operationalisiert (produktiv gemacht) und in Echtzeit durchgeführt werden, was oft große Probleme verursacht. Diese zeitkritischen Aspekte der Bereitstellung der benötigten Daten aus heterogenen Quellsystemen für die Weiterverarbeitung und Auswertung in Echtzeit stellen eine Herausforderung dar, die bei der Entwicklung der Data-Engineering- und Pipeline-Module oft übersehen oder vernachlässigt wird. Auch wenn einige Pipelines integraler Bestandteil der so genannten KI-Pipeline-Modelle sind, verbleiben einige Data-Engineering-Aufgaben, bevor die Daten den KI-Pipeline-Modellen zum Scoring zugeführt werden können.

Einige der Datenverarbeitungsaufgaben wie Datenexploration und Datenvisualisierung sind nur in der KI-Modellentwicklungsphase möglich. Für die KI-Operationalisierung müssen die Daten jedoch nicht mehr exploriert, sondern in Echtzeit verarbeitet werden, und die Merkmale müssen in Echtzeit extrahiert werden, um den Input für die Bewertung eines KI-Modells mit extrem geringer Latenzzeit zu liefern.

Diese spezifischen Merkmale des gesamten Datenverarbeitungs-Workflows werden in Abb. 6-3 mit unterschiedlichen Farben dargestellt: die grüne Farbe (oberer Teil) für die KI-Entwicklung und die blaue Farbe (unterer Teil) für den KI-Operationalisierungskontext.

Es wird empfohlen, während der Entwicklung des KI-Data-Engineering- und Pipelining-Zyklus die Operationalisierungsaspekte dieser Artefakte zu antizipieren; die KI-Operationalisierungsaspekte[17] müssen zwingend von Anfang an bei jedem KI-Vorhaben berücksichtigt werden.

---

[17] Siehe [8] für ein Beispiel der KI-Operationalisierung von ML-Pipelines mit PFA.

Integration von Scoring-Services

Sobald die KI-Modelle trainiert, validiert und eingesetzt wurden, können sie von den integrierten Scoring-Services genutzt werden, die eine der wichtigsten KI-Operationsbereiche darstellen. Wie zu Beginn dieses Kapitels erwähnt, gibt es verschiedene ML- und DL-Modelltypen und Austauschformate, wie Apache Spark-Modelle, Scikit-Learn-Modelle und PMML- oder ONNX-Modelle, die auch unterschiedliche Scoring-Engines erforderlich machen. Zusätzlich zu den verschiedenen Scoring-Engines gibt es verschiedene Möglichkeiten, wie der Scoring-Service selbst in die IT-Infrastruktur integriert oder von KI-Anwendungen angefordert werden kann.

KI-Modelle können beispielsweise im Batch-Verfahren oder in Echtzeit bewertet werden; die Integration kann über RESTful-APIs, innerhalb einer Transaktion oder einer Anwendung erfolgen oder in ein Datenbankmanagementsystem (DBMS) integriert werden, z. B. durch Integration der Spark- oder Scikit-Learn Scoring-Engine in das DBMS. Die jeweilige Option, mit der ein Scoring-Service integriert und von Anwendungen angefordert wird, hängt von den Merkmalen und spezifischen Anforderungen (z. B. Performance) eines Anwendungsszenarios ab.

Wie Sie in Abb. 6-3 (*KI Data Engineering und Pipelining-Workflow*) gesehen haben, erfordert die Bewertung von KI-Modellen die Ausführung von Datenzugriffs-, Datenverarbeitungs- und Feature-Extraktion Aufgaben. Mit anderen Worten, vor dem eigentlichen Scoring eines KI-Modells wird davon ausgegangen, dass zumindest einige der Aufgaben im Bereich *Data Engineering und Pipelining* bereits ausgeführt wurden. Wie bereits erwähnt, ermöglichen einige Open-Source-Pakete und Anbieterprodukte die Entwicklung von ML-Pipeline-Modellen, die vor der Bewertung eines Modells eine Reihe von Transformationsschritten umfassen können. Mit der Apache Spark MLlib-Bibliothek können Sie beispielsweise ML-Pipelines[18] entwickeln, die einen Transformator enthalten, bei dem es sich entweder um ein ML-Modell oder einen Algorithmus handeln kann, der einen Spark DataFrame-Datensatz in einen anderen umwandelt, beispielsweise durch Hinzufügen einiger Spalten. Je nach den Anforderungen eines Anwendungsfalls und den zugrundeliegenden Quelldatensystemen müssen möglicherweise zusätzliche Data-Engineering- und Pipelining-Aufgaben durchgeführt werden.

---

[18]Weitere Informationen zu Apache Spark ML-Pipelines finden Sie unter [9].

KI-Modelle können grundsätzlich entweder im Batch-Verfahren oder in Echtzeit bewertet werden. Beim Batch-Scoring muss eine Reihe von Quelldatensätzen verarbeitet werden, aus denen die entsprechenden Feature extrahiert und für das Scoring des KI-Modells in einer Massenverarbeitung (Batch) bereitgestellt werden. Auf diese Weise werden die erforderlichen Data-Engineering- und Pipelining-Aufgaben ebenfalls im Bulk-Verfahren durchgeführt. Beim Batch-Scoring können Millionen von Scores generiert werden, die von Anwendungen interpretiert werden können, um beispielsweise eine Liste von Kunden zu bestimmen, die für eine in der nächsten Woche zu startende Marketingkampagne angesprochen werden sollen.

In der folgenden Liste werden einige Optionen für die Implementierung von integrierten Echtzeit-Scoring-Services beschrieben:

1. **Integration der Online-Scoring-Engine**: Die Scoring-Services werden auf einem dedizierten (eigenständigen) Anwendungsserver integriert. Die Anwendungen können die Scoring-Services beispielsweise online über RESTful-API-Scoring-Aufrufe anfordern. Alternativ kann auch derselbe Anwendungsserver sowohl für die Anwendungen als auch für die Scoring-Service verwendet werden. Die beste Leistung erzielen Scoring-Services, die auf einem dedizierten (eigenständigen) Anwendungsserver integriert sind. Die Implementierungen hängen hauptsächlich von den Leistungsanforderungen und den verfügbaren Ressourcen ab.

2. **Integration von Transaktionsmanagern**: Bestehen Leistungsanforderungen für hohen Durchsatz und eine große Anzahl von Transaktionen pro Sekunde in Kombination mit einem bestehenden Transaktionsmanagementsystem, sollten die Scoring-Services in das Transaktionsmanagementsystem integriert werden. Anwendungen, die unter der Kontrolle des Transaktionsmanagers laufen, können dann über ein entsprechendes Schnittstellenmodul Scoring-Services anfordern.[19]

3. **DBMS-Integration**: In Anwendungsfällen, in denen die Bewertung von KI-Modellen mit Aktualisierungen von

---

[19] In [10] finden Sie ein Beispiel für einen integrierten Online-Bewertungsdienst.

Datensätzen verknüpft werden kann, die durch Ereignisse oder Anwendungen ausgelöst werden, können die Scoring-Engine und der Dienst sogar in das DBMS-System integriert werden. Dies ist besonders dann sinnvoll, wenn eine Datentransformation (z. B. Aggregationen, Filterung, Joins usw.) erforderlich ist, um die Features für das Scoring von KI-Modellen zu generieren. Datenbank-Trigger können verwendet werden, um Scoring-Services anzufordern.

4. **Integration in die Anwendung**: Spezifische Anforderungen an den Schutz der Privatsphäre und Aspekte der Datensensitivität können sogar die Integration der Scoring-Engine und des Scoring-Services direkt in die Anwendung nahelegen.

In Abb. 6-4 sind diese vier integrierten Echtzeit-Scoring-Szenarien auf konzeptioneller Ebene dargestellt.

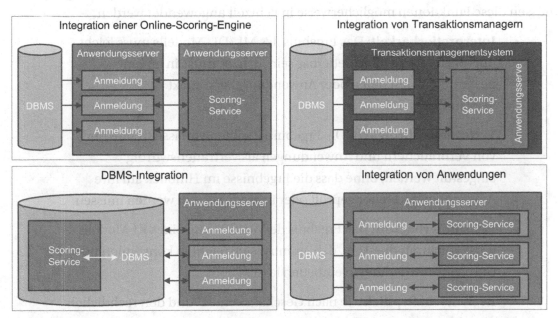

Abb. 6-4. *Integrierte Echtzeit-Scoring-Services*

Es gibt eine Reihe zusätzlicher Optionen und Varianten für die Integration von Scoring-Services in Echtzeit, wie z. B. Ereignisverarbeitung und publikations- bzw. abonnementbasierte Implementierungen, die wir in diesem Buch nicht behandeln werden.

Ableitung von Erkenntnissen

Mit der Ableitung von Erkenntnissen meinen wir den Prozess der Umwandlung des Ergebnisses der Ausführung eines KI-Modells (z. B. ein Score, Cluster usw.) in verwertbare Erkenntnisse. Dazu ist es erforderlich, das Ergebnis der KI-Modellausführung abzurufen und in eine Anwendung einzubetten, die Ergebnisse (z. B. einen Score) in einem bestimmten Geschäfts- oder Anwendungsfallkontext zu interpretieren und häufig in Echtzeit (oder mit extrem geringer Latenzzeit) über Folgemaßnahmen zu entscheiden. Die Ableitung von Erkenntnissen zielt also darauf ab, die Implikationen und Schlussfolgerungen zu verstehen, die sich aus dem Ergebnis der Ausführung eines KI-Modells ableiten lassen, das eng mit dem Geschäftsproblem verknüpft ist; dieses Ergebniss muss so weit wie möglich in die Geschäftsanwendung integriert werden.

Nachfolgend sind einige Schlüsselfunktionen aufgeführt, die die Gewinnung von Erkenntnissen ermöglichen.[20] Je nach Geschäftskontext oder Anwendungsszenario müssen diese Funktionen möglicherweise in Echtzeit angewendet werden.

- **Interpretierbarkeit**: Das Ergebnis des ML/DL-Modells muss leicht überprüfbar und interpretierbar sein, d. h. es muss in einem bestimmten Geschäfts- oder Anwendungsfallkontext verständlich sein.

- **Vertrauenswürdigkeit**: Die Ergebnisse sollten verlässlich sein und von Verbrauchern und Anwendungen als vertrauenswürdig eingestuft werden, ohne dass die Ergebnisse im Hinblick auf ihre Anwendbarkeit weiter geprüft oder in Frage gestellt werden müssen.

- **Konsumierbarkeit**: Das Ergebnis der Ausführung eines KI-Modells muss konsumierbar sein, d. h. es muss sich leicht in konsumierende Geschäftsanwendungen einbetten lassen.

- **Rechenschaftspflicht**: Je nach Geschäftskontext und den rechtlichen Auswirkungen einer KI-basierten Entscheidung müssen die Anwendungen möglicherweise die Anforderungen an entsprechende Rechenschaftspflichten berücksichtigen.

---

[20] Wir möchten noch einmal darauf hinweisen, dass der Begriff *„Inferenz"* häufig für eine Teilmenge des in diesem Buch verwendeten Themas KI-Operationalisierung verwendet wird.

Überwachung von KI-Modellen

KI-Modelle werden im Rahmen eines bestimmten Geschäftskontextes entwickelt. Geschäfts- und Anwendungsfallmerkmale oder Maßnahmen können sich jedoch im Laufe der Zeit ändern. Auch die Daten selbst können sich im Laufe der Zeit verändern. Diese sich ändernden Umstände können dazu führen, dass die geschäftliche Relevanz der KI-Anwendung abnimmt und die Genauigkeit und Präzision der KI-Modelle sinkt. Darüber hinaus liefern KI-Modelle möglicherweise nicht die ursprünglich erwarteten Ergebnisse; sie zeigen bestimmte Anomalien erst später in ihrem Lebenszyklus, sind weniger fair und weisen starke unerwünschte Verzerrungen (Bias) auf. Um diese Verschlechterungen zu verstehen und geeignete Gegenmaßnahmen zu ergreifen, müssen die entsprechenden KI-Modelle während ihere Ausführung ständig überwacht werden.

In Kap. 4, *„KI-Informationsarchitektur"*, haben wir bereits die Modellüberwachung als eine wesentliche Komponente hervorgehoben, insbesondere als Teil des ML-Workflows und als eine der ABBs im Zusammenhang mit der Bereitstellung und Operationalisierung. In diesem Abschnitt werden die verschiedenen Bereiche, die überwacht werden sollten, einschl. der dahinterliegenden Motivation, detailliert beschrieben. Der Umfang beschränkt sich jedoch auf die Überwachung des KI-Modellergebnisses und nicht auf den umfassenderen Bereich der Rückverfolgbarkeit und Auditierbarkeit von KI-Assets im Zusammenhang mit dem gesamten Lebenszyklus.[21]

Die folgende Liste beschreibt einige der wichtigsten Maßnahmen zur Überwachung von KI-Modellen. Die geschäftlichen Anforderungen und die spezifischen Bedürfnisse eines bestimmten Anwendungsszenarios bestimmen die Anwendbarkeit aller oder einer Teilmenge dieser Maßnahmen. Darüber hinaus kann für einige Anwendungsszenarien eine Offline-Modellüberwachung ausreichend sein; für zeitkritische Anwendungsfälle, bei denen sich die Umstände und Merkmale häufig ändern können, kann jedoch eine Online-KI-Modellüberwachung notwendig sein.

1. **Leistung von KI-Modellen**: Die Überwachung der Leistung von ML- und DL-Modellen bezieht sich in erster Linie auf die Messung der Fläche unter der Receiver-Operating-Characteristic (ROC)- und Precision-Recall (PR)-Kurve für KI-Regressions- und

---

[21] Siehe Kap. 8, *„KI und Governance"*.

Klassifikationsmodelle. Abnehmende Flächen unter der ROC-Kurve (zur Messung der Genauigkeit eines KI-Modells) und der PR-Kurve (zur Messung der Präzision eines KI-Modells) können auf eine Verschlechterung der Genauigkeit und Präzision des KI-Modells hindeuten, was – je nach Anwendungsfall – eine Verschlechterung der Geschäftskennzahlen bedeutet, wie z. B. Geldverluste, sinkende Kundenzufriedenheit usw. Sogar die Form – d. h. die Ausgewogenheit der entsprechenden Messwerte – der ROC- und PR-Kurven kann geschäftliche Auswirkungen haben. Zeigt die PR-Kurve bei Kreditkartenbetrugsmodellen beispielsweise höhere Recall-Werte (True Positive Rate) und niedrigere Präzisionswerte (Verhältnis von True Positives zu vorhergesagten Positives), so ist dies ein Hinweis auf weniger False Negatives Fälle, d. h. weniger nicht entdeckte Betrugsfälle. Wenn die PR-Kurve zu höheren Präzisions- und niedrigeren Recall-Zahlen schwankt, ist dies ein Hinweis auf weniger False Positives, was beispielsweise bedeutet, dass weniger Kreditkarten einbehalten werden – obwohl die Fläche unter der PR-Kurve in beiden Fällen identisch ist. Die Überwachung der KI-Modellleistung erfordert zusätzliche Maßnahmen, die von den Anforderungen und Merkmalen eines bestimmten Anwendungsszenarios abhängen. So muss beispielsweise die Bewertung oder das Ergebnis eines KI-Modells, das als Grundlage für Entscheidungen und Maßnahmen im Rahmen einer KI-Anwendung (z. B. medizinische Diagnose und Behandlung, selbstfahrende Fahrzeuge) dient, möglicherweise ganzheitlich überwacht werden. Das heißt, dass die Überwachung der Leistung von KI-Modellen auf die Ebene der Entscheidungsoptimierung ausgeweitet werden muss, wobei sogar menschliche Eingriffe berücksichtigt werden können. Für selbstfahrende Fahrzeuge beispielsweise müssen KI-Modellierung und DO (Decision Optimization) autonom[22] und an das persönliche Fahrverhalten

---

[22] Siehe Kap. 13, *„Grenzen der KI"*, wo wir autonomes ML und DL weiter ausführen.

und die individuellen Fahrerpräferenzen – und sogar den kulturellen Kontext – anpassbar sein.

2. **Bias und Fairness von KI-Modellen**: Ein KI-Modell liefert möglicherweise nicht das gewünschte Ergebnis, da es zu viele Verzerrungen (Bias) und einen Mangel an Fairness aufweist. Die Überwachung der KI-Modellergebnisse ist erforderlich, um ein verzerrtes Ergebnis zu verstehen, d. h. ein KI-Modell, das in Bezug auf ein bestimmtes Feature oder eine Untergruppe eines Features ein günstiges oder ungünstiges Ergebnis zeigt. Darüber hinaus kann die Überwachung zu einer weiteren Analyse und Visualisierung der Auswirkungen eines angepassten KI-Modells mit angepassten Merkmalsgewichtungen führen, um Verzerrungen abzuschwächen. Bei Regressions- oder Klassifikationsmodellen kann ein gewisses Maß an Verzerrung durchaus ein wünschenswertes Ergebnis sein. Wenn beispielsweise das Geschäftsproblem mit dem für Training, Validierung und Test verwendeten gelabelten Datensatz einfach eine Bevorzugung eines bestimmten Geschlechts (z. B. weiblich) oder einer bestimmten Altersgruppe (z. B. $30 \leq$ Alter ≤ 39) oder Augenfarbe (z. B. blau) vorschlägt, dann ist eine Verzerrung in Richtung dieser Merkmale völlig normal und sogar erwünscht. Allerdings können sich die Umstände und neue Daten im Laufe der Zeit ändern, was zu einer ungünstigen Verzerrung führen kann. Diese Verschiebung muss im Produktivbetrieb erkannt werden und es muss darauf reagiert werden. Einige Anbieter bieten bereits Produkte zur Erkennung von Verzerrungen an, einschließlich der entsprechenden Ursachenanalyse.[23]

3. **Erklärbare Ergebnisse von KI-Modellen**: Die Ergebnisse eines KI-Modells und die Entscheidungen von KI-Anwendungen müssen erklärbar sein und sogar visualisiert werden, d. h. die Modellentscheidungen müssen einem Geschäftsanwender in geschäftlichen Begriffen erklärt und visualisiert werden. Wichtige

---

[23] Weitere Informationen über Verzerrungen finden Sie in Kap. 13, *„Grenzen der KI"*.

Geschäftskennzahlen oder KPIs (z. B. Anzahl der Betrugsfälle, Höhe der verlorenen Gelder, Anzahl der einbehaltenen Kreditkarten, Anzahl der Kunden, die sich wegen fälschlich einbehaltener Kreditkarten beschweren) müssen mit den Metriken eines KI-Modells (z. B. Genauigkeits- oder Präzisionsmetriken, Form der ROC- und PR-Kurven) korreliert werden, damit die Überwachung der Leistungszahlen eines KI-Modells in einen sinnvollen Geschäftskontext gestellt werden und darauf reagiert werden kann. Speziell für KI mit autonomer, d. h. kontinuierlicher Automatisierung des Lernens, bei der selbststeuernde Prozesse mit begrenztem oder minimalem menschlichen Eingriff vorherrschen, erreicht die Erklärbarkeit von KI-Modellen und -Anwendungen eine neue Dimension.[24]

In Unternehmen wird die Überwachung von KI-Modellen heute noch auf eher rudimentäre Weise durchgeführt, mit begrenzter Unterstützung durch Open-Source-Tools und Anbieterprodukte, die nur eine limitierte Automatisierung ermöglichen. Obwohl die Messung und Überwachung technischer KI-Modell-Leistungskennzahlen – z. B. die Flächen unter der ROC- und PR-Kurve – implementiert werden kann, ist die Korrelation von KI-Modellergebnissen mit geschäftsrelevanten KPIs ein eher neuer Bereich, in dem noch viel zu tun bleibt.[25]

Analysieren von Ergebnissen und Fehlern

In den Fällen, in denen eine Verschlechterung der Leistung des KI-Modells, Verzerrungen und Ungerechtigkeiten oder weitere unerwünschte Vorkommnisse festgestellt wurden, müssen diese analysiert und die Auswirkungen verstanden werden. Einige der Ergebnisse und Fehler haben vielleicht keine so großen Auswirkungen auf das Unternehmen, vor allem wenn man sie mit dem zu erwartenden Aufwand für mögliche Folgeaktivitäten vergleicht. Wie Sie sich vorstellen können, müssen diese Aktivitäten auf

---

[24] Siehe Kap. 13, „*Grenzen der* KI", wo wir mehr über die Erklärbarkeit von Entscheidungen schreiben.

[25] In [11] finden Sie ein Beispiel für die Messung von KI-Ergebnissen anhand von Unternehmens-KPIs.

die Besonderheiten Ihres Anwendungsszenarios zugeschnitten sein. In manchen Fällen muss die KI-Anwendung selbst mit ihren Entscheidungen auf der Grundlage bestimmter Messgrößen (z. B. Scores mit Wahrscheinlichkeitszahlen) angepasst werden – nicht unbedingt das KI-Modell selbst.

Es folgt eine kurze Auflistung der wichtigsten Aufgaben in diesem Bereich der KI-Operationalisierung:

- **Ergebnisse und Fehler auswerten**: Die Überwachungsergebnisse, -ereignisse und -phänomene müssen ausgewertet werden.

- **Auswirkungen verstehen**: Ihre Auswirkungen auf das Unternehmen müssen verstanden werden, bevor mögliche Folgemaßnahmen festgelegt werden.

- **Folgemaßnahmen identifizieren**: Je nach Aufwand können bestimmte Folgemaßnahmen, wie z. B. das Re-Training eines KI-Modells, ratsam sein.

Abb. 6-5 zeigt einen einfachen Entscheidungsablauf für mögliche Folgeaktivitäten. Wie Sie in Abb. 6-5 sehen können, kann es durchaus Situationen geben, in denen die bestehenden KI-Modelle nicht geändert werden sollten. Die KI-Anwendung(en) müssen stattdessen möglicherweise angepasst werden, z. B. durch die Anpassung der Wahrscheinlichkeitsstufen für die Werte, auf die die Anwendung reagieren muss. In anderen Fällen reicht es aus, die bestehenden Modelle anhand neuer gelabelter Datensätze neu zu trainieren. In den Fällen, in denen Drift der Datensätze nicht ursächlich für die Verschlechterung der KI-Modelle verantwortlich ist, können Anpassungen der Modelle oder sogar die Entwicklung neuer Modelle ratsam sein.

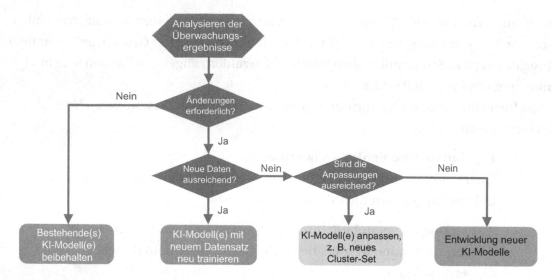

Abb. 6-5. *Entscheidungsfluss für Folgeaktivitäten*

Im nächsten Abschnitt werden die drei möglichen Anpassungsoptionen für das KI-Modell kurz erläutert.

Anpassungen des KI-Modells

Ist die Entscheidung gefallen, ein bestehendes KI-Modell anzupassen, gibt es im Wesentlichen drei sinnvolle Optionen, wie wir im vorigen Abschnitt gesehen haben: (1) ein bestehendes KI-Modell mit neuen gelabelten Trainings-, Validierungs- und Testdaten neu zu trainieren; (2) ein KI-Modell anzupassen, d. h. eventuell Hyperparameter weiter zu optimieren oder z. B. bei Klassifizierungsmodellen die Anzahl der Cluster anzupassen; und (3) ein neues KI-Modell zu entwickeln, indem ein neuer Satz von ML/DL-Algorithmen evaluiert wird.

1. **Re-Training bestehender KI-Modelle**: Einfachere Situationen liegen vor, wenn das zugrundeliegende Geschäftsmodell oder die Datensätze nur geringfügig geändert wurden, was einfach durch ein Neutrainieren der bestehenden KI-Modelle anhand neuer gelabelter Datensätze erfolgen kann. In solchen Fällen sollte sich der Aufwand in Grenzen halten. Dieser Aufwand umfasst die

Bereitstellung neuer beschrifteter (gelabelter) Datensätze für Training, Validierung und Tests sowie den Einsatz der neu trainierten KI-Modelle.

2. **Anpassung bestehender KI-Modelle**: In den Fällen, in denen die Überwachungsergebnisse eine größere Auswirkung auf das Unternehmen zeigen, die sich nicht durch einfaches Neutrainieren der bestehenden KI-Modelle beheben lässt, müssen Anpassungen an der Anzahl der Cluster oder der Anzahl der Ebenen und Knoten eines Entscheidungsbaummodells (zur Erhöhung des Informationsgewinns) und eine weitere Optimierung der Hyperparameter vorgenommen werden. Diese Anpassungen können bereits einen größeren Entwicklungsaufwand für Datenwissenschaftler und Data Engineers bedeuten.

3. **Entwicklung neuer KI-Modelle**: Wenn die Veränderungen der Geschäftssituation und der Anwendungsfälle so gravierend sind, dass eine Hyperparameter-Optimierung oder Anpassungen an den bestehenden KI-Anwendungen und KI-Modellen, wie sie zuvor beschrieben wurden, nicht erfolgversprechend sind, kann es ratsam sein, neue KI-Modelle zu entwickeln. Dies ist natürlich mit einem umfassenderen Entwicklungsaufwand gleichzusetzen, der alle Schritte des KI-Workflows umfasst und alle Personas und Stakeholder wie Geschäftsanwender, Datenwissenschaftler und Data Engineers einbezieht.

Wichtigste Erkenntnisse

Wir schließen dieses Kapitel mit einigen wichtigen Erkenntnissen, die in Tab. 6-2 zusammengefasst sind.

Tab. 6-2. *Wichtigste Erkenntnisse*

#	Wichtigste Erkenntnisse	High-Level Beschreibung
1	Die Operationalisierung von KI ist eine große Herausforderung	Dies gilt insbesondere für die erforderliche Effizienz der Bereitstellung von KI-Modellen, das Pipelining und Scoring von Modellen in Echtzeit sowie die Prüfung und Überwachung.
2	Notwendigkeit der Interoperabilität der Plattformen und der Transparenz der Anbieter	Plattforminteroperabilität (einschließlich Bereitstellungsoptionen und Anbieterplattformen) und Anbietertransparenz (einschließlich Open-Source- und Anbieterprodukte) sind für eine flexible KI-Produktentwicklung und -Operationalisierung erforderlich.
3	Die Bereiche der KI-Operationalisierung beeinflussen sich gegenseitig	Dabei handelt es sich um sechs Bereiche: Data Engineering und Pipelining, Integration von Scoring-Services, Ableitung von Erkenntnissen, Überwachung von KI-Modellen, Analyse von Ergebnissen und Fehlern sowie Anpassung von KI-Modellen.
4	Unterschiede im KI-Data-Engineering-Workflow	Es gibt wesentliche Unterschiede zwischen dem KI Data-Engineering und dem Pipelining-Workflow während der Entwicklung und der Operationalisierung.
5	Es gibt eine Reihe von Optionen für integrierte Scoring-Services	Es gibt vier wichtige Optionen für Scoring-Services: Online-Scoring-Engine, Transaktionsmanager, DBMS und Anwendungsintegration.
6	Für die Ableitung von Erkenntnissen sind folgende Fähigkeiten erforderlich	Wir haben vier Fähigkeiten identifiziert: Interpretierbarkeit, Vertrauenswürdigkeit, Konsumierbarkeit und Rechenschaftspflicht.
7	KI-Modelle müssen überwacht werden	Sicherstellung der Leistung des KI-Modells (Genauigkeit und Präzision), Erkennung von Verzerrungen und Gewährleistung von Fairness sowie Generierung erklärbarer Ergebnisse.
8	Die Ergebnisse der KI-Modellüberwachung müssen analysiert werden	Bei allen Vorkommnissen müssen die Auswirkungen auf das Geschäft verstanden und mögliche Folgemaßnahmen durchgeführt werden.

(Fortsetzung)

Tab. 6-2. (*Fortsetzung*)

#	Wichtigste Erkenntnisse	High-Level Beschreibung
9	KI-Modelle müssen möglicherweise angepasst werden	Anpassungen können bedeuten, dass bestehende KI-Modelle mit neuen gelabelten Datensätzen neu trainiert werden, dass bestehende KI-Modelle angepasst werden, z. B. durch die Optimierung von Hyperparametern, oder dass ein neuer Satz von KI-Modellen entwickelt wird.

Literatur

1. Jyoti, R. *Accelerate and Operationalize AI Deployments Using AI-Optimized Infrastructure*. IDC. IDC Technology Spotlight, 2018, `www.ibm.com/downloads/cas/ZYGVAOAL` (Zugegriffen am March 1, 2020).

2. Walch, K. Forbes. *Operationalizing AI*, 2020, `www.forbes.com/sites/cognitiveworld/2020/01/26/operationalizing-ai/#49ef691c33df` (Zugegriffen am March 2, 2020).

3. IBM. IBM Knowledge Center, *Configuring WML for z/OS scoring services in a CICS region*, 2020, `www.ibm.com/support/knowledgecenter/SS9PF4_2.1.0.2/src/tpc/mlz_configurescoringservicecics.html` (Zugegriffen am March 2, 2020).

4. Blokdyk, G. *Deploying Artificial Intelligence – A Complete Guide*. ISBN-13: 978-0655810681, 5starcooks, 2019.

5. Levitan, S., Claude, L. *Open standards for deployment, storage and sharing of predictive models. PMML/PFA/ONNX in action*. Conference: Applied Machine Learning days 2019, DOI: 10.13140/RG.2.2.31518.89920, 2019, `www.researchgate.net/publication/334611859_Open_standards_for_deployment_storage_and_sharing_of_predictive_models_PMML_PFA_ONNX_in_action` (Zugegriffen am March 6, 2020).

6. IBM. *Data and AI on IBM Z – insight at the point of interaction*, `www.ibm.com/in-en/analytics/data-and-ai-on-ibm-z` (Zugegriffen am March 6, 2020).

7.   Deb, A. Edureka. *Top 12 Artificial Intelligence Tools & Frameworks you need to know*, 2019, `www.edureka.co/blog/top-12-artificial-intelligence-tools/` (Zugegriffen am March 7, 2020).

8.   Pentreath, N. IBM. *Productionizing Machine Learning Pipelines with PFA*, `https://events19.linuxfoundation.org/wp-content/uploads/2017/12/Productionizing-ML-Pipelines-with-the-Portable-Format-for-Analytics-Nick-Pentreath-IBM.pdf` (Zugegriffen am March 10, 2020).

9.   Apache Spark. *MLlib Main Guide. ML Pipelines*, `https://spark.apache.org/docs/latest/ml-pipeline.html#dataframe` (Zugegriffen am March 11, 2020).

10.   IBM. IBM Knowledge Center, *Configuring WML for z/OS scoring services in a CICS region*, `www.ibm.com/support/knowledgecenter/SS9PF4_2.1.0/src/tpc/mlz_configservicesincics.html` (Zugegriffen am March 12, 2020).

11.   IBM. *IBM Watson OpenScale*. `www.ibm.com/cloud/watson-openscale/` (Zugegriffen am March 14, 2020).

KAPITEL 7

Design Thinking und DevOps im KI-Kontext

Design Thinking und DevOps sind seit langem etablierte Konzepte, die von den meisten führenden Unternehmen bereits genutzt werden. Ein nachhaltiger Einsatz von KI für diese Konzepte steht jedoch noch aus. Doch was genau meinen wir mit dem Einsatz von KI für Design Thinking und DevOps, und welche Möglichkeiten haben wir überhaupt? Design Thinking- und DevOps-Methoden können sicherlich für die Entwicklung von KI-Systemen und -Geräten, Produkten und Tools oder Anwendungen eingesetzt werden. Das ist wahrscheinlich ein naheliegender Gedanke. Aber lassen sich KI und ihre Geschwister auch in Design Thinking- und DevOps-Konzepte einbinden – und wie? Was sind die Voraussetzungen, Herausforderungen und Vorteile? Eine offensichtliche Voraussetzung besteht darin, zunächst eine solide Infrastruktur und Kultur für Design Thinking und DevOps zu schaffen, bevor KI und ML in diese Konzepte eingeführt werden.

In diesem Kapitel wird versucht, die oben gestellten Fragen zu beantworten. Wir beginnen mit einem Überblick über die Schlüsselkonzepte von Design Thinking und DevOps und stellen einige Ideen für Design Thinking und DevOps im Kontext von KI vor. Darüber hinaus beschreiben wir Schlüsselaspekte von KI Design Thinking und KI DevOps, wobei wir uns auf die Bereicherung von Design Thinking und DevOps durch die Integration von KI-Technologien und Methoden der Datenwissenschaft konzentrieren.

E. Hechler et al., *Einsatz von KI im Unternehmen*, https://doi.org/10.1007/978-1-4842-9566-3_7

Einführung

Wie bereits erwähnt, haben Design Thinking und DevOps ihren Weg in die meisten
führenden Unternehmenskulturen bereits gefunden. Dies gilt vor allem für Design
Thinking Methoden; DevOps scheint jedoch künstlich auf alle Anwendungen,
Middleware-Produkte, Tools und Lösungen angewandt zu werden, unabhängig davon,
ob es relevant und sinnvoll ist oder nicht. So ist DevOps beispielsweise für
Engagementsysteme (systems of engagement) unerlässlich, bei denen die
Benutzererfahrung kontinuierlich angepasst und verbessert werden muss, aber weniger
sinnvoll für Aufzeichnungssysteme (systems of records) oder sogar Einblickssysteme
(systems of insight), bei denen neue Produkt- oder Tool-Features und -Funktionen, die
viel zu oft aufgerufen werden, zu einem mühsamen Integrationsaufwand führen
können, der für das Betriebspersonal eine eher störende Erfahrung darstellt.

Wenn es um KI-Technologien und Methoden der Datenwissenschaft geht, müssen
wir die bidirektionale Natur des Einflusses verstehen, indem wir Design Thinking und
DevOps-Methoden auf KI anwenden und gleichfalls auch KI auf diese Methoden
anwenden.

Auf der einen Seite können und sollten KI-Technologien mit ML- und Methoden der
Datenwissenschaft durch Design Thinking und DevOps-Methoden genutzt werden, um
diese Konzepte zu bereichern und zu verbessern. So können KI und ML beispielsweise
eingesetzt werden, um Vorhersagequalitäten für das Design einzuführen
(z. B. Vorhersage der Akzeptanz durch neue oder bestehende Nutzergruppen) oder um
Muster in den Nutzerdaten zu entdecken, was zu qualitativen und quantitativen
Designbewertungen führt. KI für DevOps kann zu selbstverwalteten Systemen oder zur
Ressourcenoptimierung bei DevOps beitragen.

Auf der anderen Seite können Designmethoden und DevOps – vorausgesetzt, diese
Konzepte sind im Unternehmen bereits hinreichend gut etabliert – auf das Design,
die Entwicklung, den Test, die Bereitstellung und den Betrieb von KI-Lösungen
und -Geräten angewendet werden. Beispielsweise können KI-Methoden im Rahmen
des Design Thinking Prozesses eingesetzt werden, um Designern relevantere und
nutzerzentrierte Erkenntnisse zu liefern oder um Zusammenhänge während der Design
Thinking Ideenfindungs-Phase zu entdecken. Für DevOps kann KI z. B. Muster und
Ursachen von Systemausfällen aufdecken, was zu einem schnelleren und gezielteren
Feedback vom Betrieb an die Entwicklungsteams führt.

Traditionelles Design Thinking und DevOps

Dieser Abschnitt greift die traditionellen Aspekte von Design Thinking und DevOps auf und bietet eine Definition sowie einen Überblick über Design Thinking- und DevOps-Konzepte, -Prozesse und -Ansätze sowie deren Vorteile.

Traditionelles Design Thinking

Design Thinking ist kein brandneues Konzept; die entsprechenden Konzepte gibt es schon seit Jahrzehnten. Ursprünglich wurde es für die Entwicklung neuer Produkte verwendet und war nicht einmal auf Wissenschaft, Technik oder Programmierung beschränkt. Der interdisziplinäre Charakter und die Nutzerzentrierung von Design im Allgemeinen waren bereits in den 1920er-Jahren ein aufkommendes Thema in der Architektur und im Industriedesign. Aufgrund seiner langen Geschichte und seiner breiten Anwendung in Wirtschaft und Industrie, Architektur und Ingenieurwesen sowie in der Wissenschaft (einschließlich der Informatik) gibt es keine einheitliche, allgemein akzeptierte Definition des Design Thinking. Für unsere Diskussion ist Design Thinking[1] ein auf den Menschen bezogener Designansatz, der aus Prozessen und Methoden besteht, um kreatives und innovatives, unkonventionelles Denken zur Lösung komplexer Probleme zu fördern.

Das Kernkonzept des Design Thinking mit der Idee des Rapid Prototyping und des schnellen, interaktiven Nutzerfeedbacks basiert auf den folgenden Grundsätzen:

- **Benutzerzentriertheit**: Während des Design- und Systementwicklungszyklus liegt der Schwerpunkt auf den Bedürfnissen des Endnutzers oder Kunden, wodurch eine erhöhte Benutzerfreundlichkeit gewährleistet und eine hohe Benutzerakzeptanz und ein angenehmes Benutzererlebnis gefördert werden; dies ermöglicht ein vorwiegend nutzerorientiertes Denken.

- **Multidisziplinär**: Die Zusammenarbeit erstreckt sich auf verschiedene Disziplinen und Personen (z. B. Unternehmer, Designer, Ingenieure und Programmierer, Marketing, Psychologen, Juristen), die unterschiedliche Perspektiven einbeziehen und so einen ganzheitlichen und umfassenden Ansatz gewährleisten.

---

[1] Siehe [1] und [2] für weitere Informationen zu Design Thinking.

- **Demokratisierung der Beteiligung**: Das Umfeld (z. B. Räume, Einrichtungen usw.) und die Methoden befähigen und ermutigen Teams, in denen *alle Teilnehmer* mit gleicher Wertschätzung und ohne Vorurteile ihren Beitrag leisten können, was die kreative und reichhaltige Ideenfindung fördert.

Es gibt eine Reihe zusätzlicher Prinzipien des Design Thinking, wie z. B. (1) die Festlegung kleinerer, sinnvoller und erreichbarer Ziele für ein Zwischenergebnis für den Nutzer, (2) die Zusammenarbeit mit den Nutzern, um Feedback zu erhalten und einzubeziehen, und (3) die Einführung eines agilen und schlanken Design Thinking Prozesses, der die Lösungen im Zusammenhang mit neu auftretenden Problemen kontinuierlich verbessert.

In der Vergangenheit sind mehrere Design Thinking Prozesse mit unterschiedlichen Phasen entstanden. Einer der ursprünglichen Prozesse wurde bereits 1969 vorgeschlagen.[2] Er besteht aus den folgenden sieben Stufen (Schritten oder Phasen): Definieren ➤ Forschen ➤ Ideenbildung ➤ Prototyping ➤ Auswählen ➤ Implementieren ➤ Lernen. Ein anderer Prozess besteht aus nur drei Phasen mit entsprechenden Unterphasen:[3] Inspiration (Verstehen, Beobachten, PoV) ➤ Ideenbildung (Ideen entwickeln, Prototyp entwerfen, Testen) ➤ Implementierung (Storytelling, Pilotierung, Geschäftsmodell). Wir verwenden den Design Thinking Prozess mit fünf Phasen, wie in Abb. 7-1 dargestellt. Die fünf Phasen sind wie folgt:

1. **Empathie**: Gewinnen Sie ein tiefes Verständnis für das zu lösende Problem, und entwickeln Sie entsprechende Emphatie für die Endnutzer oder Kunden.

2. **Definition**: Strukturieren Sie die gesammelten Informationen hinsichtlich des Problems und wenden Sie Ihre Erkenntnisse und Ihr Verständnis daraufhin an.

3. **Ideenfindung**: Entwickeln Sie innovative Ideen und Designpunkte in Bezug auf die Lösung einschl. entsprechender Lösungseigenschaften.

---

[2] Weitere Informationen über die ursprünglichen Design Thinking Prozesse von Herbert A. Simon finden Sie unter [3].

[3] Weitere Informationen zu diesem Design Thinking Prozess finden Sie unter [4].

4. **Prototyp**: Erstellen Sie eine erste Lösung als Prototyp mit begrenzten Funktionen und Merkmalen als Input für den Test.

5. **Test**: Führen Sie den Test und die Validierung des Prototyps durch und berücksichtigen Sie die Rückmeldungen des Sponsors zum Nutzertest.

Es ist wichtig zu beachten, dass die Phasen nicht unbedingt in strenger Reihenfolge durchgeführt werden müssen: Phasen können übersprungen (in Abb. 7-1 als Vorwärtsphasen dargestellt) oder parallel durchgeführt werden. Auch Rückwärtsphasen sind möglich, insbesondere um Testergebnisse oder das Feedback von Sponsoren in die Definitions- oder Ideenfindungs-Phasen einzubeziehen.

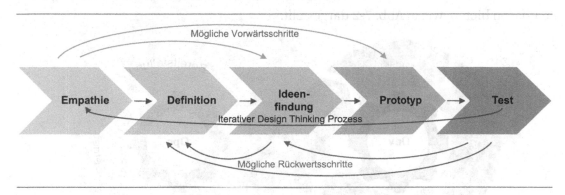

Abb. 7-1. *Design Thinking Prozess*

Traditionelles DevOps

DevOps[4] ist darauf ausgerichtet, die agile Entwicklung und den Betrieb zu integrieren und zu verschmelzen, um die Bereitstellung neuer Produkte in einer Betriebsumgebung zu beschleunigen. Es besteht aus Methoden, Praktiken (oder Prinzipien), Prozessen, Werkzeugen und Diensten, die es den Entwicklungs- und Betriebsteams ermöglichen, effizienter zusammenzuarbeiten, mit dem Ziel, nahtlose und häufigere Bereitstellungen von Systemen oder Anwendungen zu erreichen.

Wie bereits in der Einleitung zu diesem Kapitel erwähnt, sollte DevOps nicht als häufige Unterbrechung des IT-Betriebs missverstanden werden. So kann beispielsweise die Migration auf eine neuere Produktversion ein komplexer und zeitaufwändiger Prozess sein, bei dem unzählige Annahmen und Voraussetzungen erfüllt werden müssen. Aufzeichnungs-

---

[4]Siehe [5] und [6] für weitere Informationen zu DevOps.

und Einblickssysteme sind oft in eine recht komplexe IT-Infrastruktur integriert, die erhebliche Lücken in Bezug auf DevOps-Prozesse, -Tools und -Services aufweist, um eine Ops-freundliche Erfahrung zu gewährleisten – auch heute noch. Wir sehen daher die Anwendbarkeit von DevOps eher im Zusammenhang mit Engagementsystemen.

Wir kommen auf diesen besonderen Aspekt zurück, wenn wir DevOps im Zusammenhang mit KI und KI für den IT-Betrieb (KIOps) erläutern.

Abb. 7-2 veranschaulicht die prozessuale Verflechtung von Entwicklung und Betrieb, die zum DevOps-Lebenszyklus führt, der von Menschen und Systemen durchgeführt werden muss und mit Methoden und Grundsätzen, Prozessen und Tools untermauert werden sollte, die eine nahtlose Integration und die erforderliche Automatisierung für alle Phasen bieten, wie in Abb. 7-2 dargestellt.

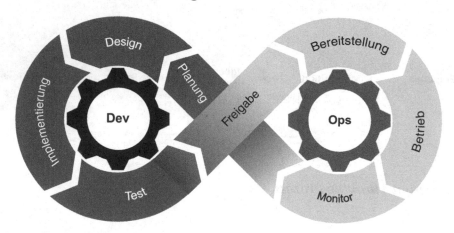

Abb. 7-2. *DevOps-Lebenszyklus*

Das Kernkonzept von DevOps basiert auf den folgenden Grundsätzen:

- **Kontinuierliche Integration**: Ermöglichen Sie schlanke, agile und zuverlässige Prozesse und Tools für Softwareentwicklung, -bereitstellung und -betrieb, die aufeinander abgestimmt sind.

- **Verstärkte Zusammenarbeit**: Förderung der Zusammenarbeit von Entwicklungs- und Betriebsteams, um das Denken in Silos zu überwinden und zu einem ganzheitlichen Systemansatz überzugehen.

- **Kontinuierliche Verbesserung**: Förderung des kontinuierlichen Lernens und des kontinuierlichen Feedbacks in der gesamten Organisation, um Verbesserungen auf der Grundlage bewährter Verfahren und Instrumente umzusetzen.

Es gibt eine ganze Reihe von DevOps-Erfolgsfaktoren und Gründe für Misserfolge, die ebenfalls berücksichtigt werden sollten. Gartner[5] *„prognostiziert, dass bis zum Jahr 2022 75 % der DevOps-Initiativen die Erwartungen aufgrund von Problemen im Zusammenhang mit organisatorischem Lernen und Wandel nicht erfüllen werden."*

Nutzen von Design Thinking und DevOps

Bevor wir den Fokus wieder auf KI lenken, listen wir kurz die Vorteile von traditionellem Design Thinking und DevOps auf. Da einige der Vorteile auf beide Konzepte[6] zurückzuführen sind, fassen wir diese in einer Tab. 7-1 zusammen:

Tab. 7-1. *Nutzen von Design Thinking und DevOps*

#	Nutzen	Konzept
1	Förderung eines interdisziplinären Ansatzes zur Beschleunigung von Kreativität und Innovation	Design Thinking
2	Konzentration auf die Problemlösung und nicht auf die technische Machbarkeit	Design Thinking
3	Schnellere Bereitstellung von Code und Problemlösungen	DevOps
4	Verbesserte SW- und Anwendungsqualität	DevOps
5	Verbesserte Zusammenarbeit zwischen oft getrennten Organisationen zwecks schnellerer Markteinführung	DevOps und Design Thinking
6	Verbesserte Beteiligung *aller* Teammitglieder	Design Thinking
7	Verbesserte Nutzerzentrierung und Nutzererfahrung	Design Thinking
8	Optimiertes und effizienteres Reagieren auf Markt- und Nutzeranforderungen	DevOps und Design Thinking
9	Iterativer Ansatz ermöglicht kontinuierliches Lernen, Wissen sowie Produkt- und Betriebsverbesserungen	DevOps und Design Thinking
10	Geringere Komplexität durch kleinere Komponenten	DevOps

---

[5] Siehe [7] für weitere Informationen zu Design Thinking im KI-Kontext von Gartner.
[6] Weitere Informationen über das Zusammenspiel und die Koexistenz von Design Thinking und DevOps finden Sie in [8].

Design Thinking im Kontext von KI

Betrachten wir Design Thinking für KI oder KI für Design Thinking? Design Thinking Methoden sollten selbstverständlich und unbestreitbar bei der Konzeption und Entwicklung von KI-Lösungen und -Geräten angewandt werden.[7] Dies wird natürlich dafür sorgen, dass die KI viel stärker auf den Menschen und den Nutzer ausgerichtet wird. In diesem Abschnitt geht es jedoch um den zunehmenden Einfluss von KI-Technologien und Methoden der Datenwissenschaft auf das Design Thinking selbst. Das heißt, wir beschäftigen uns mit der Frage, wie sich das Design Thinking unter dem Einfluss von KI verändert und welche Verbesserungsmöglichkeiten es gibt.

Der Einfluss von KI auf das Design Thinking

Die folgenden Ideen sind gleichermaßen relevant für die Anwendung von KI-infundierten Design Thinking Methoden zur Lösung anspruchsvoller Probleme sowie für das Design und die Entwicklung neuer Produkte, Tools oder Dienstleistungen.

Es gibt eine riesige Menge an Endnutzer und Kunden Touchpoint Daten, z. B. Online-Browsing- und Cookie-Daten, E-Mail-Threads und Beschwerdedaten, App-Problemberichte, historische Kaufdaten und Kundenprofilinformationen, Standortdaten usw. Insbesondere die Phasen *Empathie, Definition* und *Ideenfindung* des iterativen Design Thinking Prozesses, wie in Abb. 7-3 dargestellt, erhalten auf der Grundlage der von der KI abgeleiteten Erkenntnisse aus diesen Daten präziseren und relevanteren Input. So können diese wichtigen Verbraucher- und Endnutzer Touchpoint Daten von Datenwissenschaftlern genutzt werden, um ML- und DL-Modelle zu entwickeln, Kundenentscheidungen zu verstehen, Kundenverhalten vorherzusagen und Korrelationen zwischen Produkt- oder Servicenutzung und Reklamationsaufzeichnungen oder App-Problemberichten zu entdecken. Diese analytischen Erkenntnisse werden immer relevanter, um die hohe Nutzerzentrierung des Design Thinking zu verbessern und dem Anspruch gerecht zu werden, letztendlich ein signifikant besseres Nutzererlebnis zu bieten.

---

[7]Weitere Informationen zur Anwendung von Design Thinking auf KI finden Sie unter [9].

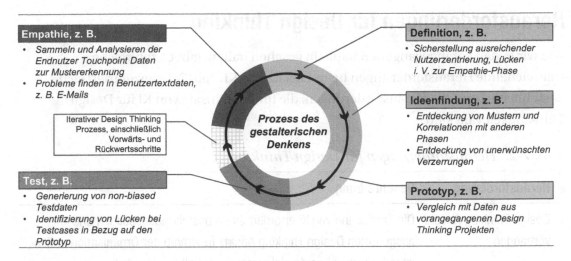

Abb. 7-3. *KI-infundiertes Design Thinking*

Daten und Informationen, die für die Ideenfindungs- und sogar die Prototyp-Phase des Design Thinking Prozesses relevant sind, können analysiert und verwendet werden, um Qualität, Relevanz, Abhängigkeiten und andere Design-Kennzahlen (KPIs) von Ideen und Designpunkten vorherzusagen. Methoden der Datenwissenschaft mit ihren ML- und DL-Modellen liefern Designern und dem gesamten interdisziplinären Team relevantere und zielgerichtetere Einblicke und erhöhen so das Vertrauen entsprechender Ergebnisse und beschleunigen die verschiedenen Phasen des Design Thinking Prozesses.

Design Thinking kann von der Analyse von Daten aus allen Prozessphasen vergangener Projekte profitieren, um Anomalien, Muster und Korrelationen von Daten aus verschiedenen Phasen zu entdecken und die Projektausführung auf der Grundlage neuer Daten aus aktuellen Prozessphasen vorherzusagen. Beispielsweise können Daten aus den Phasen *Empathie*, *Definition* und *Ideenfindung* mit Methoden der Datenwissenschaft analysiert werden, um neue Korrelationen zu entdecken, wie z. B. die Neigung bestimmter Ideen oder Designpunkte, die während der Ideenfindungs-Phase festgelegt wurden, zu bestimmten Eingabedaten oder Strukturen aus den Phasen *Empathie* oder *Definition*.

KI kann auch genutzt werden, um Lücken oder Muster in der Testphase zu entdecken, die sich auf den Prototyp-Code beziehen. Sogar die Generierung von Testdaten kann mithilfe von KI optimiert werden, um eine angemessene Abdeckung der definierten Szenarien zu gewährleisten.

163

Herausforderungen für Design Thinking

Wie wir in den vorangegangenen Kapiteln gesehen haben, gibt es zahlreiche weitreichende Herausforderungen beim Einsatz von KI. Tab. 7-2 konzentriert sich ausschließlich auf die Herausforderungen, die für den Einsatz von KI für Design Thinking relevant sind.

Tab. 7-2. *Herausforderungen für Design Thinking*

#	Herausforderung	Beschreibung
1	Design Thinking Ansatz vorhanden	Die Einführung von KI erfordert einen bestehenden, soliden und ausgereiften Design Thinking Ansatz innerhalb der Organisation – dies ist jedoch selbst heute nicht immer der Fall.
2	Die Komplexität der KI	KI wird möglicherweise als zu kompliziert und komplex angesehen, um sie im Rahmen von Design Thinking Methoden einzusetzen.
3	Qualifikations- und Wissenslücken	Die Teammitglieder verfügen über unzureichende KI- und datenwissenschaftliche Fähigkeiten und Kenntnisse.
4	Mangel an KI-infundierten Tools	Design Thinking Tools verfügen möglicherweise noch nicht über ausreichende KI-Fähigkeiten.
5	Angemessene Daten für das Lernen	ML-Modelle erfordern angemessene Daten für das Lernen (Training) und die Validierung, was eine nicht leicht zu bewältigende Herausforderung sein kann.
6	Skepsis innerhalb von Teams	Die multidisziplinären Teams haben KI möglicherweise (noch) nicht als Mittel zur Verbesserung des Designdenkens akzeptiert.

DevOps im Kontext von KI

Ähnlich wie bei der Eingangsfrage im Abschn. *„Design Thinking im Kontext von KI"* müssen wir uns auch hier fragen, ob wir DevOps für KI oder KI für DevOps betrachten. Natürlich kann und wird DevOps auf den verschachtelten Zyklus von Entwicklung und Betrieb von KI-Lösungen und -Geräten angewendet werden. In diesem Abschnitt konzentrieren wir uns jedoch auf die erforderlichen Anpassungen und Erweiterungen des DevOps-Stacks aufgrund der Anwendung von KI. Mit anderen Worten, welche Änderungen sind für DevOps erforderlich, um beispielsweise KI-Artefakte wie ML- und DL-Modelle zu berücksichtigen, und was sind sinnvolle und wünschenswerte DevOps-Erweiterungen, um die Vorteile von KI- und Data Science Methoden für DevOps selbst zu nutzen?

Bevor wir den Einfluss von KI auf DevOps herausarbeiten, möchten wir die Begriffe KIOps und KIDev klären, wie sie in Abb. 7-4 dargestellt sind. KIOps ist die Adaption von KI für betriebliche Prozesse. Daher sollten Sie KIOps als eine Erweiterung der traditionellen Abläufe, z. B. des IT-Betriebs (manchmal auch ITOps genannt), betrachten. Das Gleiche gilt für KIDev, nämlich die Adaption von KI für traditionelle Entwicklungsprozesse. KIDev ist also die Erweiterung der Entwicklung durch die Anwendung von KI-Methoden und -Techniken. DevOps – wie wir bereits gesehen haben – ist die agile Beziehung zwischen Entwicklung und Betrieb. KI für DevOps – das wir als KI DevOps bezeichnen – kann als eine Erweiterung von DevOps durch die Anpassung von KI-Methoden und -Techniken an den traditionellen DevOps-Bereich gesehen werden. Daher überschneidet sich KI DevOps mit KIOps und KIDev in den Bereichen, in denen der Einsatz von KI für Betrieb und Entwicklung für DevOps-Zwecke relevant ist. Abb. 7-4 ist eine übersichtliche Darstellung der Beziehungen zwischen KI DevOps, KIOps und KIDev.

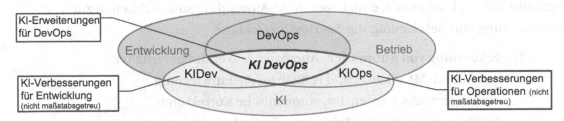

Abb. 7-4. *Beziehung zwischen KI DevOps und KIOps und KIDev*

KI-Einfluss auf DevOps

DevOps und der breitere Bereich des IT-Betriebs (ITOps) sind ideale Bereiche für die Anwendung von KI; wir konzentrieren uns jedoch „nur" auf DevOps. KI bringt neue Herausforderungen für DevOps mit sich. So erfordern beispielsweise ML- und DL-Modelle neue Bereitstellungs- und Operationalisierungsfähigkeiten, die sich auf DevOps auswirken.[8] KI DevOps kann natürlich genutzt werden, um die Entwicklungs- und Betriebsseite separat zu verbessern. Auf der Entwicklungsseite kann KI zum Beispiel für die Segmentierung und verbesserte Automatisierung von Testfällen eingesetzt werden. Auf der Betriebsseite kann KI zur Bestimmung der Baseline und zur Erkennung von Anomalien eines oder mehrerer SW-Subsysteme (z. B. Datenbank- oder Transaktionsmanagementsysteme) eingesetzt werden.

Der Sweet Spot für KI zur Erweiterung von DevOps ist jedoch die Schnittstelle zwischen Entwicklung und Betrieb mit dem Ziel, den DevOps-Zyklus weiter zu optimieren, wie in Abb. 7-2 dargestellt. So können beispielsweise Protokolldaten aus der Betriebsumgebung zur Entwicklung von ML-Modellen verwendet werden, um Korrelationen zwischen Anwendungsfehlern und Subsystemkonfigurationen zu erkennen, die von den Entwicklungsteams zur Optimierung ihrer Anwendungsfunktionen oder zum Vorschlagen verbesserter Subsystemkonfigurationen mit dem Ziel genutzt werden können, Anwendungsfehler in Zukunft zu begrenzen. Andererseits können die Leistungstestdaten der Entwicklungsteams mit Methoden der Datenwissenschaft analysiert werden, um Einsatzoptionen zu empfehlen, die die operativen Teams bei der Optimierung des Einsatzes und der betrieblichen Aspekte einer neuen Anwendungsversion unterstützen.

Kontinuierliche Entwicklung, Bereitstellung, Integration und Betrieb erfordern KI, um den DevOps-Zyklus zu beschleunigen und zu automatisieren. Die folgende (unvollständige) Liste enthält einige weitere KI-Anwendungsmöglichkeiten zur Verbesserung und Beschleunigung des DevOps-Zyklus:[9]

1. **Erkennung von Anomalien**: Anomales Anwendungsverhalten kann durch ML erkannt und zeitnah an die Entwicklung zurückgemeldet werden, um automatische Korrekturen bereitzustellen und das Zeitfenster für die Auswirkungen der Anomalien zu verkürzen.

2. **Leistungsprobleme**: Die Vorhersage von Leistungsengpässen über Korrelationen von leistungsrelevanten KPIs kann die Entwicklungsabteilung benachrichtigen, um Software für einen effizienteren Ressourcenverbrauch zu optimieren.

---

[8] Erinnern Sie sich in diesem Zusammenhang bitte an die Kernaussagen aus Kap. 6, „*Die Operationalisierung von KI*".

[9] Weitere Informationen zum Einsatz von KI im Kontext von DevOps finden Sie unter [10] und [11].

3. **Optimierung vorschlagen**: Mithilfe von KI kann die Entwicklung optimierte Bereitstellungen und Konfigurationen sowie geeignete Parametereinstellungen für verschiedene Arten von Workloads vorschlagen.

4. **Optimierung von Tests**: Kontinuierliche Tests und KI-basierte Testfallauswahl können Tests reduzieren und rationalisieren und die Entwicklung, Bereitstellung und Implementierung beschleunigen.

5. **Identifizierung von Modulen**: Historische Daten aus Entwicklung und Betrieb können genutzt werden, um relevante SW-Module im Zusammenhang mit unerwünschtem System- oder Anwendungsverhalten oder Fehlern zu ermitteln.

6. **Siloüberwindung**: Die Erkennung von Korrelationen zwischen verschiedenen IT-Infrastrukturkomponenten (z. B. Speichernutzung) und der Anzahl der Benutzer kann der Entwicklung helfen, Produkte im Hinblick auf den Ressourcenverbrauch zu optimieren.

Es gibt weitere zukunftsweisende Ideen, z. B. den Einsatz von KI, um in natürlicher Sprache verfasste funktionale Spezifikationen in ausführbare Codesegmente zu übersetzen, oder den Einsatz von KI, um unerwünschtes Betriebsverhalten automatisch in *funktionale Anforderungen* für die Entwicklung umzuwandeln.

Herausforderungen für DevOps

Trotz der überzeugenden Liste von KI-Anwendungsmöglichkeiten für DevOps können Sie mit einigen Herausforderungen konfrontiert werden, die in Tab. 7-3 aufgeführt sind. In Anbetracht der Tatsache, dass Entwicklungs- und Betriebsteams oft durch Unternehmensgrenzen getrennt sind, wird sich die Lösung dieser Herausforderungen in der Praxis schwierig gestalten.

Tab. 7-3. *Herausforderungen für DevOps*

#	Herausforderung	Beschreibung
1	Ein solider DevOps-Ansatz ist vorhanden	Die Integration von KI erfordert einen soliden DevOps-Ansatz, der in Ihrem Unternehmen und den entsprechenden Kundenunternehmen bereits implementiert und auch akzeptiert ist.
2	KI-infundierte Tools nicht ausgereift genug	KI DevOps erfordert Tools, die auf der Entwicklungs- und Betriebsseite verfügbar sind; sie müssen integriert und auf den DevOps-Zyklus ausgerichtet sein.
3	KI Design Thinking kann den Prozess verlangsamen	Es kann der Eindruck entstehen, dass KI Design Thinking den Prozess – zumindest anfangs – erheblich verlangsamen könnte. KI Design Thinking kann in der Tat zusätzliche Investitionen in Tools, Lernprozesse und Anpassungen des bestehenden Design Thinking Prozesses erfordern.
4	Angemessene Daten für das Lernen	Ähnlich wie beim Design Thinking benötigen ML-Modelle für KI DevOps angemessene Daten für das Lernen (Training) und die Validierung, was eine signifikante Herausforderung sein kann.
5	Qualifikations- und Wissenslücken	Die Teammitglieder verfügen über unzureichende KI- und datenwissenschaftliche Fähigkeiten und Kenntnisse.
6	KI-Komplexität zu hoch	Die Skepsis kann allein aufgrund der Komplexität der KI groß sein, und das Zögern der Teams, KI einzusetzen, muss erst überwunden werden.
7	Erforderliche Daten nicht verfügbar	Damit KI für DevOps sinnvoll und gewinnbringend ist, müssen zahlreiche Daten aus versteilten, oft isolierten Systemen gesammelt, umgewandelt und untersucht werden. Dies erfordert entsprechende Tools und die Bereitschaft, Daten über Unternehmensgrenzen hinweg auszutauschen.

Schlüsselaspekte des KI Design Thinking

Dieser Abschnitt ist den Schlüsselaspekten und dem Mehrwert von KI Design Thinking gewidmet. Unsere Absicht ist es, ein einfaches KI Design Thinking Rahmenwerk oder -Modell zu entwickeln, das die auffälligsten KI-Merkmale auf den Design Thinking Prozess abbildet, wie in Abb. 7-1 dargestellt. Eine kurze Diskussion über den Mehrwert von KI Design Thinking schließt diesen Abschnitt ab.

KI Design Thinking Modell

Wie wir in Tab. 7-2, *Herausforderungen für Design Thinking*, dargelegt haben, kann der Eindruck entstehen, dass KI im Design Thinking Prozess aufgrund des damit verbundenen Zeitaufwands schwierig ist. Die Implementierung eines KI Design Thinking-Modells kann in der Tat eine Investition erfordern, um die Merkmale von Design Thinking in Bezug auf schnelle Entwicklung, Prototyping, Tests und Verbesserungen weiter zu optimieren. Unser KI Design Thinking Modell[10] beschränkt sich auf eine KI Feature-Mapping Übung und lässt bewusst andere Aspekte eines Modells aus, wie z. B. ein Architektur-Übersichtsdiagramm mit Komponenten-Interaktionsdiagrammen, eine umfassende Datenflussbeschreibung usw. Nichtsdestotrotz hilft Ihnen diese enge Sichtweise bei der Darstellung der wichtigsten KI-Funktionen im Kontext des Design Thinking Prozesses, ein strukturierteres Verständnis für das KI Design Thinking zu erlangen, und ermöglicht es Ihnen, den Mehrwert einzuschätzen, der aus der KI gewonnen werden kann.

Zunächst einmal müssen wir uns auf die wichtigsten KI-Merkmale einigen, die für unsere Aufgabe von Bedeutung sind. Um diese Merkmale auf einen überschaubaren Umfang zu begrenzen, ist ein gewisses Abstraktionsniveau von entscheidender Bedeutung. Wir beschränken unsere Diskussion auf die folgenden KI-Funktionen.

- **Datenaufbereitung**: Mit Datenzugriff, -exploration und -visualisierung

- **ML**: Mit prädiktiver Analytik, Muster- und Korrelationserkennung

- **Text und Sprache**: Mit Textanalytik, Stimmungsanalyse und NLP

- **DL**: Mit ANNs, Bilderkennung und Videoverarbeitung

Es gibt zweifelsohne zahlreiche weitere KI-Fähigkeiten wie Robotik und andere kognitive Bereiche neben NLP (z. B. logisches Denken), Regelmanagement, Planung und Terminierung, die wir hier bewusst auslassen. Bilderkennung und Videoverarbeitung werden der Vollständigkeit halber unter DL aufgeführt.

Wie Sie in Abb. 7-5 sehen können, haben wir die wichtigsten KI-Fähigkeiten in vier Gruppen dargestellt und diese Fähigkeiten beispielhaft der Ideenfindungs-Phase des Design Thinking Prozesses zugeordnet. Wir stellen kurz weitere Ideen für die Zuordnung von KI zu den übrigen vier Phasen vor.

---

[10] Siehe [12] für weitere Informationen über designbezogene Modelle und Rahmenwerke.

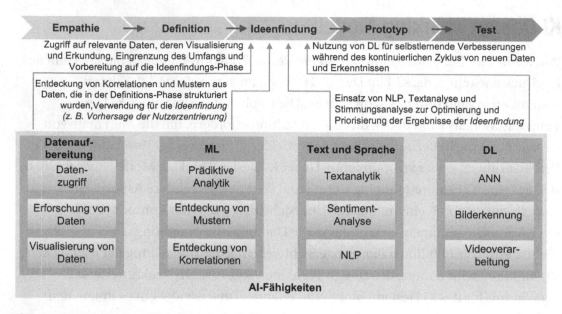

Abb. 7-5. *KI Design Thinking Modell*

Die Empathie-Phase konzentriert sich vor allem auf die umfangreichen Endnutzer-oder Kunden Touchpoint Daten. Die Sicherstellung der Nutzerzentrierung ist zweifellos das entscheidende Ziel der Empathie-Phase. Daher sind Datenexploration und -visualisierung unerlässlich, um die Relevanz von Datensätzen zu verstehen und das Datenvolumen für nachfolgende Verarbeitungsschritte zu begrenzen. Techniken der Datenwissenschaft können eingesetzt werden, um Muster in den Daten zu entdecken, Clustering durchzuführen, Prioritäten zu verstehen und Korrelationen zu erkennen, die als Input für nachfolgende Schritte dienen können.

Da ein Großteil der Daten unstrukturiert sein kann, kann auch die Textanalyse einbezogen werden.

Die Erkenntnisse aus der Empathie-Phase ermöglichen die Strukturierung der Daten im Rahmen der Definitions-Phase. Predictive Analytics kann genutzt werden, um weitere Erkenntnisse über relevante Maßnahmen und Projektionen möglicher Designpunkte zu gewinnen. Mit anderen Worten: Predictive Analytics mit ML-Modellen erhöht das Vertrauen in die erforderliche Nutzerzentrierung und ermöglicht die Priorisierung des Inputs für die Ideenfindungs-Phase.

Die Prototyp-Phase kann von der Korrelationsermittlung profitieren, um die Ergebnisse der vorangegangenen Phasen den erforderlichen Fähigkeiten des Prototyps zuzuordnen. Dies kann durch die Korrelation des aktuellen Projektumfangs mit vergleichbaren früheren Projekten verbessert werden. Sogar DL mit ANNs kann in Zukunft eine Rolle spielen, um selbstlernend eine bessere und zielgerichtetere Definition des Prototyps und des Scopings zu ermöglichen.

Die Testphase bietet zahlreiche Möglichkeiten für den Einsatz von KI: Validierung der Nutzerzentrierung durch Korrelationsalgorithmen durch Vergleich der Testergebnisse mit Daten, Metriken und Erkenntnissen, die in den Phasen *Empathie* und *Definition* gesammelt und strukturiert wurden, Reduzierung der Anzahl der Testfälle durch Clustering und Mapping auf eine erforderliche Testabdeckung, Entdeckung von Anwendungs- oder Systemnutzungsmustern von Funktionen und Merkmalen oder Parametereinstellungen und andere Maßnahmen, die ein tieferes Verständnis der Produktnutzung ermöglichen, um iterative Ideenfindungs-Phasen zu beeinflussen.

Um dieses KI Design Thinking Modell zu implementieren, müssen Sie einen schrittweisen Ansatz festlegen, der sich an Ihren jeweiligen DevOps-Reifegrad hält und den spezifischen Projektumfang und die spezifischen Ziele berücksichtigt. Die meisten Unternehmen beginnen beispielsweise mit einem KI Design Thinking Modell, indem sie sich auf die Datenaufbereitung und die ML-basierte Muster- und Korrelationserkennung konzentrieren. Andere Modellkomponenten, wie prädiktive Analysen, Text und Sprache sowie DL-Aspekte, können dann in weiteren Schritten folgen.

KI Design Thinking Mehrwert

Der Mehrwert bzw. Nutzen von Design Thinking ist in der Branche weithin anerkannt; der Mehrwert von KI Design Thinking wird jedoch lediglich theoretisch gesehen, muss aber noch in der Praxis bewiesen werden.[11] Wie wir gesehen haben, können alle fünf Phasen des Design Thinking Prozesses von verschiedenen KI-Funktionen profitieren, insbesondere von der Datenaufbereitung und den ML-Funktionen. Es lassen sich tiefere Einblicke in die Korrelation und Interdependenz der verschiedenen Prozessphasen gewinnen. Die prädiktive Analytik ermöglicht eine bessere Auswahl alternativer Designideen und auch entsprechender Testfälle.

---

[11] Weitere Informationen über den Mehrwert und die Leistungsfähigkeit von KI Design Thinking finden Sie in [13].

Zukunftsweisende Ideen, wie z. B. die Verwendung von Bilderkennung zur Analyse von Architekturübersichtsdiagrammen oder die Verwendung von DL mit ANNs zur Verbesserung von Komponenteninteraktionsdiagrammen mit selbstlernenden Mitteln, wurden bewusst nicht diskutiert.

Schlüsselaspekte von KI DevOps

In diesem Abschnitt beschreiben wir die wichtigsten Aspekte und den Mehrwert von KI DevOps. Ähnlich wie im vorangegangenen Abschnitt entwickeln wir ein einfaches KI DevOps-Modell, das die augenscheinlichsten KI-Funktionen dem DevOps-Lebenszyklus zuordnet, wie in Abb. 7-2 dargestellt. Um konsistent zu sein, nehmen wir die gleichen KI-Funktionen (Datenaufbereitung, ML, Text und Sprache sowie DL), die wir im vorherigen Abschnitt aufgeführt haben. Eine kurze Diskussion über den Mehrwert von KI DevOps schließt diesen Abschnitt ab.

KI DevOps-Modell

Wie wir bereits in diesem Kapitel dargelegt haben, gilt unser Hauptinteresse der Schnittstelle zwischen Entwicklung und Betrieb, nicht den einzelnen Bereichen selbst. Mit anderen Worten: Wir wollen detailliert aufzeigen, wie KI die Entwicklungsphasen verbessert und einen Nutzen für einige oder alle Betriebsphasen bringt und umgekehrt. Das Ziel ist, den DevOps-Lebenszyklus durch KI zu vereinfachen, zu beschleunigen und zu automatisieren. Ähnlich wie beim KI Design Thinking Modell beschränken wir uns auf eine beispielhafte Zuordnungsübung und lassen andere Aspekte eines umfassenderen Rahmens oder Modells außen vor.

Die Herangehensweise an dieses Unterfangen bedeutet für uns, die relevantesten DevOps-Überschneidungsbereiche herauszuarbeiten und die KI-Fähigkeiten aus dem vorherigen Abschnitt auf diese Bereiche abzubilden. Die folgende Liste enthält (wenn auch unvollständig) die Schnittmengenbereiche, auf die wir uns konzentrieren. Dabei lassen wir einige Zwischenstufen außer Acht:

- **Betreiben und planen**: Der Betrieb von Anwendungen, Systemen und Netzwerken ermöglicht es dem Betriebspersonal und den Benutzern, dem Planungsteam Feedback zu geben. Die zu erfassenden Daten (z. B. Konfigurations- und Parametereinstellungen, Funktionsnutzung, Betriebsmuster) können untersucht, analysiert und geclustert werden und dienen als Input für die ML-Modellierung zur Vorhersage von Verbesserungen der Benutzerwahrnehmung.

- **Überwachen und entwerfen**: Überwachung des Anwendungs- und Systemverhaltens, um priorisierte Verbesserungsbereiche zu ermitteln, die in der Entwurfsphase angegangen werden müssen. Relevante Daten, die gesammelt werden müssen, sind Protokolle (z. B. Anwendungs-, System-, Fehler- und Datenbankprotokolle), Netzwerkauslastung, Speicher- und CPU-Auslastung usw.

- **Implementieren und betreiben**: KI-Artefakte, wie z. B. ML-Modelle, können implementiert werden, um den Betrieb zu optimieren und zu vereinfachen. So können beispielsweise nicht trainierte ML-Modelle entwickelt werden, die kundenspezifische Daten (z. B. Anwendungsnutzung, Ausführung von SQL-Abfragen) für das Training verwenden, um die Ausführung von Arbeitslasten zu beschleunigen und das Anwendungs- und Systemverhalten zu optimieren.

Wie Sie aus den vorangegangenen Beispielen ersehen können, spielen die benötigten Daten und der Datenfluss eine wesentliche Rolle. Diese Daten müssen entweder vom Betrieb gesammelt (z. B. Protokoll- oder Ressourcennutzungsdaten) und von der Entwicklung analysiert und genutzt werden, oder sie müssen von der Entwicklung aufbereitet werden (z. B. nicht-trainierte ML-Modelle) und vom Betrieb genutzt und integriert werden.

Das in Abb. 7-6 dargestellte KI DevOps-Modell ist eine vereinfachte Abstraktion, die beispielhaft die Zuordnung der KI-Fähigkeiten zum Schnittpunkt von *Implementierung und Betrieb von* DevOps beschreibt. Die Kunst bei der Anwendung von KI auf DevOps (und auch von Design Thinking) besteht darin, sinnvolle und relevante Einstiegspunkte zu definieren, die den Unternehmen einen Mehrwert bieten, und dann mit der Zeit zu wachsen. So können beispielsweise DL und ANNs in einer späteren Phase implementiert werden.

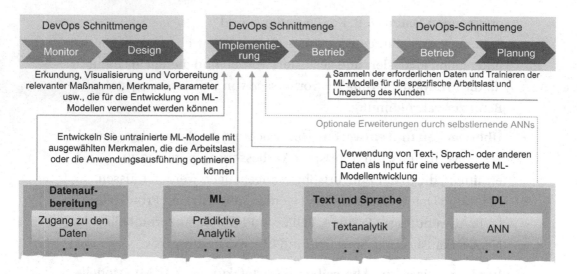

Abb. 7-6. *KI DevOps-Modell*

Die Herausforderung für die Lösungsanbieter besteht darin, die vermeintliche Komplexität von KI durch Tools, RESTful-APIs und GUIs zu verbergen, die es dem Betriebspersonal ermöglichen, KI DevOps-Erweiterungen einfach einzusetzen und zu integrieren.

KI DevOps Mehrwert

Ähnlich wie bei Design Thinking, wird auch der Wert von DevOps von vielen führenden Unternehmen durchaus erkannt. Eine breite Implementierung mit entsprechenden Tools und Prozessen, die umfassend dazu beitragen, die Kluft zwischen Anbietern und Kunden zu überbrücken, steht jedoch noch aus. KI-infundiertes DevOps ist ein aufstrebender Bereich, dessen Wert eher beobachtet und wahrgenommen wird, als dass er vollständig realisiert und erlebt wird. Das wird wahrscheinlich auch noch einige Zeit so bleiben. Wie wir bereits angedeutet haben, stellt sich KI DevOps als eine Reise mit noch zu identifizierenden relevanten Einstiegspunkten dar.

Die Beschleunigung des DevOps-Lebenszyklus, die Ermöglichung eines fruchtbareren Austauschs zwischen Entwicklungs- und Betriebsteams sowie eine höhere Genauigkeit und Schnelligkeit bei der Entscheidungsfindung sind offensichtlich der übergreifende Mehrwert von KI für DevOps (KI DevOps). Die Erkennung bekannter Problemsignaturen und Muster von Betriebsproblemen kann sogar automatische Anpassungen der Anwendungs- oder Systemumgebung auslösen, ohne dass das

Betriebspersonal oder die Endbenutzer manuell eingreifen müssen. Die Anwendung von DL mit ANNs hat das Potenzial, selbstlernende Fähigkeiten in der größeren IT-Infrastruktur zu implementieren, die sich an die jeweilige Betriebsumgebung des Unternehmens anpassen und daraus lernen können.

Ein tiefes Verständnis der Betriebsumgebungen der Kunden ist eine offensichtliche Voraussetzung für Entwicklungsorganisationen, um beispielsweise ML- oder DL-Modelle zu entwickeln, die von den Betrieben mit spezifischen Betriebsdaten der Kunden trainiert und kontinuierlich verbessert werden können.

Wichtigste Erkenntnisse

Wir schließen dieses Kapitel mit einigen wichtigen Erkenntnissen für Design Thinking und DevOps, die in Tab. 7-4 zusammengefasst sind.

Tab. 7-4. *Wichtigste Erkenntnisse*

# Wichtigste Erkenntnisse	High-Level Beschreibung
1 Design Thinking und DevOps im Einsatz	Ein solider und ausgereifter Design Thinking- und DevOps-Ansatz sollte in Ihrem Unternehmen vorhanden sein, bevor Sie KI einführen.
2 KI Design Thinking Mehrwert	Design Thinking ist ein multidisziplinärer Ansatz, bei dem es in erster Linie um die Nutzerzentrierung und die Demokratisierung der Beteiligung geht; KI wird diese Grundsätze verbessern und Design Thinking relevanter, genauer und vorhersehbarer machen.
3 KI DevOps-Mehrwert	Bei DevOps geht es um die prozessuale Verflechtung von Entwicklung und Betrieb; KI DevOps beschleunigt DevOps und erhöht die Genauigkeit und Schnelligkeit der Entscheidungsfindung.
4 Umfang von KI DevOps	KI DevOps kann als Schnittpunkt von DevOps und KI gesehen werden; es ist die Erweiterung von DevOps mit KI.
5 Anwendungsbereich von KIOps und KIDev	KIOps befasst sich mit KI-gestütztem Betrieb, ohne sich auf die Entwicklung zu konzentrieren; KIDev befasst sich mit KI-gestützter Entwicklung, ohne sich auf den Betrieb zu konzentrieren.

(Fortsetzung)

Tab. 7-4. (*Fortsetzung*)

# Wichtigste Erkenntnisse	High-Level Beschreibung
6 Ermittlung der relevanten Einstiegspunkte	KI Design Thinking und KI DevOps sind eine Reise, die sinnvolle und konsumierbare Einstiegspunkte erfordert.
7 Verfügbarkeit von Daten	KI Design Thinking und KI DevOps erfordern Datenzugriff, -austausch und -aufbereitung, um relevante Erkenntnisse zu gewinnen und beide Bereiche erheblich zu verbessern.

Literatur

1.   Meinel, C., Leifer, L. *Design Thinking Research: Looking Further: Design Thinking Beyond Solution-Fixation*. ISBN-13: 978-3319970813, Springer, 2018.

2.   Ney, S., Meinel, C. Putting Design Thinking to Work: How Large Organizations Can Embrace Messy Institutions to Tackle Wicked Problems. ISBN-13: 978-3030196080, Springer, 2019.

3.   Simon, H.A. *The Sciences of the Artificial*. ISBN-13: 978-0262691918, MIT Press, 1996.

4.   Hobcraft, P. *HYPE Innovation Blog: An Introduction to Design Thinking.* https://blog.hypeinnovation.com/an-introduction-to-design-thinking-for-innovation-managers (Zugegriffen am September 27, 2019).

5.   Kim, G., Willis, J., Debois, P., Humble, J. *The DevOPS Handbook: How to Create World-Class Agility, Reliability, and Security in Technology Organizations*. SBN-13: 978-1942788003, IT Revolution Press, 2016.

6.   Forsgren Phd, F., Humble, J., Kim, G. *Accelerate: The Science of Lean Software and Devops: Building and Scaling High Performing Technology Organizations*. ISBN-13: 978-1942788331, IT Revolution Press, 2018.

7.   Costello, K. *Gartner: The Secret to DevOps Success.* www.gartner.com/smarterwithgartner/the-secret-to-devops-success/ (Zugegriffen am September 28, 2019).

8. IBM. DevOps for accelerating the enterprise application lifecycle. `www.ibm.com/cloud/garage/architectures/devOpsArchitecture/0_1` (Zugegriffen am September 30, 2019).

9. IBM. *Why apply design thinking to artificial intelligence?* `www.ibm.com/design/thinking/page/badges/ai` (Zugegriffen am September 30, 2019).

10. IBM. *IBM Watson White Paper. Putting AI to work.* `www.ibm.com/downloads/cas/JXRGQBVL` (Zugegriffen am September 30, 2019).

11. Volk, T. EMA. *Artificial Intelligence and Machine Learning for optimized DevOps, IT Operations, and Business.* `https://bluemedora.com/wp-content/uploads/2018/10/EMA-BlueMedora-Top3-AI-2018-DecisionGuide-chapter-1.pdf` (Zugegriffen am September 30, 2019).

12. Sedig, K., Parsons, P. *Design of Visualizations for Human-Information Interaction: A Pattern-Based Framework (Synthesis Lectures on Visualization).* ISBN-13: 978-1627057479, Morgan & Claypool Publishers, 2016.

13. Schmarzo, B. *Dell Technologies. Design Thinking: Future-proof Yourself from AI.* `https://infocus.dellemc.com/william_schmarzo/design-thinking-future-proof-yourself-from-ai/` (Zugegriffen am October 4, 2019).

TEIL III

KI im Kontext

KAPITEL 8

KI und Governance

Während KI bereits in einer Vielzahl von Anwendungsfällen genutzt wird, werden wir erleben, dass sie in allen Industriezweigen und in unserer Gesellschaft noch deutlich häufiger zum Einsatz kommt. Die Ableitung prädiktiver und ML-gestützter Erkenntnisse in Geschäftsprozesse kann durch ein hohes Maß an autonomer Entscheidungsfindung gekennzeichnet sein, die von einigen Nutzern als unverständlich oder schwer fassbar empfunden werden. Da die KI-gestützte Entscheidungsfindung sinnvoll und für den Menschen nachvollziehbar sein sollte, bringt die KI eine neue Dimension von Governance-Imperativen mit sich, die Transparenz, Vertrauen und Rechenschaftspflicht unter Berücksichtigung von Erklärbarkeit, Fairness und Nachvollziehbarkeit gewährleisten sollen.

Die Governance im Zusammenhang mit KI muss über den traditionellen Rahmen der Daten- und Information-Governance hinausgehen. Ein Beispiel ist die bereits erwähnte *Fairness*, ein Aspekt der KI-Governance, der sich auf ML- und DL-Modelle als neue KI-Artefakte bezieht, die in herkömmlichen datenzentrierten Szenarien nicht existierten.

Dieses Kapitel führt in die Information-Governance ein und zeigt, wie KI-Funktionen eingebettet wurden, um die Information-Governance effizienter und genauer zu machen. In diesem Zusammenhang wenden wir KI auf Information-Governance[1] an. Die zweite und noch wichtigere Dimension ist jedoch die Frage, wie KI selbst kontrolliert werden kann, was die Frage nach entsprechender der KI-Governance aufwirft. Wir werden die technischen Aspekte erforschen und die verschiedenen Facetten der KI-Governance untersuchen, einschließlich der Frage, inwieweit die bestehende

---

[1] Wir verwenden den Begriff *Information Governance* anstatt *Data Governance*, um dem breiteren Spektrum von *Informationen* i.V. zu *Daten* Rechnung zu tragen.

Daten- und Information-Governance erweitert, gestärkt und verbessert werden muss, um den Anforderungen der KI gerecht zu werden. Wir erörtern spezifische Herausforderungen für KI-Governance, wichtige Vorschriften, die den Bedarf an KI-Governance vorantreiben, und ethische Aspekte für eine vertrauenswürdige KI-Governance.

Wir untersuchen einige der wichtigsten Aspekte und technischen Möglichkeiten der KI-Governance, wobei wir dies weder umfassend tun noch Anspruch auf Vollständigkeit erheben. Wir werden die folgenden Schlüsselaspekte der KI-Governance erläutern:

- **Regeln und Richtlinien**: Wir zeigen, welche Erweiterungen für Regeln und Richtlinien für KI-bezogene Methoden und Aktivitäten erforderlich sind.

- **Glossare**: Glossarinhalte wie Begriffe müssen erweitert und hinzugefügt werden, um alle KI-relevanten Aspekte und Definitionen abzudecken.

- **Suche und Entdeckung**: Die Entwicklung von ML-Modellen ist kostspielig. Um die Wiederverwendung zu fördern, müssen die Modelle suchbar und auffindbar sein. Das Gleiche gilt für viele andere KI-Artefakte, z. B. Jupyter Notebooks, Pipelines usw.

- **Klassifizierung**: Klassifizierung und Taxonomien müssen angepasst werden, um KI-Assets zu erfassen und einzubeziehen.

- **Provenienz und Abstammung**: Um Vertrauen in die KI zu schaffen, muss der gesamte Lebenszyklus eines Modells verstanden werden, z. B. auf welchen Daten es trainiert wurde, wer das Modell trainiert hat, die Versionsgeschichte des Modells sowie alle anderen Aspekte der KI-Artefakte. Provenienz und Abstammung sind hierbei wichtige Aspekte.

Eines der Hauptziele dieses Kapitels ist es, die spezifischen und neuartigen Herausforderungen herauszuarbeiten, die den Bedarf an KI-Governance begründen, sowie die Charakteristiken, die eine KI-Governance ausmachen.

In diesem Kapitel werden einige KI-Governance-bezogene Anbieterangebote und -prinzipien vorgestellt, z. B. der IBM Information Governance Catalog, der IBM Watson Knowledge Catalog und IBM Watson OpenScale. Einige Anwendungsbeispiele und wichtige Erkenntnisse schließen dieses Kapitel ab.

Umfang der Governance

Bevor wir uns näher mit der KI-Governance befassen, möchten wir auf den Umfang der Governance im Allgemeinen eingehen und erläutern, wie Governance mit Risiken und Compliance zusammenhängt. Dazu geben wir einen kurzen Überblick über die Governance, insbesondere im Hinblick auf Daten- und Information-Governance.

Governance – ein kurzer Rückblick

In den letzten Jahren hat sich die Governance zu einem ganzheitlicheren Ansatz entwickelt, der auch die Notwendigkeit von Risiko und Compliance berücksichtigt. Governance, Risiko und Compliance (GRC) zollt dem Management von technischen und geschäftlichen Risiken in allen Organisationen und auf Unternehmensebene sowie der Verwaltung laufender Vorschriften und der Bewältigung des sich beschleunigenden Wandels von Vorschriften und Technologien Tribut, d. h. der angemessenen Reaktion auf die zunehmende Zahl neuer allgemeiner und branchenspezifischer Vorschriften und deren zügige Berücksichtigung.

Wenn wir in diesem Kapitel von *Governance* sprechen, beziehen wir uns eigentlich auf den breiteren GRC-Bereich.

Abb. 8-1 zeigt eine Darstellung dieser drei Begriffe.[2]

Governance	Risikomanagement	Einhaltung der Vorschriften
Prozesse, Methoden, Verhaltensrichtlinien und Aufteilung der Verantwortlichkeiten zur Kontrolle der organisatorischen Abläufe	Identifizierung, Bewertung und Abschwächung von Ereignissen und Bedrohungen, die durch Unsicherheit und unvorhersehbare Umstände verursacht werden	Die Notwendigkeit der Einhaltung von Richtlinien und Vorschriften, Regeln und Gesetzen, die von Regulierungsbehörden erlassen werden

Abb. 8-1. *Governance, Risiko und Compliance (GRC)*

---

[2] Siehe [1] für weitere Informationen über GRC.

Im Folgenden finden Sie eine allgemeine Beschreibung dieser Begriffe:

- **Governance**: Der Begriff Governance[3] wird in der Regel mit dem Begriff Corporate Governance in Verbindung gebracht und ist sogar auf diesen beschränkt. Hierbei geht es um die Prozesse, Methoden, Verhaltensrichtlinien und die Aufteilung von Rechten und Verantwortlichkeiten zur Kontrolle der Unternehmensabläufe in allen Organisationen. In ihrer langen Geschichte hat sich die Corporate Governance erheblich weiterentwickelt und umfasst beispielsweise auch die Daten- und Information-Governance. Der rasante technologische Fortschritt und seine Auswirkungen auf die Gesellschaft stellen die Corporate Governance vor neue Herausforderungen. Insbesondere faszinierende Anwendungsszenarien, die durch KI ermöglicht werden und sich durch autonome Entscheidungsfindung auszeichnen oder von Datenwissenschaftlern angetrieben und geleitet werden, wie z. B. selbstfahrende Fahrzeuge, kognitive Verarbeitung mit Sprach- und Gesichtserkennung, Bilderkennung, die für klinische Beurteilungen oder Diagnosen eingesetzt wird usw., stellen die Governance erneut vor neue Herausforderungen, um ethische und rechtliche Aspekte sowie die Gesellschaft als Ganzes zu berücksichtigen. Wir werden dies im Abschnitt „*Governance im Kontext der KI*" näher erläutern.

- **Risikomanagement**: Es gibt viele verschiedene Kategorien von Ereignissen, die mit Risiken verbunden sind, z. B. die Ungewissheit, ob geplante Ereignisse aufgrund interner oder externer Faktoren die gewünschten Ergebnisse erzielen, oder die Ungewissheit auf den Finanzmärkten, oder Cyberrisiken, Projektrisiken, ungeplante IT-Ausfälle und Betriebsrisiken und sogar Naturkatastrophen, um nur einige zu nennen. Risikomanagement ist die Identifizierung, Bewertung und Abschwächung solcher Ereignisse und Bedrohungen, die durch Unsicherheit und unvorhersehbare Umstände verursacht werden.

---

[3] Governance kann für verschiedene Menschen unterschiedliche Bedeutungen haben; für den Umfang dieses Buches beschränken wir uns jedoch auf den Unternehmensaspekt.

Obwohl KI und ML mit ihren prädiktiven Analysen und kognitiven Fähigkeiten bedeutende Fortschritte in allen Lebensbereichen ermöglichen werden, können sie neue Risiken und Bedenken hervorrufen, die mit falschen oder voreingenommenen Entscheidungen, Sicherheits- und Cyberrisiken und sogar unvorhersehbaren negativen Ergebnissen zusammenhängen. Andererseits kann die Anwendung von KI und ML auch die Genauigkeit der Risikoerkennung, des Risikoverständnisses und der Risikominderung beschleunigen und erhöhen.

- **Einhaltung der Vorschriften**: Die Einhaltung von Vorschriften bezieht sich auf die Notwendigkeit, Richtlinien, Regeln und sogar Gesetze einzuhalten, die von Aufsichtsbehörden oder der Regierung erlassen wurden. Sie erfordert die Einführung von Methoden und Prozessen, um betriebliche Transparenz, den Schutz kritischer Daten (z. B. personenbezogener Gesundheitsdaten) und die Einhaltung häufig branchenspezifischer Geschäftsstandards zu erreichen. Einige Beispiele sind die EU-Datenschutz-Grundverordnung (EU-DSGVO),[4] die den Eigentümern personenbezogener Daten mehr Kontrolle und ein Ausstiegsrecht einräumt, der Health Insurance Portability and Accountability Act von 1996 (HIPAA),[5] der den Informationsfluss im Gesundheitswesen modernisieren und wichtige Patientendaten schützen soll, oder der Sarbanes-Oxley Act (SOX),[6] der die Öffentlichkeit vor betrügerischen oder fehlerhaften Praktiken von Unternehmen und anderen Geschäftseinheiten schützen soll.

GRC unterstützt eine ganzheitliche, integrierte und unternehmensweite Sicht auf alle relevanten Aspekte, wie z. B. Prozesse, Methoden, strategische Unternehmens- und Organisationsziele, relevante Technologien sowie Rollen und Verantwortlichkeiten der wichtigsten Stakeholder von außerhalb und innerhalb der Organisation.

---

[4] Siehe [2] für weitere Informationen über die EU-Datenschutz-Grundverordnung (EU-DSGVO).

[5] Siehe [3] für weitere Informationen zum Health Insurance Portability and Accountability Act (HIPAA).

[6] Siehe [4] für weitere Informationen über Sarbanes-Oxley Act (SOX).

Daten- und Informationsmanagement

Information-Governance[7] war in den Anfängen ein mühsames Thema für Datenexperten, die Geschäfts- und IT-Führungskräfte davon überzeugen mussten, warum dies ein wichtiger Aspekt für ein Unternehmen ist und sich eine Investition entsprechend lohnt. Glücklicherweise ist dieses Problem für Datenexperten in vielen Ländern im Jahr 2020 weitgehend verschwunden. Heute gibt es in der Regel drei Hauptgründe für Information-Governance: Prozesseffizienz, Einhaltung von Vorschriften und Verbesserung der Kundenerfahrung. Durch die Festlegung von Standards für die Datenverwaltung werden Geschäfts- und IT-Prozesse gestrafft und Kosten gesenkt. Eine nicht enden wollende Flut von Vorschriften auf der ganzen Welt zwingt Unternehmen dazu, ihre Informationsbestände in Übereinstimmung mit diesen Vorschriften zu verwalten, was eine weitere Motivation für Information-Governance ist. Beispiele[8] für Vorschriften sind:

- EU-Datenschutz-Grundverordnung (EU-DSGVO) in Europa

- California Consumer Privacy Act (CCPA) in den USA

- Protection of Personal Information Act (POPI Act) in Südafrika

- Basel Committee on Banking Supervision Standard 239 (BCBS 239)

- Solvabilität II im Versicherungswesen

- MiFID II auf den Finanzmärkten

- Health Insurance Portability and Accountability Act (HIPAA) in den USA

Branchenführende Unternehmen setzen Information-Governance häufig ein, um Verbesserungen im Datenmanagement voranzutreiben und so das Kundenerlebnis zu verbessern. Information-Governance ist eine Schlüsselkomponente von GRC, um sicherzustellen, dass relevante Daten, die im GRC- und Unternehmenskontext verwendet werden sollen, die erforderlichen Datenqualitäts-Servicelevels einhalten und vertrauenswürdig, vollständig und konsistent sind.

---

[7] Siehe [5] für weitere Informationen über Information Governance.

[8] Einzelheiten zu diesen Vorschriften finden Sie in den folgenden Verweisen: [2], [7], [8], [9], [10] und [11].

Wir stellen nur einige Schlüsselkonzepte der Information-Governance vor, um die Grundlage für unsere Diskussion zu schaffen.[9] Ein Information-Governance-Programm setzt sich aus drei Komponenten zusammen: Menschen (und ihre Organisation), Prozesse und Technologie. Abb. 8-2 zeigt einen konzeptionellen Information-Governance Überblick. Es gibt verschiedene Definitionen von Information-Governance[10] sowie die darin enthaltenen Disziplinen und Fähigkeiten, die im Rahmen dieser Einführung nicht verglichen und analysiert werden können. Abb. 8-2 zeigt aus unserer Sicht die wesentlichen Komponenten. Beginnen wir an der Spitze mit den Geschäftsergebnissen der Information-Governance.

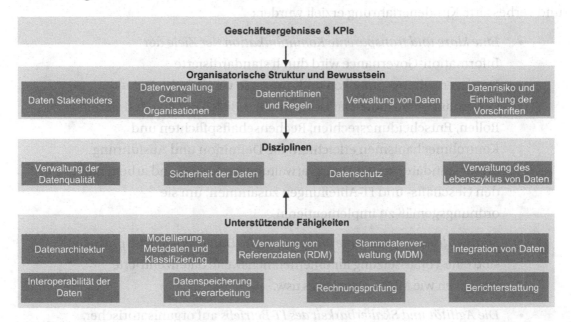

Abb. 8-2. *Überblick über Information-Governance*

---

[9] Siehe [11, 17] zum Thema Information Governance.

[10] *DAMA International* ist eine gemeinnützige, herstellerunabhängige globale Vereinigung von Fachleuten aus Technik und Wirtschaft, die sich der Förderung der Konzepte und Praktiken des Informations- und Datenmanagements verschrieben hat. Das *Data Governance Institute* ist ebenfalls ein herstellerneutrales Institut, das sich jedoch ausschließlich auf das Thema Data Governance konzentriert. Beide haben Definitionen von Data Governance, die jedoch nicht identisch sind. Weitere Informationen finden Sie auf den Websites der beiden Institute unter [18] und [19].

Um ein Information-Governance-Programm erfolgreich durchzuführen, muss es mit klar definierten KPIs eingerichtet werden, die die Geschäftsziele und einen Kontrollmechanismus zur Messung des Vorankommens in Richtung dieser Ziele beschreiben. Jeder KPI braucht auch einen oder mehrere verantwortliche Personen. Die Festlegung von Zielen und die Messung des Fortschritts auf dem Weg zu diesen Zielen erfordern gut definierte Prozesse. Die Effizienz wird gesteigert, wenn diese Prozesse durch den Einsatz von Technologie so weit wie möglich automatisiert werden. Im Folgenden finden Sie einige Beispiele für vorteilhafte Geschäftsergebnisse, die durch Information-Governance in den Bereichen Prozesseffizienz, Einhaltung von Vorschriften und verbesserte Kundenerfahrung erzielt wurden:

- *Eine klare und transparente Kommunikation der Ziele* der Information-Governance wird durch standardisierte Datenverwaltungspraktiken und -prozesse vereinfacht. Data-Governance-Räte oder Data-Governance-Büros mit klar definierten Rollen, Entscheidungsrechten, Rechenschaftspflichten und Kontrollmechanismen erleichtern die Definition und Ausführung dieser standardisierten Datenverwaltungspraktiken und arbeiten mit den Geschäfts- und IT-Abteilungen zusammen, um sie ordnungsgemäß zu implementieren.

- *Standardisierte, konsistente und einheitliche Datenverwaltungspraktiken* sind eine Voraussetzung für unternehmensweite datenzentrierte Initiativen wie MDM, Data Lakes usw.

- *Die Agilität und Skalierbarkeit des IT-Betriebs* auf organisatorischer, geschäftlicher und technischer Ebene wird durch klare Regeln für die Definition, Änderung und Implementierung von Prozessen, die Daten betreffen, erheblich gesteigert. Der Aspekt der Skalierbarkeit der Datenverwaltung wird zunehmend wichtiger, da auch die Datenvolumen mit höherer Geschwindigkeit wachsen.

- *Ein geregelter Ansatz für die Datenverwaltung* ermöglicht die Wiederverwendung von Datenprozessen und Informationsbeständen, wodurch Doppelarbeit und Redundanz vermieden werden. Da das Information-Governance-Programm innerhalb der Unternehmen im Laufe der Zeit reift, werden immer mehr redundante Datensilos und inkonsistente Datenprozesse zwecks Konsolidierung identifiziert, wodurch die IT-Kosten und das Betriebsrisiko (weniger zu sichernde Systeme) verringert wird.

- *Entscheidungsträger in Unternehmen profitieren von Daten,* denen sie mit der entsprechenden zertifizierten Datenqualität und transparenten Datenherkunft vertrauen können. Die Entscheidungsträger können außerdem jederzeit die gesamte Dokumentation der Datenprozesse rund um die von ihnen genutzten Informationen einsehen und erhalten so volle Transparenz über jeden Aspekt der von ihnen genutzten Daten.

- *Effektive Information-Governance-Programme legen Datenschutzrichtlinien fest und standardisieren Tools* zur Identifizierung von Informationsbeständen, die für datenschutzrelevante Vorschriften entscheidend sind. Darüber hinaus werden konsistente Prozesse und Tools implementiert, um die Anforderungen von Datenschutzvorschriften wie der EU-DSGVO in Bezug auf das Einwilligungsmanagement und die Zugriffsrechte der Betroffenen (z. B. das Recht auf Überprüfung, das Recht auf Löschung usw.) zu erfüllen. Eine solche Standardisierung durch Information-Governance senkt die IT-Kosten für die Einhaltung der Vorschriften und mindert die finanziellen Risiken in Form von Bußgeldern bei Nichteinhaltung der Vorschriften.

- *Viele Vorschriften wie die EU-DSGVO verlangen, dass bestimmte Datenbestände* wie personenbezogene Daten mit geeigneten Sicherheitskontrollen *verwaltet werden.* Gemeinsame Standards für die Sicherheit von gespeicherten oder in der Übertragung befindliche Daten sowie für Zugangskontrollen vereinfachen die Umsetzung solcher erforderlichen Kontrollen und senken die Kosten.

- *Bestimmte Vorschriften und Gesetze geben auch Aufbewahrungsfristen für Daten vor,* die sich auf die Verwaltung des Datenlebenszyklus auswirken. Die Festlegung von Standards durch Information-Governance ist aus mehreren Gründen von Vorteil. Erstens wird

189

dadurch sichergestellt, dass Daten nicht gelöscht werden, bevor dies aus rechtlicher Sicht zulässig ist, wodurch das Risiko der Nichteinhaltung von Vorschriften verringert wird. Zweitens gibt es durch die Festlegung von Verfahren zur einmaligen Löschung von Daten keine geschäftlichen oder gesetzlichen Aufbewahrungsanforderungen mehr, was die Speicherkosten senkt und auch das Risiko mindert.

- *Es ist einfacher, einen Kunden zu halten*, als einen neuen Kunden zu gewinnen oder einen verlorenen Kunden zurückzugewinnen. Ein weiterer und noch entscheidenderer Vorteil besteht darin, dass integrierte anstatt doppelte Kundendatensätze verhindern, dass Kunden verärgert werden, indem ihnen beispielsweise Marketingmaterial mehrfach zugesandt wird. Information-Governance-Programme werden von Unternehmen bereits eingesetzt, um Datenpraktiken in Geschäftsprozessen, bei denen der Kunde mit dem Unternehmen interagiert, zu analysieren und zu verbessern. Wenn beispielsweise doppelte Kundendatensätze in mehreren Systemen dazu führen, dass ein und derselbe Kunde dasselbe Marketingmaterial mehrfach erhält, könnte dieser Kunde verärgert sein und künftig ein anderes Geschäft aufsuchen.

Da jedes Unternehmen einen ganz spezifischen Umfang von Information-Governance implementiert, der zu seinem Unternehmen passt, sind selbstverständlich weitere geschäftliche Vorteile und Ergebnisse möglich.

Die Umsetzung eines Information-Governance-Programms erfordert eine Organisationsstruktur und Mitarbeiter, die eine positive Einstellung zum Information-Governance-Programm haben und dieses kontinuierlich vorantreiben. Aus organisatorischer Sicht wurden verschiedene Begriffe verwendet, um die Information-Governance Organisationsstruktur zu beschreiben, wie z. B. Information-Governance-Council, Information-Governance-Office, Chief Information Office und andere. Unserer Erfahrung nach ist die Bezeichnung weniger wichtig als die Tatsache, dass es Organisationseinheiten gibt, die für die Umsetzung der Information-Governance im gesamten Unternehmen verantwortlich sind. In diesem Kapitel verwenden wir den Begriff Information-Governance-Office. Typische Rollen innerhalb des Information-Governance-Office oder als wichtige Stakeholder, die für das Information-Governance-Office relevant sind, sind die folgenden (diese Liste erhebt keinen Anspruch auf Vollständigkeit):

- **Daten-Stakeholder**: Eine Führungskraft, die für einen Geschäftsprozess verantwortlich ist, der zu verwaltende Dateneinheiten enthält. Beispiele sind Führungskräfte von Abteilungen wie Vertrieb, Marketing, Lieferanten, Personalwesen usw., da sich viele ihrer Geschäftsprozesse auf regulierte Daten wie personenbezogene Daten beziehen.

- **Chief Information Officer (CIO)**: Bei einem Chief Information Officer handelt es sich in der Regel um eine Führungskraft mit einem ausgeprägten geschäftlichen Hintergrund. Ein CIO ist für die Festlegung von Daten- und Informationsstrategien zur Unterstützung und Verbesserung wichtiger Geschäftsinitiativen verantwortlich. Dazu gehören in der Regel Strategien für die Datenarchitektur, die Einführung von KI und die Information-Governance im gesamten Unternehmen.

- **Datenschutzbeauftragter (DSB)**: Dies ist eine Funktion, die Unternehmen gemäß Artikel 37 der EU-DSGVO haben müssen, wenn das Unternehmen Daten von EU-Bürgern verarbeitet und bestimmte kritische Kriterien erfüllt sind. Ein Datenschutzbeauftragter hat eine leitende Funktion im Bereich der Sicherheit und beaufsichtigt die Umsetzung der erforderlichen Datenschutzmaßnahmen für Daten, die den Anforderungen der EU-DSGVO entsprechen. Er dient als Ansprechpartner des Unternehmens für die EU-DSGVO Aufsichtsbehörden. Artikel 39 der EU-DSGVO umreißt die Aufgaben des DSB, zu denen die Schulung und Ausbildung der Mitarbeiter im Hinblick auf die Einhaltung der EU-DSGVO, die Durchführung von Audits zur Sicherstellung der Einhaltung der Vorschriften und die Führung vollständiger Aufzeichnungen über alle Datenverarbeitungsaktivitäten einschließlich des Zwecks dieser Verarbeitungstätigkeiten gehören.

- **Chief Information Security Officer (CISO)**: Der CISO muss die Kluft zwischen Disziplinen wie IT-Sicherheit und den Anforderungen des Unternehmens überbrücken. Mit einem sehr guten Verständnis der Geschäftsziele muss ein CISO eine Strategie für die Informationssicherheit definieren, um ein angemessenes

191

Niveau der Datensicherheit zu erreichen, ohne die Agilität moderner Geschäftsprozesse einzuschränken. Zu den Schlüsselbereichen gehören das Management von Cyber-Risiken und -Spionage, der Sicherheitsbetrieb, der Schutz vor Datenverlusten und Betrug, das Identitäts- und Zugriffsmanagement sowie Audit-Prozesse für die gesamte IT-Sicherheit mit Rechenschaftspflicht gegenüber dem Vorstand.

- **Chief Compliance Officer (CCO)**: Der CCO hat dafür zu sorgen, dass das Unternehmen seine Geschäfte in voller Übereinstimmung mit allen nationalen und internationalen Gesetzen, Vorschriften, Berufsstandards, anerkannten Geschäftspraktiken und internen Standards abwickelt.

- **Datenadministrator**: Ein Datenadministrator (oder ein Team von Datenadministratoren) ist für eine oder mehrere Datendomänen verantwortlich (z. B. Mitarbeiterdaten, Kundendaten usw.). Der Datenadministrator stellt sicher, dass alle Attribute der Datendomäne genau definiert und mit Geschäftsbegriffen beschrieben sind, um die semantische Bedeutung prägnant zu erfassen. Der Datenadministrator kuratiert Metadaten, Richtlinien und Regeln rund um die Datendomäne und verwaltet die tägliche Lösung von Datenqualitätsproblemen in der eigenen Datendomäne.

- **Unternehmensinformationsarchitekt/Informationsarchitekt**: Die Unternehmensinformationsarchitektur[11] ist eine Disziplin innerhalb der Unternehmensarchitektur.[12] Der Unternehmensinformationsarchitekt oder Informationsarchitekt ist für die Definition der Informationsarchitektur zur Unterstützung der Geschäftsarchitektur verantwortlich. Die Informationsarchitektur umfasst alle Architekturaspekte von Metadatenmanagement, Referenzdatenmanagement, MDM, transaktionaler Datenverarbeitung und natürlich die End-to-End-Überlegungen für alle Analysesysteme.

---

[11] Siehe [20, 22] zu Unternehmensarchitektur und Unternehmensinformationsarchitektur.

[12] Kap. 4, *„KI-Informationsarchitektur"* beschreibt, wie die Informationsarchitektur für KI erweitert wurde und sich in den Bereich der Unternehmensarchitektur einfügt.

Einige der Rollen werden immer Teil des Information-Governance-Offices sein, wie z. B. die Datenadministratoren, oder häufig Teil davon, wie z. B. der DSB, während andere Rollen wichtige Anforderungen an das Information-Governance-Office stellen. Ein Beispiel ist die Rolle des CISO im Bereich des Datenschutzes.

Wie Sie sicherlich bemerkt haben, ist Information-Governance ein breit gefächertes Thema, welches durch das Information-Governance-Office während der Umsetzung von Information-Governance in die folgenden vier Kerndisziplinen unterteilt werden kann:

- **Datenqualitätsmanagement**: Das Datenqualitätsmanagement ist die Gesamtheit der Prozesse und Werkzeuge, die zur Verwaltung der Datenqualität im Kontext eines bestimmten Geschäftsszenarios eingesetzt werden. Sie kann in vielen verschiedenen Dimensionen gemessen werden, wie z. B. Vollständigkeit, Format- und Domänenkonformität, Standardisierung, Überprüfung anhand vertrauenswürdiger Quellen (z. B. Überprüfung von Postadressen) und anderen. Datenqualitätsrichtlinien formulieren die Geschäftsanforderungen, und Datenqualitätsregeln definieren die technischen Spezifikationen, die den Datenqualitätsrichtlinien entsprechen. Tools zur Erstellung von Datenqualitätsprofilen und zur Überwachung der Datenqualität werden verwendet, um zu beurteilen, ob die Datenbestände mit den Datenqualitätsrichtlinien übereinstimmen. Wenn Ausnahmen von der Datenqualität festgestellt werden sollten, werden entsprechende Aufgaben für die Datenadministratoren erstellt. Mit modernen Information-Governance Tools werden konsistente und wiederholbare Prozesse zur Behebung von Datenqualitätsproblemen von den Datenadministratoren ausgeführt.

- **Datensicherheit**: Die Datensicherheit[13] befasst sich mit allen Aspekten des Schutzes von Daten vor unberechtigtem Zugriff zum Beispiel durch externe oder interne Hackerangriffe. Die Datensicherheit umfasst Themen wie Authentifizierungsstandards und Single Sign-On (SSO), Verschlüsselung von Daten im Ruhezustand und in Bewegung, Datenmaskierungsstandards für sensible Daten zu Entwicklungs- und

---

[13] Siehe [23, 25] für die ISO-Normen 27000, 27001 und 27002 für die Datensicherheit. Anbieter von Cloud-Diensten werden oft gefragt, ob ihre Cloud-Dienste mit diesen Normen übereinstimmen.

Testzwecken, Prozesse und Tools für eine sichere Datenlöschung, sichere Engineering-Standards für alle in der IT verwendeten Anwendungen und den Einsatz von Überwachungstools, die alle Systemzugriffe und Datenänderungen aufzeichnen.

- **Datenschutz**: Der Datenschutz betrifft das Recht des Einzelnen, dass personenbezogene Daten ordnungsgemäß gehandhabt und gespeichert werden, d. h. dass personenbezogene Daten strikt im Rahmen des Geschäftsprozesses, für den sie erhoben wurden, verwendet und angemessen geschützt werden. Die EU-DSGVO Verordnung und andere Datenschutzvorschriften schreiben vor, dass der Einzelne seine Zustimmung für eine zusätzliche und genau definierte Verwendung geben muss, was die Notwendigkeit von Zustimmungsmanagement-Funktionen nach sich zieht. Solche Datenschutzvorschriften räumen den Betroffenen auch Rechte auf Zugang zu den Daten ein, wie das Recht auf Überprüfung oder das Recht auf Löschung der Daten. Datensicherheit und Datenschutz sind nicht dasselbe: Um bestimmte Aspekte des Datenschutzes zu behandeln, benötigen Sie Datensicherheit, wodurch zum Beispiel personenbezogene Informationen durch Verschlüsselung geschützt werden können. Sie können jedoch Datensicherheit implementieren, ohne über Datenschutzfunktionen wie die Verwaltung von Einwilligungen zu verfügen.

- **Verwaltung des Lebenszyklus von Daten**: Das Management über den gesamten Datenlebenszyklus betrachtet den Lebenszyklus von Daten von der Erstellung bis zur endgültigen Löschung. Bestimmte Datenbestände müssen von einem Unternehmen für eine bestimmte Anzahl von Jahren aufbewahrt werden, wie es die Aufbewahrungsvorschriften vorschreiben. Auch das Gegenteil ist der Fall: Daten müssen gelöscht werden, sobald die Geschäftsbeziehung beendet ist. Da die Datenmengen immer schneller wachsen, ist die Möglichkeit zur Löschung von nicht mehr benötigten Daten eine wichtige Voraussetzung für die Kontrolle der Speicherkosten. Alle Daten, die länger als nötig aufbewahrt werden, stellen auch eine Gefahr dar, da Angreifer sie kompromittieren können. Daher werden im Rahmen von Information-Governance-Programmen geeignete

Aufbewahrungsrichtlinien für Daten definiert und Prozesse implementiert, um die Datenbestände in Übereinstimmung mit diesen Aufbewahrungsrichtlinien zu verwalten. Ein weiterer Aspekt des Lebenszyklusmanagements von Daten ist die Häufigkeit des Datenzugriffs. Eine schnelle Speicherung ist im Vergleich zu einer langsameren, aber billigeren Speicherung wesentlich teurer. Wenn die Daten älter werden, wird in der Regel weniger häufig auf sie zugegriffen. Es können Richtlinien festgelegt werden, wann Daten von schnelleren auf langsamere Speichersysteme verlagert werden können (und sollten), um die Speicherkosten zu optimieren. Dies ist eine gängige Technik zur Kontrolle der Speicherkosten in Data Warehouses, bei der SQL-Abfragen über mehrere Systeme mit unterschiedlichen Speichergeschwindigkeiten laufen.

Zur Unterstützung dieser vier Hauptdisziplinen gibt es eine Reihe von Grundeigenschaften, wie Sie in Abb. 8-2 gesehen haben. Diese Eigenschaften bzw. Fähigkeiten werden in der Regel durch spezialisierte Technologien unterstützt, die optimierte Funktionen für den jeweiligen Bereich bieten. Wir geben eine kurze Zusammenfassung der einzelnen Eigenschaften:

- **Datenarchitektur**: Der Unternehmensinformationsarchitekt oder Informationsarchitekt in Ihrem Unternehmen (oder bei entsprechender Größe des Unternehmens ein Team von Architekten) definiert die Informationsarchitektur zur Unterstützung der Geschäftsarchitektur. Die Informationsarchitektur ist kein einheitliches System, da Ihr Unternehmen unterschiedliche Anforderungen an transaktionale und analytische Systeme hat. Die Informationsarchitektur zielt darauf ab, skalierbare und kosteneffiziente Systeme bereitzustellen und dabei Datenredundanz so weit wie möglich zu vermeiden. Eine gut definierte Informationsarchitektur antizipiert Änderungen, die durch zukünftige Geschäftsanforderungen erforderlich werden, und ermöglicht bei Bedarf schnelle Änderungen. Die Tools[14] von Software AG, LeanIX und Sparx Systems oder Open-Source wie ArchiMate helfen bei der Modelllierung der relevanten Architekturartefakte.

---

[14] Siehe [26, 29] für mehr Details zu diesen Tools.

- **Modellierung, Metadaten,**[15] **und Klassifizierung**:
  Datenmodellierungstools werden verwendet, um die
  Metadatenstruktur logischer und physischer Datenmodelle zu
  modellieren, die die Struktur von Dateneinheiten sowie die
  Beziehungen zwischen ihnen beschreiben, die für die
  Geschäftstätigkeit eines Unternehmens erforderlich sind. Logische
  und physische Datenmodelle sind nur zwei Beispiele für technische
  Metadaten; andere technische Metadatenartefakte werden
  verwendet, um die Struktur von Geschäftsberichten,
  Datentransformationsaufträgen usw. zu beschreiben. Metadaten-
  Verwaltungstools, heute besser bekannt als Information-Governance
  Kataloge, werden nicht nur für die Verwaltung technischer Metadaten
  verwendet, sondern auch für die Verwaltung geschäftlicher
  Metadaten, wie z. B. Geschäftsbegriffe, eine breite Palette von
  Richtlinien, wie z. B. Datenqualitäts- und Datenschutzrichtlinien,
  Aufbewahrungs- oder Datenzugriffsrichtlinien und Datenregeln.
  Ontologien werden verwendet, um Taxonomien für Geschäftsbegriffe
  und Datenklassen bereitzustellen, die die semantische Bedeutung
  von Attributen in logischen Datenmodellen definieren. Semantische
  Klassifizierungsalgorithmen, die bei der Entdeckung neuer
  Datenquellen angewandt werden, ordnen die Attribute der
  automatisch entdeckten Quelldatenattribute den vorhandenen
  Datenklassen und Geschäftsbegriffen zu. Eine andere Art von
  Metadaten sind operative Metadaten, die es in vielen verschiedenen
  Varianten gibt, z. B. operative Statistiken, wenn
  Datenqualitätsberichte ausgeführt wurden, oder Tags und
  Benutzerkommentare, die mit Informationsbeständen im Katalog
  verbunden sind und angeben, ob ein bestimmter
  Informationsbestand für eine bestimmte Aufgabe nützlich war. Ein
  weiterer wichtiger Satz von Funktionen für einen Information-
  Governance Katalog ist die Business-Lineage- und Data-Lineage-
  Funktionalität, um die Herkunft und die Beziehungen von Daten zu
  verstehen.

---

[15] Siehe [30] und [31] für weitere Details zur Verwaltung von geschäftlichen Metadaten.

- **Referenzdaten-Management (RDM)**:[16] Diese Funktion dient der Verwaltung von Referenzdaten in Unternehmen. Beispiele für Referenzdaten sind Listen von Krankheitscodes im Gesundheitswesen, eine Liste von Ländercodes oder eine Liste verschiedener zulässiger Kontotypen. Inkonsistente Referenzdaten stellen ein schwerwiegendes Problem für die Datenqualität dar. So wird es beispielsweise sehr schwierig sein, in einem Unternehmens-DWH die Einnahmen nach Ländern korrekt auszuweisen, wenn die Transaktionen für verschiedene Transaktionssysteme, die das DWH speisen, unterschiedliche Ländercodes verwenden.[17] Die konsistente Verwaltung von Referenzdaten ist der Grund, warum Unternehmen damit begonnen haben, spezielle RDM-Lösungen zu implementieren. In den letzten Jahren zeichnet sich ein Trend ab, dass RDM-Funktionen in die Information-Governance Kataloge[18] integriert werden.

- **MDM**: Diese Funktion bietet effiziente Stammdatenmanagement-Funktionen, die wir später in diesem Kapitel und in Kap. 9, *„KI und Stammdatenmanagement"*, behandeln werden.

- **Datenintegration**: Es gibt verschiedene Techniken für die Datenintegration: Extract-Transform-Load (ETL), Datenreplikation, Datenvirtualisierung, Daten-Streaming und Echtzeit-APIs. ETL ist im Grunde eine Stapelverarbeitung großer Datenmengen und wird häufig für das anfängliche Laden von der Quelle in ein neues System oder für Stapelzuführungen in ein DWH oder Data Lakes verwendet. Als Teil des Stapelverarbeitungskomplexes werden häufig Datenbereinigungs- und Datentransformationsroutinen angewendet. Bei der Datenreplikation werden Datenänderungen nahezu in Echtzeit von einem System auf ein oder mehrere andere Systeme übertragen. Zu den Anwendungsfällen gehören die Einspeisung von Daten in Analysesysteme, die mehr Echtzeitdaten erfordern, oder die

---

[16] Siehe [32, 34] für Details zum Referenzdatenmanagement.

[17] Siehe [35] zu Referenzdatenmanagement für Big Data- und BI-Lösungen.

[18] Die Information Governance Kataloglösung von Collibra und der Watson Knowledge Catalog von IBM sind Beispiele für diesen Trend. Mehr dazu finden Sie hier [36] und [37].

Synchronisierung eines Standby-Systems zur Wiederherstellung mit dem Primärsystem. Die Datenvirtualisierung (früher als Datenföderation bezeichnet) verbirgt im Grunde die Komplexität mehrerer Datenquellen mit möglicherweise sogar unterschiedlichen SQL-Dialekten[19] vor den Anwendungsentwicklern. Bei der Datenvirtualisierung erscheinen dem Anwendungsentwickler mehrere Quellen als eine einzige Quelle, so dass er sich auf die Anwendungsfunktion konzentrieren kann, während die Datenvirtualisierungsschicht die Ausführung der SQL-Abfrage unter dem Deckmantel mehrerer Quellen übernimmt. Einer der Vorteile der Datenvirtualisierung gegenüber ETL und Datenreplikation besteht darin, dass keine Kopie der Daten erstellt wird, was Speicherkosten spart. Datenstreaming ist eine Datenbewegung in Echtzeit, möglicherweise mit integrierten Analysen, die besonders in Internet of Things (IoT) Szenarien effektiv ist, wo sehr große Datenmengen in Echtzeit erzeugt werden. Mit Hilfe des Datenstroms kann in Echtzeit analysiert werden, ob wertvolle und geschäftsrelevante Datenelemente im Datenstrom existieren, die gespeichert oder weiterverarbeitet werden sollten, während zahlreiche andere Datenelemente sofort verworfen (und nicht einmal auf die Festplatte geschrieben) werden. Echtzeit-APIs bieten einen transaktionalen, skalierbaren und hochleistungsfähigen Datenzugriff, der häufig von Engagementsystem-Anwendungen wie mobilen oder Online-Kanälen benötigt wird. Die Datenintegrationsfunktionen sollten alle Metadaten, die die Datenstrukturen beschreiben, und ggf. alle Transformationen in der Information-Governance Kataloginfrastruktur offenlegen, um eine vollständige Datenabfolge zu ermöglichen.

- **Dateninteroperabilität:** Dateninteroperabilität[20] wird zunehmend wichtiger, da immer mehr Unternehmen die vorteilhaften Auswirkungen von Wertschöpfungsökosystemen erkennen, in denen

---

[19] Datenbankanbieter wie Microsoft, Oracle, SAP oder IBM haben alle einige anbieterspezifische Nuancen bei ihrer SQL-Implementierung.

[20] Siehe [38] für das Data Interoperability Standards Consortium.

Unternehmen miteinander zusammenarbeiten, um ihren Kunden durch Partnerschaften innovative Lösungen zu bieten. Ein weiterer Grund ist die Einführung von Hybrid Cloud Strategien, bei denen ein Teil der IT-Funktionen im Rechenzentrum des Unternehmens liegt und ein anderer Teil von einem oder mehreren öffentlichen Cloud-Anbietern genutzt wird. Beide Trends rücken die Herausforderungen der Dateninteroperabilität, die bisher nur zwischen den Systemen im Rechenzentrum des Unternehmens bestanden, noch stärker in den Mittelpunkt des Interesses. Angesichts dieser erhöhten Aufmerksamkeit legen Unternehmen im Rahmen ihrer Information-Governance Programme Standards für die Dateninteroperabilität fest. Diese Standards lösen Verträge zwischen Systemen aus, die Daten erstellen und austauschen, so dass die semantische Bedeutung und der Umfang der ausgetauschten Daten genau definiert sind.

- **Datenspeicherung und -betrieb**: Der Speicherpreis pro GB sinkt stetig, und mit dem in öffentlichen Clouds verfügbaren Cloud-Objektspeicher gibt es für Unternehmen die berechtigte Hoffnung einer mehr oder weniger unbegrenzten Speicherkapazität. Obwohl die Datenspeicherung kein nennenswertes Problem mehr darstellen sollte, werden die Preissenkungen bei der Speicherung durch die explosionsartige Zunahme der Datenmengen in den letzten Jahren und die Prognosen für die nahe Zukunft nahezu aufgehoben. Das Ablegen von Daten auf Cloud Object Storage oder anderen Persistenzdiensten in öffentlichen Clouds ist relativ preiswert, aber viele Cloud-Anbieter haben sehr hohe[21] Gebühren, sobald Sie auf die Daten zugreifen wollen, um sie zurück in Ihr eigenes Rechenzentrum oder in die Cloud eines anderen Anbieters zu verschieben. Auf einige Daten wird häufig zugegriffen, während auf andere Daten nur selten zugegriffen wird (z. B. eine Datensicherung) oder sie werden nur für den Fall aufbewahrt, dass ein Audit oder ein Compliance-Fall dies erfordert. Eine weitere zu berücksichtigende Dimension ist daher die kostenbewusste Optimierung der Datenplatzierung auf verschiedenen Speichersystemen, die je nach Nutzungsmuster

---

[21] Siehe [39] für mehr Details.

unterschiedliche Geschwindigkeiten und Durchsätze bieten. Aus betrieblicher Sicht ist die Gewährleistung der Löschung von Daten entscheidend, um eine Wiederherstellung im Falle des Austauschs der Speichersysteme mit speziellen Tools zu vermeiden.

- **Auditierung**: Information-Governance-Programme erfordern angemessene Audit-Funktionen, die auf allen kritischen Systemen eingesetzt werden, um Audit-Protokolle zu erstellen. Modernste Audit-Tools[22] sind in der Lage, ungewöhnliche Datenzugriffsmuster eines Benutzers zu erkennen und den Zugriff in Echtzeit zu beenden, um potenzielle Sicherheitsverletzungen der Daten zu verhindern. Ein ungewöhnliches Datenzugriffsmuster könnte z. B. darin bestehen, dass ein Datenbankadministrator alle Einträge der Kundentabelle in einer Datenbank lesen möchte. Dies könnte auf einen verärgerten Datenbankadministrator hindeuten, der eine Kopie der Kundendaten erstellen möchte, bevor er das Unternehmen verlässt.

- **Reporting**: Wie bereits erwähnt, muss Information-Governance einen KPI-bezogenen Geschäftswert liefern. Ohne Berichte, die idealerweise vollständig automatisiert sind, können die Wirksamkeit und der Fortschritt des Information-Governance-Programms nicht beurteilt werden. Daher sind geeignete Reporting-Funktionen ein wesentlicher Bestandteil eines erfolgreichen Information-Governance-Programms.

Unternehmen verfügen heute über eine riesige Menge an Datenbeständen. Es ist in der Regel unpraktisch und unmöglich, Information-Governance-Programme zu implementieren, die jedes einzelne Attribut jedes einzelnen Datenbestands, den ein Unternehmen besitzt, abdecken. Das Ziel eines Information-Governance-Programms besteht darin, die relevanten Aspekte der Datenlandschaft zu regeln, die für das Unternehmen von Nutzen sind. Ein pharmazeutisches Vertriebsunternehmen, das täglich Zehntausende von Paketen von seinen Vertriebszentren an Apotheken und Krankenhäuser versendet, hat beispielsweise einen zwingenden Geschäftsgrund, die Postadressen in den Kundendatensätzen nicht nur zu standardisieren, sondern auch anhand eines Postwörterbuchs zu überprüfen.

---

[22] IBM Guardium ist ein solches Tool; siehe [40] für weitere Informationen.

Wenn ein Paket zum Verteilungszentrum zurückkommt, braucht eine Person im Durchschnitt 10 min, um die Adresse zu korrigieren, ein neues Etikett auf das Paket zu kleben und das Paket erneut zu versenden. Fasst man die Kosten für die Arbeit und die zweite Sendung zusammen und multipliziert dies mit einigen Hundert bis einigen Tausend Fällen pro Tag (aufgrund der schlechten Datenqualität der Adresse), kann sich dies zu erheblichen Kosten summieren. Es gibt also einen stichhaltigen Geschäftsgrund, die Datenqualität von Adressinformationen mit den höchsten Datenqualitätsstandards so effektiv wie möglich zu regeln, wodurch die Betriebskosten erheblich gesenkt und ein Beitrag zum Nettogewinn geleistet werden kann. Anhand dieses Beispiels wird deutlich, dass gute Information-Governance-Programme versuchen, ihr Budget und ihre Bemühungen auf die wichtigsten Geschäftsergebnisse zu konzentrieren.

Einbindung von KI in Information-Governance

Angesichts des breiten Spektrums an Themen, die zur Information-Governance gehören – wie Sie im vorherigen Abschnitt gesehen haben – konzentriert sich dieser Abschnitt auf den Einsatz von KI in zwei Bereichen der Information-Governance. Zunächst zeigen wir, wie KI im Metadaten- und Datenqualitätsmanagement eingesetzt wird. Zweitens untersuchen wir den Einsatz von KI in der Datensicherheit.

KI angewandt auf Metadaten und Datenqualitätsmanagement

Das explosionsartige Anwachsen der Datenmengen stellt nicht nur eine Herausforderung für die Speicherkosten dar, sondern führt auch zu einer wachsenden Anzahl von Datenquellen, die in einem Information-Governance Katalog erfasst werden müssen. Ähnlich wie ein Katalog in einer Bibliothek, in dem jedes Buch einen Verweis hat, der das Buch beschreibt und angibt, wo es gefunden werden kann, benötigt jede Datenquelle einen entsprechenden Eintrag in einem Information-Governance Katalog. Eine nicht registrierte Datenquelle kann schlichtweg nicht gefunden bzw. effektiv verwaltet werden. Abb. 8-3 zeigt einige der relevanten Bereiche, die ein Datenquelleneintrag in einem Information-Governance Katalog haben sollte.

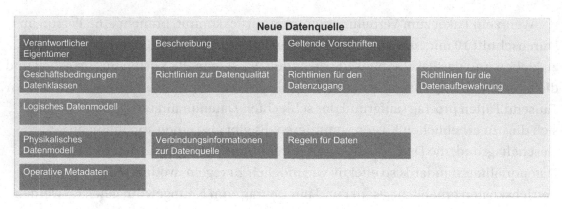

Abb. 8-3. *Datenbestands-Kartei im Information-Governance Katalog*

Leider sind viele Data Lake Initiativen daran gescheitert, dass sie nicht verwaltet wurden, d. h. viele Daten werden täglich geladen, ohne dass eine Bestandsbeschreibung der geladenen Daten im Information-Governance Katalog implementiert wurde. Nach einiger Zeit fehlt diesen Data Lake Initiativen das erforderliche Wissen darüber, welche Quellen in den Data Lake geladen wurden und wo sie zu finden sind. Die Datenwissenschaftler hatten keine verbindlichen Aufzeichnungen darüber, welche Datenquellen verfügbar sind, welche Informationen sie enthalten, wie hoch ihre Datenqualität ist, welche Berechtigung sie haben und so weiter. In den meisten Fällen führte diese Unschärfe des Metadatenwissens dazu, dass die Data Lake Initiative neu aufgesetzt werden musste. Ein Neustart machte jedoch nur dann Sinn, wenn der Ansatz zur Steuerung des Data Lakes mittels KI-basierender Metadatenverwaltung deutlich intelligenter wurde.

Stellen Sie sich vor, Sie haben eine Datenquelle wie zum Beispiel eine relationale Datenbank mit 50 Datentabellen mit durchschnittlich 20 Attributen, insgesamt also 1000 Attributen. Nehmen wir an, Sie wären der Datenadministratzor, der dafür verantwortlich ist, alle technischen Metadaten wie das logische und physische Datenmodell in den Information-Governance Katalog zu importieren, die geltenden Geschäftsbegriffe und Datenklassen, die geltenden Vorschriften, relevanten Richtlinien usw. manuell zuzuweisen und die vollständige Beschreibung dieser Datenquelle im Information-Governance Katalog zu vervollständigen.

Um die korrekten Zuordnungen von Geschäftsbegriffen, Datenklassen und relevanten Datenqualitätsrichtlinien vornehmen zu können, müssen Sie auch Datenprofile erstellen und semantische Klassifizierungsaufgaben durchführen. Falls dies häufig durchgeführt werden muss, ist dies mit viel Aufwand verbunden, was zu einem inakzeptabel teuren Unterfangen führt. In den letzten Jahren hat der Einsatz von Data Lakes und Data Lakehouses als Grundlage für Analyseumgebungen zur Entwicklung und zum Training von KI-Modellen viele Anhänger gefunden.

Die manuelle, nicht skalierbare Verwaltung von Metadaten ist jedoch nicht der einzige Grund für den Einsatz von KI im Metadatenmanagement. Das vorangegangene Szenario geht davon aus, dass die Geschäftsbegriffe bereits im Information-Governance Katalog definiert wurden. Angesichts der rasant wachsenden Zahl von Vorschriften ist allein das Vorhandensein relevanter Geschäftsbegriffe im Information-Governance Katalog zu einem kaum zu bewältigenden, arbeitsintensiven Aufwand geworden. Ein weiteres Problem ist daher der intelligente bzw. automatisierte Vorschlag von Geschäftsbegriffen im Zusammenhang mit Vorschriften auf der Grundlage von KI.

Dark Data[23] sind im Grunde jede nicht verwaltete Datenquelle in einem Unternehmen, die viele geschäftliche Probleme verursacht. Wenn dark Data beispielsweise nicht benötigt wird, entstehen IT-Kosten ohne Nutzen. Wenn dark Data sensibel sind und ein interner oder externer Angreifer auf sie zugreift, kann dies ein erhebliches Reputations- und auch finanzielles Risiko darstellen. Persönlich identifizierbare Informationen (PII) in dark Data sind unter vielen Datenschutzbestimmungen problematisch und können zu Problemen bei der Einhaltung von Vorschriften führen. Während viele Information-Governance-Programme bei strukturierten Datenquellen erhebliche Fortschritte zur Volumenverringerung von dark Data in einem Unternehmen geführt haben, indem sie einen großen Prozentsatz davon in den Information-Governance Katalog aufgenommen haben, befindet sich die Behandlung unstrukturierten Daten noch in den Anfängen. Beispiele für unstrukturierte Datenquellen in privaten und öffentlichen Cloud-Umgebungen sind Content Management Systeme, E-Mail Systeme, Microsoft Sharepoint, Box und so weiter. Dies hat mehrere Ursachen.

Erstens unterstützten die Anbieter von Information-Governance Katalogen lange Zeit keine unstrukturierten Quellen in ihren Metadaten Management Tools, was sich erst in den letzten Jahren verbessert hat. Zweitens konzentrierten sich die Algorithmen zum Datenprofiling und semantischen Klassifizierung zeitweise nur auf strukturierte Datenquellen. Drittens ist die Identifizierung von personenbezogenen Daten in einer unstrukturierten Datenquelle viel komplizierter im Vergleich zur strukturierten Datenquelle.

---

[23] Als *dark data* werden vorhandene, jedoch nicht genutzte bzw. ausgewertete Daten bezeichnet.

Wenn eine Spalte mit mehrheitlich vermeintlichen Nachnamen in einer relationalen Datenbank vorliegt, ist es nicht schwer zu schlussfolgern, dass diese Spalte semantisch ein sehr wahrscheinlicher Kandidat ist, um eine Instanz der Datenklasse *Nachname* zu sein, und der entsprechende Geschäftsbegriff sollte demzufolge mit dieser Spalte verbunden werden. In einem unstrukturierten Dokument könnte der Wert *Washington* ein Nachname, der Name einer Stadt oder auch der Name eines US-Bundesstates sein.

Die Entscheidung, welches semantische Konzept anwendbar ist, ist ein komplexeres Problem, das bei unstrukturierten Datenquellen zu lösen ist. Trotz dieser Hindernisse drängen EU-DSGVO und CCPA die Unternehmen dazu, personenbezogene Daten entweder zu löschen oder zu sichern und ordnungsgemäß zu verwalten. Bei Terabytes oder Petabytes an unstrukturierten Daten haben Unternehmen bei der Bewältigung dieser Aufgabe oft Schwierigkeiten; herkömmliche Ansätze zur Indizierung unstrukturierter Daten in solchen Mengen benötigen nicht selten Monate oder gar Jahre. Unternehmen haben auch viele unstrukturierte Daten in die öffentliche Cloud gestellt. API-Aufrufe zur Indizierung großer Quellen in der öffentlichen Cloud sind sehr kostspielig. Daher werden geeignete statistische Stichprobenverfahren in Kombination mit KI-gestützten Funktionen für die Erkennung von Metadaten und die Klassifizierung von unstrukturierten Datenquellen benötigt.

Das Datenqualitätsmanagement mit Techniken wie Datenprofiling und Datenqualitätsüberwachung ist ein gut untersuchtes Gebiet in der akademischen Forschung.[24] Es gibt viele nützliche Datenqualitätsfunktionen in kommerziellen und open-source Softwaretools, die heute verfügbar sind. Das Datenqualitätsmanagement stößt jedoch aufgrund der raschen Zunahme der Anzahl und des Umfangs sowie der zunehmenden Vielfalt der Datenquellen an seine Grenzen (dies sind ähnliche Gründe, warum herkömmliche Ansätze für das Metadatenmanagement nicht mehr ausreichen). Ihr Datenprofilierungswerkzeug könnte beispielsweise eine Datenregel haben, um herauszufinden, ob es sich bei einer bestimmten Spalte um eine US-Sozialversicherungsnummer handelt, indem die Werte entsprechend des Formats XXX-XX-XXXX geprüft werden, wobei X für Ziffern zwischen 0 und 9 steht und gültige Muster bestimmten Regeln entsprechen.

---

[24] Siehe [41] für einen umfassenden Überblick über Methoden zur Bewertung der Datenqualität.

Mit einer größeren Vielfalt an Datenquellen sinkt die Wahrscheinlichkeit, dass das Datenprofilierungstool Ihrer Wahl alle erforderlichen Datenregeln für die Datenqualität implementiert hat. Daher stellt sich die Frage, ob Sie KI nutzen können, um neue Datenregeln auf der Grundlage von ML zu entdecken und diese den Nutzern vorzuschlagen. Ähnlich wie beim Problem mit unstrukturierten Daten erfordern die sehr großen Datenmengen heute zunehmend die Anwendung geeigneter statistischer Stichprobenverfahren für die Datenprofilierung und -überwachung, um die Laufzeiten solcher Aufgaben akzeptabel zu halten. (Dies setzt elastisch horizontal skalierbare Implementierungen des Datenprofilings und der Datenüberwachung auf Plattformen wie Apache Spark voraus).

Das Aufdecken von Datenqualitätsproblemen mit Hilfe des Datenprofilings ist ein erster Schritt. Danach müssen Sie die Datenqualitätsprobleme oft manuell beheben und korrigieren, was eine weitere Quelle von Aufgaben für Datenadmionistratoren war. Das Problem der manuellen Behebung von Datenqualitätsproblemen reicht für heutige Dimensionen bei weitem nicht mehr aus. Beispiele für den Einsatz von KI-Techniken zur Identifizierung und Korrektur von Datenqualitätsproblemen werden wir in Kap. 9, *„KI und Stammdatenmanagement"*, untersuchen. Ein noch besserer Ansatz als der Einsatz von KI zur Korrektur von Datenqualitätsproblemen ist die Nutzung von KI zur Vermeidung von Datenqualitätsproblemen bereits bei der Dateneingabe.[25]

Nachdem wir einige der Einschränkungen beim Metadaten- und Datenqualitätsmanagement kennengelernt haben, wollen wir nun einige der KI-Funktionen untersuchen, die bereits in die Information-Governance Katalog- und Datenqualitätsmanagement-Technologie eingeflossen sind. Die erste KI-Funktionalität, die wir untersuchen, ist die Nutzung von KI, um automatisch neue Geschäftsbegriffe für neue Vorschriften zu extrahieren und als Kandidaten für einen Information-Governance Katalog vorzuschlagen.

Abb. 8-4 zeigt den konzeptionellen Ablauf dieser neuen Funktionalität. Schauen wir uns die vier Phasen dieses Ablaufes genauer an.

---

[25] Bosch gewann 2018 den CDQ Good Practice Award für den Einsatz von KI zur Vermeidung von Datenqualitätsproblemen bei der Dateneingabe; Details dazu finden Sie hier [42].

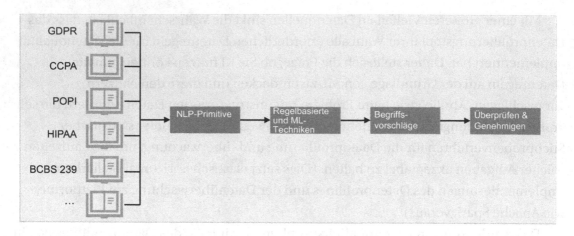

Abb. 8-4. *Verwendung von KI zum Vorschlagen neuer Geschäftsbegriffe aus Regularien*

1. *NLP-Primitive* zur Identifizierung von Satzgrenzen, Tokenisierung, Lemmatisierung, Parts of Speech, Dependency Parsing und Expanded shallow Semantic Parsing werden verwendet, um den regulativen Eingabetext zu verarbeiten.

2. *Regelbasierte und ML-Techniken* sind die nächsten Verarbeitungsschritte. Eine regelbasierte Extraktionsmaschine, welche die Annotation Query Language (AQL) verwendet, die auf den NLP-Primitiven aufsetzt, kann die relevanten Merkmale für ML-Modelle extrahieren. Darüberhinaus können in diesem Schritt Entitätsextraktion mit ML-Algorithmen wie bedingten Zufallsfeldern oder ANNs, Beziehungsextraktion mit maximaler Entropie oder ANNs und zahlreiche weitere Techniken angewendet werden.

3. *Bgriffsvorschläge* können für einen oder mehrere neue Geschäftsbegriffe abgeleitet und zugeordnet werden.

4. *Überprüfen und Genehmigen* ermöglicht es einem Datenadministrator, die vorgeschlagenen Geschäftsbegriffe zu überprüfen, sinnvolle Korrekturen vorzunehmen und für jeden Geschäftsbegriff zu entscheiden, ob dieser als neuer Begriff im Glossar der Geschäftsbegriffe im Information-Governance Katalog genehmigt oder abgelehnt werden soll.

In Abb. 8-5 wird der KI-gestützte Registrierungsprozess einer neuen Datenquelle in einem Information-Governance Katalog dargestellt.

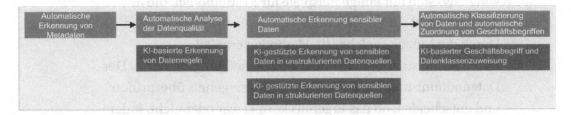

Abb. 8-5. *KI-unterstützte Registrierung einer neuen Datenquelle im Information-Governance Katalog*

Eine zuvor langwierige und zeitraubende Reihe manueller Schritte wurde nun automatisiert, so dass meist nur noch eine Überprüfung und ggf. wenige manuelle Korrekturschritte erforderlich sind:

1. Sobald die Verbindung zur Datenquelle hergestellt ist, werden alle Metadaten automatisch erkannt und in den Information-Governance Katalog aufgenommen.

2. Die Bewertung der Datenqualität wird automatisch für alle entdeckten Datenattribute ausgelöst. Für Attribute, bei denen die durch KI ermittelte Musterverteilung darauf hindeutet, dass die Werte einem übergreifenden Muster entsprechen, wird dem Datenadministrator eine neue Datenregel vorgeschlagen (falls keine passende Datenregel in der Datenregelbibliothek gefunden wurde). Dem Datenadsministrator wird auch ein Prozentsatz mitgeteilt, der angibt, wie viele Werte mit dieser Regel übereinstimmen würden. Stimmt der Datenverwalter der Korrektheit der Regel zu, wird die Datenregel der Datenregelbibliothek hinzugefügt.

3. Angesichts der Unterschiede zwischen strukturierten, halbstrukturierten und unstrukturierten Datenquellen müssen maßgeschneiderte Techniken angewandt werden, um festzustellen, ob eine Datenquelle zum Beispiel personenbezogene Daten enthält oder nicht. Random Forest Klassifikatoren für Genauigkeit und entsprechende

Schlussfolgerungen, prädiktives Sampling unter Verwendung von Clustering-Techniken und Entity-Extraktion unter Verwendung von ANNs sind nur einige Beispiele für KI-Methoden, die in diesem Schritt zur PII-Auffindung eingesetzt werden können.[26] Durch die Nutzung solcher KI-Methoden erhält der Datenadministrator ein PII-relevantes Bewertungsergebnis. Der Datenadministrator kann das Bewertungsergebnis überprüfen und entscheiden, ob das Ergebnis korrekt war oder nicht, indem er die Vorhersagekonfidenz überprüft oder gegebenenfalls relevante Einträge überprüft. Falls das Ergebnis der PII-Erkennung falsch war, kann der Datenadministrator die Bewertung korrigieren.

4. Im nächsten Schritt werden den Attributen in einer Datenquelle auf der Grundlage von KI-Datenklassen zugewiesen, die semantische Konzepte und Geschäftsbegriffe repräsentieren. Die Metadaten der Attribute, die Profiling-Ergebnisse aus den vorangegangenen Schritten und die Datenwerte werden als Input betrachtet. Wenn z. B. festgestellt wurde, dass eine Spalte basierend auf der semantischen Klassifizierung Werte enthält, die Städte repräsentieren, würde die Datenklasse, welche das semantische Konzept der *Stadt* repräsentiert, dieser Spalte zugewiesen werden, einschließlich des Geschäftsbegriffs *Stadt*, der mit Geschäftsmetadaten beschreibt, was eine *Stadt* ist und wie und warum dieses Attribut verwendet wird. Auch hier kann der Datenadministrator überprüfen, ob die vorgeschlagenen Zuordnungen korrekt sind, und diese ggf. genehmigen oder außer Kraft setzen. Für die KI-basierte Zuweisung von Datenklassen und Geschäftsbegriffen muss ein Information-Governance Katalog weitere KI-Techniken bereitstellen, um die folgenden Fälle effektiv zu behandeln:

---

[26] Der Einsatz von ML selbst birgt Datenschutz-Risiken, da trainierte Modelle für Anonymisierungsangriffe anfällig sein können, die möglicherweise PII-Daten offenlegen. Mehr darüber erfahren Sie hier [43].

a. Wenn keine beschrifteten Daten verfügbar sind, können unüberwachte ML-Methoden angewendet werden. Dies ist zum Beispiel der Fall, wenn es noch keine Datenbestände geben sollte, denen Attribute mit Geschäftsbegriffen zugeordnet sind.

b. Verschiedene Anwendungspakete (z. B. SAP, Salesforce usw.) oder verschiedene benutzerdefinierte Anwendungen können sehr unterschiedliche Namenskonventionen verwenden. Selbst wenn die KI-basierte Begriffszuweisung sowohl die Metadaten, die die Attribute beschreiben, als auch die tatsächlichen Attributwerte berücksichtigt, funktioniert ein ML-Modell möglicherweise nicht in jedem Anwendungsfall. Hierbei sollten für die KI-basierte Begriffszuweisung instanzbasierte Lernmethoden[27] mit geeigneten Ähnlichkeitsmaßen angewendet werden.

c. Ein Begriffsglossar kann Tausende oder Zehntausende von Begriffen enthalten. Selbst mit etikettierten Daten kann dies also sehr schnell zu einem Mehrklassen- und Mehretiketten-Klassifizierungsproblem mit vielleicht nur 5–50 Instanzen pro Klasse werden. Um diese Herausforderung zu meistern, können Techniken wie *nearest neighbour* oder die Umwandlung des Problems in ein binäres Klassifizierungsproblem eingesetzt werden.

In den Schritten 2 bis 4 dieses Prozesses können aktive Lernfunktionen eingesetzt werden, um die Ergebnisse der KI-basierten Funktionen kontinuierlich zu verbessern. Der Nutzen dieses KI-gestützten, automatisierten Prozesses ist sehr bedeutend: Ohne die KI-basierten Vorschläge für die Zuweisung von Datenklassen und Begriffen müsste ein Datenadsministrator in Schritt 4 beispielsweise nach geeigneten Datenklassen und Begriffen im Katalog suchen, bevor er die Beziehungen zwischen ihnen und den Attributen herstellen könnte. Die Eingabe von Schlüsselwörtern für die Suche nach Datenklassen oder Begriffen, die Durchsicht der Ergebnislisten, die Auswahl des passenden Eintrags und die anschließende Erstellung der Beziehung zu dem betreffenden Attribut ist sehr zeitaufwändig. Mit den KI-Funktionen kann der Datenadministrator in den allermeisten Fällen den Vorschlag mit einem einzigen

---

[27] Instanzbasiertes Lernen wird auch als lazy learning bzw. faules Lernen bezeichnet. Ein Beispiel für instanzbasiertes Lernen ist der k-nearest-neighbor Algorithmus. Siehe hierzu auch Kap. 3, *„Schlüsselkonzepte von ML, DL und Entscheidungsoptimierung"*.

Mausklick genehmigen, was Zeit und Arbeitskosten spart. Wir hoffen, dass Sie mit dieser Einführung ein grundlegendes Verständnis dafür bekommen haben, warum es sehr gewinnbringend ist, KI-Techniken auf Metadaten und Datenqualitätsmanagement anzuwenden. Kommen wir nun zu einem weiteren Bereich der Information-Governance, in dem in den letzten Jahren KI-Funktionen zum Einsatz kamen, nämlich der Datensicherheit (siehe nächster Abschnitt).

KI angewandt auf Datensicherheit

Datensicherheit ist ein wichtiger Aspekt der Datenvadministration. Aus dem Cost of Data Breach Report 2019[28] geht hervor, dass der weltweite Durchschnittswert für eine Datenschutzverletzung in den USA bei 3,9 Mio. US-Dollar liegt, mit durchschnittlichen Kosten pro Fall von 8,19 Mio. US-Dollar. Die Kosten werden in der Regel in direkte Kosten (Geldbußen für die Nichteinhaltung von Vorschriften, Vergleiche usw.) und indirekte Kosten (Reputationsschäden usw.) unterteilt. Wenn die Kosten für Datenschutzverletzungen derart teuer sind, stellt sich natürlich die Frage, ob es Anzeichen für einen Trend zu mehr Datensicherheitsproblemen gibt. Der IBM X-Force Threat Intelligence Index 2020,[29] zeigt für 2020 und darüber hinaus einen Anstieg sicherheitsrelevanter Vorfälle. Das Problem potenzieller Datenschutzverletzungen wird also nicht so schnell verschwinden. Die größte Quelle datenbezogener Verstöße (etwa 50 %) sind externe Angreifer. Sicherheitsexperten werden dringend benötigt, um Vorfälle zu verhindern oder – falls es zu einem Vorfall kommt – den Vorfall so schnell wie möglich zu identifizieren und zu beheben. Doch wie einfach ist es für Unternehmen, Sicherheitsexperten für ihr IT-Personal einzustellen? Laut diesem ISACA-Bericht über den Stand der Cybersicherheit 2020[30] gaben 57 % der befragten Unternehmen an, offene Stellen für Sicherheitspositionen zu haben, von denen 30 % länger als drei Monate und 29 % länger als sechs Monate offen sind.

Vor diesem Hintergrund ergebnen sich drei essentielle Fragen. Erstens: Setzen Angreifer KI für raffiniertere Angriffe ein? Ja, das tun sie. So werden beispielsweise ANNs eingesetzt, um Password-Cracking zu verbessern. Zweitens: Sind KI-Modelle oder die Daten, mit denen sie trainiert wurden, das Ziel eines potenziellen Angriffs? Die Antwort lautet ja, da Angreifer KI-Modelle einschliesslich personenbezogener Trainingsdaten

---

[28] Siehe [44] für den Report.
[29] Siehe [45] für den Bericht.
[30] Siehe [46] für den Bericht.

stehlen und somit die Privatsphäre gefährden, indem sie Modellinversionsangriffe durchführen. Drittens: Kann KI zum Schutz vor Sicherheits- und insbesondere Datensicherheitsbedrohungen eingesetzt werden? Auch hier lautet die Antwort Ja; Tab. 8-1 zeigt Ihnen einige relevante Bereiche, in denen heute KI-gestützte Lösungen verfügbar sind. Tab. 8-1 soll zeigen, in welchen Bereichen der Sicherheit, insbesondere der Datensicherheit, neuartige KI-basierte Lösungen effektiv helfen können.[31]

Tab. 8-1. *Mit KI-gestützte Sicherheitsbereiche*

Sicherheitsbereich	Die wichtigsten Nutzenpunkte von KI
Datenschutz/Sicherheit	Verbesserter Datenschutz durch KI-gestützte Aufdeckung und Verhinderung des illegalen Zugriffs auf Daten.
Sicherheitseinsatzzentrale	Priorisierung von Alarmen, Klassifizierung von Hinweisen gemäß der MITRE-Klassifizierung, Sammlung relevanter Informationen und KI-unterstützte automatische Empfehlung der besten Maßnahmen für den Sicherheitsanalysten.
Digitale Identität und Betrugserkennung	Mithilfe von KI Angriffe auf digitale Identitäten oder Betrug erkennen und verhindern.
Endpunkt-Verwaltung	Nutzen Sie KI, um Ihre Endpunkte effektiver vor Angriffen zu schützen.
Benutzerverhalten	Nutzung von KI, um Anomalien im Nutzerverhalten zu erkennen, die auf potenzielle Bedrohungen hinweisen, um entsprechend darauf zu reagieren.
Intelligente Reaktion auf Vorfälle	Nutzung von KI zur intelligenten Entscheidungsfindung bei der Auswahl und Orchestrierung der richtigen Reaktionen auf Vorfälle.

Softwareanbieter[32] stellen zahlreiche Angebote für die vorgenannten Bereiche zur Verfügung. Im Rahmen Ihres Information-Governance-Programms, insbesondere in Bezug auf die Datensicherheit, sollten Sie daher prüfen, welche Funktionen der einzelnen Angebote erforderlich sind, um Ihre Datenbestände angemessen zu sichern.

---

[31] KI ist keine Lösung für alle IT-Probleme, dies gilt insbesondere für die Datensicherheit. Es gibt viele kritische Stimmen, wie z. B. [47], die darauf hinweisen, dass Sie die von Softwareanbietern bereitgestellten Funktionen sorgfältig hinsichtlich ihres Mehrwerts prüfen müssen.

[32] IBM bietet zum Beispiel IBM Guardium, IBM QRadar Advisor mit Watson, IBM QRadar User Behavior Analytics, IBM Resilient, IBM Trusteer und IBM MaaS360 mit Watson an, um die erwähnten Bereiche mit KI-Funktionen zu adressieren.

Mit einem grundlegenden Verständnis von Information-Governance können wir nun untersuchen, wie KI selbst durch Information-Governance gesteuert werden kann. Wir werden auch zeigen, welche zusätzlichen Information-Governance Funktionalitäten für die Anwendung auf KI erforderlich sind.

Governance im Kontext der KI

In diesem Abschnitt zeigen wir die Herausforderungen für die KI-Governance und wie sich KI und ML auf die traditionelle Information-Governance auswirken werden. Darüber hinaus gehen wir kurz auf einige Vorschriften ein, die die KI-Governance für eine vertrauenswürdige KI vorantreiben.

Über die traditionelle Information-Governance hinaus

In diesem Abschnitt gehen wir auf die gegenseitige Beeinflussung und die Auswirkungen von Information-Governance und KI ein. Unter dem Einfluss von KI muss Information-Governance breiter gefasst werden, indem neue KI-bezogene Artefakte sowie KI-bezogene Herausforderungen und Erweiterungen in den Geltungsbereich der Governance aufgenommen werden. Wie wir in den vorangegangenen Abschnitten gesehen haben, bringt dies Herausforderungen für die Anwendung und Umsetzung von KI-Governance mit sich. Andererseits erhöht KI das Vertrauen in die Datenqualitätsdimension der Information-Governance, indem sie einfach KI- und ML-Algorithmen und -Techniken nutzt, z. B. indem Vertrauenswürdigkeit und Genauigkeit bei Datenabgleichsaufgaben erhöht werden, wie Sie in Kap. 9, *„KI und Stammdatenmanagement"*, sehen werden.

KI bietet Möglichkeiten, einige Aspekte der Information-Governance zu verbessern. Beispielsweise beschleunigt KI den Einblick und verringert den Aktionszyklus; nachdem die entsprechende Aktion durchgeführt wurde, verringert sie auch die Zeit, um entsprechende Auswirkungen zu erkennen und die Änderung rückgängig zu machen oder beizubehalten.

Abb. 8-6 veranschaulicht die Charakteristiken für die Entwicklung der traditionellen Information-Governance hin zur KI-Governance:

- **Erste Dimension**: Verbesserung der Information-Governance durch den Einsatz von KI- und ML-Techniken. In dieser Dimension stellen KI und ML eine Verbesserung der Information-Governance dar. Wie bereits in diesem Kapitel gezeigt wurde, kann ML den menschlichen Arbeitsaufwand bei der Quellenanalyse und -klassifizierung erheblich reduzieren. Ein weiteres Beispiel ist die Anwendung von ML-Methoden zur Erkennung von Betriebsrisikomustern.

- **Zweite Dimension**: Zunahme der Information-Governance aufgrund der Notwendigkeit, zusätzliche KI- und ML-Artefakte, Szenarien, Begriffe und Definitionen, Regeln und Richtlinien einzubeziehen.

Ohne das Bild übermäßig kompliziert zu machen, könnten wir sogar eine dritte Dimension hinzufügen, um die Organisationen zu berücksichtigen, die auf der KI-Leiter weiter aufsteigen und neue Chancen und Herausforderungen adressieren, die vom KI-Governance Framework ebenfalls abgedeckt werden müssen. Dieser sich entwickelnde KI-Governance-Bereich wird im Abschn. *„Schlüsselaspekte der KI-Governance"* näher erläutert, wo wir uns auf die konzeptionellen und technischen Aspekte der KI-Governance konzentrieren.

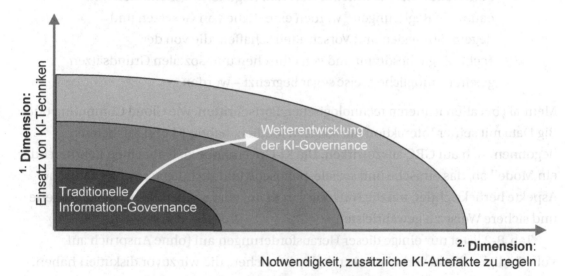

Abb. 8-6. *Zusammenspiel von Information-Governance und KI*

Herausforderungen für die KI-Governance

Es gibt mehrere unterschiedliche, aber dennoch verwandte Bereiche oder Dimensionen, die bei den Herausforderungen für die KI-Governance eine zentrale Rolle spielen. Diese Bereiche beeinflussen sich natürlich gegenseitig und haben Auswirkungen aufeinander.

Die folgende Liste beschreibt einige Beispielbereiche,[33] die wir verwenden, um die Herausforderungen für die KI-Governance weiter zu verdeutlichen:

- **Technologiebereich**: Dazu gehören KI-Systeme und -Tools, DL- und ML-Modelle und -Algorithmen, KI-Anwendungen, spezialisierte KI-Engines und -Akzeleratoren, KI-Lösungen einschließlich Robotiksysteme und andere KI-Technologien.

- **Ethischer und sozialer Bereich**: Hier geht es um ethische Grundsätze, Richtlinien und allgemein anerkannte menschliche und gesellschaftliche Werte, die KI einhalten muss, um größeres Vertrauen zu gewinnen,[34] um anthropozentrisch und erklärbar zu sein und fair gegenüber dem Einzelnen zu bleiben und die Akzeptanz durch den Einzelnen und die Gesellschaft als Ganzes zu erhöhen.

- **Politischer und rechtlicher Bereich**: Regulierungsbehörden und nationale Regierungen[35] werden eine Reihe von Gesetzen und Regeln, Strategien und Vorschriften schaffen, die von der Technologie bestimmt und von ethischen und sozialen Grundsätzen geleitet – möglicherweise sogar begrenzt – werden.

Mehr als bei allen früheren technologischen Fortschritten, wie Cloud Computing oder Big Data mit seiner Interaktion mit sozialen Medien, haben KI und ML bereits begonnen, sich auf GRC auszuwirken. Die KI-Governance zielt auf einen Rahmen oder ein Modell ab, das ethische und soziale, politische und rechtliche sowie technische Aspekte berücksichtigt, um die Nutzung von KI auf eine auf den Menschen bezogene und sichere Weise zu gewährleisten.

Tab. 8-2 listet nur einige dieser Herausforderungen auf (ohne Anspruch auf Vollständigkeit) und verknüpft sie mit den Bereichen, die wir zuvor diskutiert haben. Diese Bereiche können angepasst und weiter verfeinert werden. Der Technologiebereich kann zum Beispiel in Robotiksysteme, Anwendungskomponenten, DL- und ML-Modelle

---

[33] Weitere Bereiche beziehen sich auf Branchen, geografische Unterschiede und Fachwissen in den Bereichen KI und Governance, auf die wir aus Platzgründen in diesem Buch nicht näher eingehen.

[34] Siehe [48] für das AI in Control framework von KPMG.

[35] Einige Beispiele finden Sie im Abschn. *„Regularien die KI-Governance beeinflussen"*.

und andere unterteilt werden. Je nach dem spezifischen KI-Bereich, mit dem sich eine Organisation befasst, müssen weitere Bereiche hinzugefügt oder bestehende Bereiche angepasst werden.

Tab. 8-2. *Herausforderungen für die KI-Governance*

#	Herausforderung	Bereich
1	Fehlende oder unzureichende Transparenz bei KI-Algorithmen und -Methoden, dem autonomen Entscheidungsprozess, KI-Werkzeugen und -Anwendungen.	Technologie
2	Fehlentscheidungen, die z. B. zu lebensbedrohlichen medizinischen Diagnosen und Behandlungen, Verkehrsunfällen usw. führen.	Rechtlich
3	Fehlende Normen und Grundsätze, die den Anwendungsbereich und den Einsatz von KI steuern und begrenzen.	Politisch und Rechtlich
4	Falsche Entscheidungen, die gegen die Chancengleichheit verstoßen oder sich nachteilig auf das Geschlecht oder das Alter von Personen auswirken.	Ethisch und Soziales
5	Fehlendes Vertrauen in KI-Systeme, -Lösungen, -Anwendungen und andere (ähnlich dem fehlenden Vertrauen in Daten).	Politisch und Soziales
6	Ausfälle von KI-Robotiksystemen, Akzeleratoren oder KI-Anwendungen in lebensbedrohlichen Situationen.	Technologie und Rechtlich
7	Fragen der Ausweitung des Informationsmanagements auf KI-spezifische Artefakte, z. B. DL- und ML-Modelle, Schuldzuweisung bei Unfällen mit autonomen Fahrzeugen usw.	Technologie und Rechtlich
8	Lernaspekte (z. B. von DL-Modellen), die in den Geltungsbereich der KI-Governance einbezogen werden sollten.	Technologie und Ethik
9	Anpassung der Provenienz (Herkunft) und der Datenabfolge zur Aufnahme von KI-Artefakten, z. B. DL- und ML-Modellen.	Technologie
10	Zusätzliche Sicherheitsrisiken, die durch selbstlernende KI-Systeme und -Anwendungen entstehen.	Technologie und Soziales

Bei einigen dieser Herausforderungen ist die Zuordnung zu einem oder mehreren der Bereiche eher unscharf; einige Herausforderungen sind sogar für alle Bereiche relevant.

Regularien die KI-Governance beeinflussen

Neben den Auswirkungen der KI auf Unternehmen, sind Regularien einer der wichtigsten Faktoren für die KI-Governance. In diesem Abschnitt geben wir einen sehr kurzen – eher unvollständigen – Überblick über KI-Governance-bezogene Regularien. In den meisten Ländern gibt es Studien, Sondierungsbemühungen und Vorschläge für Regulierungserklärungen.

Im Jahr 2018 unterzeichneten 25 europäische Länder eine Erklärung zur Zusammenarbeit im Bereich KI,[36] die im Februar 2020 in eine EU-Verordnung mündete, die die nationalen Initiativen einiger EU-Mitgliedstaaten ergänzt. Neben der Sicherstellung der Wettbewerbsfähigkeit Europas im Bereich der KI-Forschung und -Entwicklung sollen auch *soziale, wirtschaftliche, ethische und rechtliche Fragen* behandelt werden.

Die Bundesregierung hat 2018 eine KI-Strategie[37] verabschiedet, die darauf abzielt, *„die verantwortungsvolle und dem Wohl der Gesellschaft dienende Entwicklung und Nutzung von KI zu gewährleisten und KI im Rahmen eines breiten gesellschaftlichen Dialogs und aktiver politischer Maßnahmen ethisch, rechtlich, kulturell und institutionell in die Gesellschaft zu integrieren.“* 2017 veröffentlichte das Bundesministerium für Verkehr und digitale Infrastruktur einen Bericht zum automatisierten und vernetzten Fahren,[38] der ethische Regeln für den automatisierten und vernetzten Fahrzeugverkehr enthält. 2017 veröffentlichte die US-Börsenaufsichtsbehörde SEC (Securities and Exchange Commission) unter[39] Informationen und Leitlinien zu Robo-Advisern für Anleger und die Finanzdienstleistungsbranche im Hinblick auf die schnell wachsende Nutzung von Robo-Advisern. Im Jahr 2020 veröffentlichte die singapurische Regierung ein KI-Governance-Rahmenwerk,[40] *„um privaten Organisationen detaillierte und leicht umsetzbare Leitlinien für den Umgang mit ethischen und Governance-Fragen beim Einsatz von KI-Lösungen an die Hand zu geben.“*

---

[36] Siehe [49] für weitere Informationen über die Erklärung der Europäischen Kommission zur Zusammenarbeit im Bereich KI und [50] für die KI-Verordnung.

[37] Siehe [51] für weitere Informationen zur KI-Strategie der Bundesregierung.

[38] Siehe [52] für weitere Informationen zum Bericht des Bundesministeriums für Verkehr und digitale Infrastruktur über automatisiertes und vernetztes Fahren.

[39] Siehe [53] für weitere Informationen über die Veröffentlichung der SEC zu Robo-Advisern.

[40] Siehe [54] für weitere Informationen über das Modell des AI Governance Framework.

Schlüsselaspekte der KI-Governance

In diesem Abschnitt gehen wir auf die technischen Aspekte von Information-Governance ein, die um KI-Themen angepasst und erweitert werden müssen. Dazu nehmen wir die zentralen Architekturbausteine[41] der Information-Governance und Information-Katalog Schicht der KI-Informationsarchitektur aus Kap. 4, *„KI-Informationsarchitektur"* als Grundlage. Wir werden uns auf die folgende Teilmenge der ABBs konzentrieren: Regeln und Richtlinien, Glossare, Suchen und Entdecken, Klassifizierung sowie Provenienz und Lineage. Die ABBs, die sich auf das Stammdatenmanagement und die Zusammenarbeit beziehen, werden hier nicht beschrieben.

Abb. 8-7 zeigt die KI-Governance-Ebene der KI-Informationsarchitektur. Für die vollständige KI-Informationsarchitektur einschließlich der ABBs aus anderen Schichten sollten Sie nochmals Kap. 4, *„KI-Informationsarchitektur"* quer lesen.

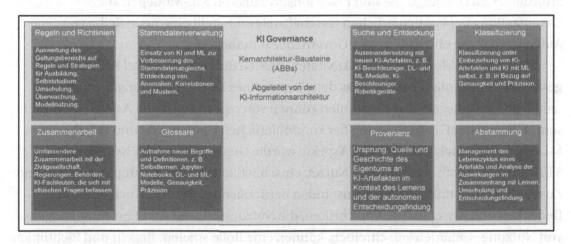

Abb. 8-7. *KI-Governance*

In den folgenden Abschnitten liegt der Schwerpunkt darauf, wie sich die Information-Governance verändert, wenn Sie sie in einer KI-orientierten Organisation und KI-basierten Welt umsetzen müssen. Wir zeigen ebenfalls die Vorteile auf, die der Einsatz von KI für Verbesserungen der Information-Governance mit sich bringt.

---

[41] Hierfür werden wir im Folgenden wieder die Abkürzung ABB (Architecture Building Blocks) verwenden.

Regeln und Richtlinien

Bei allen Eigenschaften und kognitiven Aspekten der KI, einschließlich des überwachten und unüberwachten Lernens, des verstärkenden Lernens und der entsprechenden Anwendung von DL- und ML-Algorithmen, werden neue KI-basierte Methoden zum Einsatz kommen und auch neue Aktivitäten durchgeführt werden. Einige Beispiele sind das Training und das regelmäßige Re-Training von ML-Modellen oder die selbstlernenden Aspekte von DL-Modellen, die es KI-Lösungen, -Anwendungen und -Robotern ermöglichen, sich im Laufe der Zeit autonom zu verändern und anzupassen.

Neue KI-Artefakte wie DL- und ML-Modelle, Funktionen, Datenbestände, Notebooks und RESTful-APIs müssen in KI-Anwendungen eingesetzt und für eine geregelte Nutzung freigegeben werden. Die Überwachung (Monitoring) des erforderlichen Genauigkeits- und Präzisionsniveaus von ML-Modellen zur Sicherstellung der kontinuierlichen Geschäftsrelevanz stellt eine neue Reihe von Aufgaben dar, die ebenfalls der KI-Governance unterliegen.

Einige dieser Methoden und Aktivitäten müssen durch Regeln und Richtlinien gesteuert und reguliert werden, was den Einsatz eines KI-Überwachungagenten nahelegt. Diese Regeln und Richtlinien können von rein technischen Aspekten bestimmt sein, z. B. von der Gewährleistung der kontinuierlichen Genauigkeit und Präzision von ML-Modellen. Auch geschäftliche Aspekte wie die Genehmigung der Nutzung von KI-Artefakten durch verschiedene Nutzer, einschließlich der Verwaltung von Rollen und Zuständigkeiten, müssen unter Umständen berücksichtigt werden. Auch ethische Bedenken und verschiedene Vorschriften, die Nutzungsmuster und Einschränkungen von Nutzungsszenarien vorschreiben, können eine Rolle spielen. Regeln und Richtlinien werden in hohem Maße von KI und von der technischen, geschäftlichen und allgemeinen GRC-Verantwortung beeinflusst.

KI-Methoden und -Techniken können auch genutzt werden, um die Verwaltung, Umsetzung und Governance von Regeln und Richtlinien zu verbessern. So können beispielsweise ML-Algorithmen eingesetzt werden, um nützliche Korrelationen zwischen verschiedenen Regeln und Richtlinien zu entdecken um so das Management zu vereinfachen. Obwohl herkömmliche Systeme zur Verwaltung von Geschäftsregeln in heutigen Unternehmen eine abnehmende Rolle spielen, kann ihre Integration – zumindest vorläufig – die Effizienz und Relevanz der Regel- und Richtlinienbausteine erhöhen.

Glossare

KI bringt eine Reihe neuer geschäfts- und IT-bezogener Begriffe und Definitionen mit sich. Die Einbeziehung dieser neuen Begriffe und Definitionen, z. B. selbstbestimmtes Lernen, Jupyter- oder Zeppelin-Notebooks, DL- und ML-Modelle, Training und Re-Training sowie KI-spezifische KPIs[42] zur Messung der geschäftlichen Relevanz von Modellen, wie z. B. Genauigkeit und Präzision, ROC- oder PR-Kurve und Genauigkeitsdrift, um nur einige zu nennen, erfordert erhebliche Erweiterungen der bestehenden Geschäfts- und IT-Glossar Funktionen. Einige dieser Begriffe sind vielleicht bereits im bestehenden Unternehmensglossar bekannt und definiert, müssen aber möglicherweise angepasst in einem etwas anderen Kontext verwendet werden. Unabhängig von der Technologie, die Sie für das Management der in Ihrem Unternehmen verwendeten Begriffe verwenden, ist ein zentraler Katalog oder ein Wörterbuch erforderlich, damit die Begriffe im gesamten Unternehmen die gleiche Bedeutung haben oder, falls es Abweichungen geben sollte, ordnungsgemäß konjugiert, zugeordnet und referenziert werden.

Geschäftsmetadaten für Begriffe und Definitionen, IT- und operative Metadaten (für alle KI-Assets und -Artefakte), um technische KI-Assets zu spezifizieren, das Verständnis und die Nutzung von Regeln, Richtlinien und zusätzliche KI-Governance-Funktionen wie Provenienz und Lineage zu ermöglichen, müssen ebenfalls angepasst werden.

Außerdem sollte die Abstimmung zwischen den verschiedenen Rollen und Zuständigkeiten in einer KI-getriebenen Organisation neu geregelt werden. So müssen beispielsweise einige der technischen KI-Begriffe wie ROC- oder PR-Kurve oder Präzision von Unternehmen verstanden, gemessen, überwacht und sogar angepasst werden. Ein KI-Glossar[43] sollte diese Anforderungen unterstützen.

Suchen und Entdecken

Das Suchen und Entdecken – im Rahmen der traditionellen Information-Governance wohlbekannte Eigenschaften – müssen für die KI-Governance angepasst werden. Dies ist nicht nur auf die Notwendigkeit zurückzuführen, neue KI-Artefakte zu berücksichtigen, z. B. KI-Akzeleratoren, DL- und ML-Modelle. Die erforderliche Anpassung wird auch durch neue KI-Lösungen und Entwicklungsmuster für DL- und ML-Modelle vorangetrieben. Datenwissenschaftler müssen nach relevanten und

---

[42] Siehe [55] für eine Erklärung der wichtigsten KI-, DL- und ML-Begriffe.
[43] Wir verwenden die Begriffe Glossar, Wörterbuch und Katalog synonym.

repräsentativen Datenbeständen für die Entwicklung, das Training, die Validierung und die Anpassung (einschl. Re-Training) von DL- und ML-Modellen oder -Artefakten suchen und diese entdecken. Dabei handelt es sich größtenteils um eine explorative Aufgabe, bei der die kontextbezogene Suche und Entdeckung durch visuelle Exploration und anschließende Datenaufbereitung ergänzt wird.

Ein weiteres Beispiel ist die Notwendigkeit, unter Dutzenden oder sogar Hunderten von alternativen DL- oder ML-Modellen, die mit unterschiedlichen Hyperparametern, Kerneln, Algorithmen und ML-Methoden entwickelt, optimiert und trainiert wurden, die am besten geeigneten zu identifizieren. Diese besondere Eigenschaft kann entweder durch KI-Entwicklungs- oder KI-Governance-Tools bereitgestellt werden. IBM bietet das grafische Tool Auto AI[44] in IBM Watson Studio an, um genau diese Aufgabe für prädiktive Modellierungsprobleme zu lösen.

Klassifizierung

Die Klassifizierung von Informationen und Daten[45] ist ein altbekannter und unverzichtbarer GRC-Aspekt. KI-Governance erfordert eine neue Dimension der Klassifizierung von KI-Assets und intellektuellem KI-Kapital (z. B. DL- und ML-Modelle, KI-Methoden, KI-Lösungen usw.). Die Klassifizierung im Kontext der KI-Governance legt unmittelbar die Anwendung von ML-Algorithmen nahe, um die Klassifizierungsanforderungen für bestehende Assets und neue KI-Artefakte zu verbessern, wie bereits in diesem Kapitel beschrieben. Dies erfordert natürlich eine ausreichend große Anzahl von Kandidaten, damit ML-Techniken für eine solche Aufgabe geeignet sind. Abhängig von den Daten könnte die Anwendung von ML-Algorithmen zur Klassifizierung von Vermögenswerten eine verbesserte Genauigkeit und Geschäftsrelevanz sowie die automatische Entdeckung neuer sinnvoller Cluster oder Kategorien zur Verbesserung der Klassifizierung ermöglichen. Es gibt zahlreiche Arten der Klassifizierung, z. B. inhalts-, kontext-, nutzungs-, sicherheits-, standort-, qualitäts- oder sensitivitätsbasiert.

Der zusätzliche Blickwinkel besteht darin, zu sehen, wie die Klassifizierung für KI-Governance erweitert werden muss, um für die zu klassifizierenden KI-Artefakte passende Taxonomien bereitzustellen. Dies resultiert notwendigerweise in für die KI-Governance neue erforderliche Eigenschaften und Funktionen. Die Anpassung der

---

[44]Weitere Informationen über Auto AI in IBM Watson Studio finden Sie unter [56].
[45]In diesem Zusammenhang bezeichnen wir die Klassifizierung als Kategorisierung von Daten.

Klassifizierung an die KI erfordert nicht nur die Erfassung der KI-Artefakte selbst, sondern auch die Anwendung zusätzlicher Klassifizierungstypen, die sich beispielsweise auf überwachte und unüberwachte Modelle, die Art der Regressionsmodelle sowie die Genauigkeit und Präzision von DL- und ML-Modellen beziehen.

In diesem Zusammenhang geht die Klassifizierung über eine einfache Zuordnung eines KI-Artefakts zu einem *ML-Modell* hinaus; sie bedeutet, dass beispielsweise die Art der Regression (linear, schrittweise, polynomial), die verwendete(n) Trainings- und Validierungsmethode(n), die angewandte Pruning-Strategie, die Methoden zur Reduzierung einer hohen Anzahl möglicherweise korrelierter Komponenten oder Dimensionen (Prädiktoren, Feature), die Genauigkeit oder Präzision und ihre Schwankungen während des Lebenszyklus des ML-Modells usw. berücksichtigt werden.

Provenienz und Lineage

Es gibt eine starke Affinität, ja sogar eine gewisse Überschneidung zwischen Provenienz und Lineage. In gewisser Weise stellen diese Begriffe zwei Seiten derselben Medaille dar. Bei der Provenienz geht es in erster Linie um den Ursprung, die Quelle und die Geschichte des Eigentums von KI-Artefakten, insbesondere im Zusammenhang mit dem Training, dem selbstgesteuerten Lernen von DL-Modellen, dem automatischen Re-Training von ML-Modellen und der autonomen Entscheidungsfindung. Ein Beispiel ist die verantwortliche Person eines ML-Modells, einschließlich der Organisation oder Person, die das Modell erstellt hat und es verwenden oder ändern darf.

Lineage befasst sich mehr mit den Aspekten des Lebenszyklusmanagements von KI-Artefakten, einschließlich der Aktivitäten, die mit diesen Artefakten durchgeführt werden, und der Analyse der Auswirkungen im Zusammenhang mit Training, Re-Training und Entscheidungsfindung. Ein Beispiel ist das Re-Training eines ML-Modells mit neuen Daten, einschließlich der Frage, warum ein Re-Training erforderlich oder sinnvoll war, welche neuen labeled Datensätze für das Re-Training verwendet wurden, wann das Modell erneut eingesetzt wurde usw.

Ein weiteres Beispiel ist das Verständnis von biased Ergebnissen in Bezug auf ein ML-Modell, um günstige oder ungünstige Ergebnisse (Verzerrungen) in Bezug auf ein bestimmtes Feature oder eine bestimmte Gruppe von Features aufzuzeigen[46] und die Auswirkungen von z. B. angepassten Feature-Gewichtungen zu analysieren und zu

---

[46] Bias muss nicht immer ein ungünstiges Ergebnis sein, sondern durchaus dem Anwendungsfall und den verfügbaren Daten entsprechen.

visualisieren. Provenienz und Lineage wurden bereits als wichtige ABBs in unserer KI-Informationsarchitektur in Kap. 4, *„KI-Informationsarchitektur",* erwähnt.

Abb. 8-8 veranschaulicht beispielhaft die Koexistenz von KI-Provenienz und Lineage. Sie veranschaulicht auch die Koexistenz und die individuelle Rolle dieser ABBs innerhalb des Lebenszyklus eines KI-Modells.

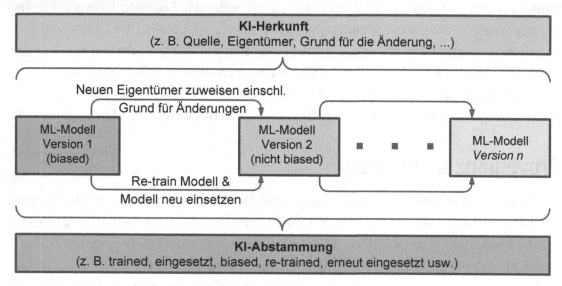

Abb. 8-8. *KI-Provenienz und Lineage*

Mapping auf Beispielangebote von Anbietern

Es gibt bereits eine ganze Reihe von Anbieterangeboten, Produkten und Prinzipien, die einen Mehrwert für die KI-Governance bieten können. In diesem Abschnitt stellen wir einige wichtige Angebote und Prinzipien vor. Statt eines umfassenden Überblicks konzentrieren wir uns jedoch auf die Relevanz für KI-spezifische Governance-Aspekte. Für den interessierten Leser, der ein tiefergehendes Verständnis erlangen möchte, bieten wir Links zu den entsprechenden Dokumentationen.

Wie Sie sich vorstellen können, ist die folgende Liste bei weitem nicht vollständig:

1. *Amazon:* Amazon Web Services mit Amazon SageMaker

2. *Microsoft*: Microsoft KI-Prinzipien, Microsoft Bot Framework und Azure Cognitive Services

3. *IBM*: Watson Knowledge Catalog, Watson OpenScale und OpenPages mit Watson

Amazon Web Services (AWS)

In den letzten Jahren hat Amazon erhebliche Verbesserungen vorgenommen, um seine Amazon Web Services (AWS) mit KI- und ML-Funktionen anzureichern. Dazu gehören auch Verbesserungen der KI-Governance, die hauptsächlich über die Plattform Amazon SageMaker[47] bereitgestellt werden. Amazon SageMaker ist ein vollständig gemanagter ML-Service, der von Datenwissenschaftlern und Entwicklern genutzt werden kann, um ML-Modelle zu erstellen und zu trainieren um sie dann direkt in einer produktionsbereiten gehosteten Umgebung für Vorhersage- oder Analyseanwendungen in der öffentlichen AWS-Cloud bereitzustellen.

Amazon SageMaker verfügt über eine Vielzahl von Funktionen. Die folgende Liste enthält die Funktionen, die im weiteren Sinne mit dem Management des ML-Lebenszyklus und den KI-Governance-Anforderungen in Zusammenhang stehen:

- **Amazon SageMaker Model Monitor**: Dient der Überwachung und Analyse von ML-Modellen in der Produktion (Endpunkte), und um Datenabweichungen und Abweichungen in der Modellqualität zu erkennen. Dies ist ein Service, der die Konzeptabweichung in Modellen erkennt und Entwickler warnt, wenn die Leistung und Genauigkeit eines bereitgestellten ML-Modells vom ursprünglich trainierten Modell abzuweichen beginnt.

- **Amazon SageMaker Debugger**: Wird als Teil des SageMaker Studios geliefert, um Trainingsparameter und Daten während des gesamten Trainingsprozesses zu überprüfen. Es erkennt automatisch häufig auftretende Fehler wie zu große oder zu kleine Parameterwerte und weist den Benutzer darauf hin.

Amazon hat erste Schritte in Richtung Erklärbarkeit von ML-Modellen unternommen, indem die Metriken aus dem SageMaker Debugger im SageMaker Studio zur weiteren Interpretation visualisiert werden. Der SageMaker Debugger kann auch Warnungen und Hinweise zur Behebung von Problemen generieren, die während der Trainingsphase des ML-Modells auftreten können. Mit SageMaker Debugger können Sie einfach interpretieren bzw. verdeutlichen, wie ein ML-Modell funktioniert, was einen ersten Schritt in Richtung Vertrauenswürdigkeit und Erklärbarkeit von ML-Modellen darstellt.

---

[47] Siehe [57] für weitere Informationen über Amazon SageMaker.

Microsoft KI-Prinzipien

Microsoft ist ein Vorreiter bei der Integration von KI in einigen seiner Angebote und Dienste. Dies ist zum Beispiel in Microsofts Angeboten wie Skype, Cortana, Bing oder Office 365 deutlich sichtbar. Dies bezieht sich auf eingebettete Chatbots, Übersetzungsdienste und andere KI-Dienste, die bereits heute Millionen von Endnutzern zur Verfügung stehen. Microsoft nutzt KI-Technologien nicht nur, um sein eigenes Produktportfolio zu verbessern, sondern stellt sie auch Entwicklern zur Verfügung, damit diese ihre eigenen KI-infundierten Angebote entwickeln können.

KI-Governance ist eine wichtige Komponente bei der Integration von KI-Diensten in Microsoft's Angeboten. Dies wird deutlich, wenn man sich die folgenden KI-Prinzipien von Microsoft[48] genauer ansieht:

1. **Fairness**: KI-Systeme sollten alle Menschen fair behandeln.

2. **Verlässlichkeit und Sicherheit**: KI-Systeme sollten zuverlässig und sicher arbeiten.

3. **Datenschutz und Sicherheit**: KI-Systeme sollten sicher sein und die Privatsphäre respektieren.

4. **Eingliederung**: KI-Systeme sollten jeden befähigen und den Menschen einbeziehen.

5. **Transparenz**: KI-Systeme sollten verständlich sein.

6. **Rechenschaftspflicht**: KI-Systeme sollten eine algorithmische Rechenschaftspflicht haben.

Diese KI-Grundsätze von Microsoft lassen sich auf die Schlüsselaspekte der KI-Governance übertragen, die wir bereits beschrieben haben.

Ergänzend zu den Richtlinien für die Entwicklung verantwortungsbewusster konversationeller KI bietet Microsoft Tools wie das Microsoft Bot Framework[49] an, ein umfassendes Framework für die Entwicklung konversationeller KI-Erlebnisse auf

---

[48] Weitere Informationen zu den KI-Grundsätzen von Microsoft finden Sie unter [58, 59].

[49] Weitere Informationen über das Microsoft Bot Framework finden Sie unter [60].

Unternehmensniveau. Mit dem Azure Bot Service können Sie nicht nur intelligente, unternehmenstaugliche Bots erstellen, sondern diese auch in andere Azure Cognitive Services integrieren.

IBM-Angebote

IBM Watson Knowledge Catalog[50] integriert Governance und ermöglicht Self-Service für das Auffinden, den Zugriff und die Aufbereitung von Daten, um sie im Wesentlichen für KI mit DL und ML zu aktivieren. Er besteht aus einem Richtlinienmanagement, das den Zugriff, die Kuration, die Kategorisierung und die gemeinsame Nutzung von Daten, Wissensbeständen und deren Beziehungen ermöglicht. Mit Information-Governance, Datenqualität und aktiver Richtlinienverwaltung hilft es Ihrem Unternehmen, sensible Daten zu schützen und zu verwalten, die Datenherkunft nachzuvollziehen und KI in großem Umfang zu managen.

Der Watson Knowledge Catalog kann in den IBM InfoSphere Information Governance Catalog integriert oder automatisch mit diesem synchronisiert werden, um einfach vorhandene Assets des Information Governance Catalogs zu nutzen. Benutzer können ein umfassendes Geschäfts- und IT-Glossar erstellen, das dazu beiträgt, die Kommunikationslücke zwischen LoB- und IT-Organisationen zu schließen. Glossarinhalte sind Begriffe, Kategorien sowie Governance-Richtlinien und -Regeln. Zusätzlich zum Glossar können Sie auch Metadaten über Informationsbestände verwalten. Der Watson Knowledge Catalog ist Teil des größeren Unified Governance and Integration (UGI) Portfolios von IBM.[51]

IBM Watson OpenScale[52] ermöglicht Ihnen die Governance und Operationalisierung von KI-Implementierungen, während Sie die Ergebnisse von KI über den gesamten Lebenszyklus hinweg verfolgen und messen können. Es bietet Einblicke in die Leistung und Genauigkeit von KI-Modellen und gewährleistet transparente, erklärbare und faire Ergebnisse, die frei von Bias sind. Watson OpenScale überbrückt die Lücke zwischen Datenwissenschaftlern und Anwendungsentwicklern, die die Geschäftsbereiche mit KI-infundierten Anwendungen versorgen müssen, und IT-Teams, die Modelle und Scoring-Anwendungen bereitstellen und operationalisieren müssen.

---

[50] Weitere Informationen über den IBM Watson Knowledge Catalog finden Sie unter [37].

[51] Weitere Informationen zu IBM Unified Governance and Integration finden Sie unter [61].

[52] Weitere Informationen zu IBM Watson OpenScale finden Sie unter [62].

Im Folgenden werden einige Schlüsselfunktionen aufgeführt. Diese Funktionen betreffen einige der wichtigsten KI-Governance-Aspekte, die in diesem Kapitel genannt wurden:

- **Generierung von vertrauenswürdigen und erklärbaren KI-Ergebnissen** in verständlichen Geschäftsbegriffen, so dass Geschäftsanwender erklären können, wie ein KI-Modell zu einer Vorhersage gekommen ist. Watson OpenScale beinhaltet eine Merkmalsgewichtung (Merkmalsbedeutung in Form von Gewichtungen), um die wichtigsten und unwichtigsten Merkmale zu verstehen, und erklärt die wichtigsten Features, die eine Schlüsselrolle bei der Vorhersage gespielt haben.

- **Sicherstellung der Fairness von KI-Modellen** durch kontinuierliche Überwachung der KI-Vorhersagen. Sie können die Funktion(en) eines KI-Modells auswählen, um die Neigung des eingesetzten Modells zu einem günstigen oder ungünstigen (biased) Ergebnis zu überwachen. Die Ausgabe könnte z. B. anzeigen, dass das Modell bei einem bestimmten Wert oder Bereich eines Features (z. B. Geschlecht = weiblich, Alter > 45) biased ist.

- **Ermöglichung der Rückverfolgbarkeit und Nachvollziehbarkeit** von KI-Vorhersagen über Bewertungsmodule oder Anwendungen für den gesamten Lebenszyklus von KI-Ressourcen, beginnend mit dem anfänglichen Entwurf, dem Training, der Validierung und dem Einsatz bis hin zu Betrieb, Überwachung, Re-Training und Ende der Lebensdauer. So lassen sich beispielsweise für ein bestimmtes ML-Modell Teams und Verantwortlichkeiten, die für das Training verwendeten Daten und die erzielten Ergebnisse ermitteln.

- **Messung der Modellgenauigkeit** erlaubt die Qualität und Geschäftsrelevanz des Modells während der Produktion zu verstehen. Unter Verwendung von labeled Daten misst Watson OpenScale unter anderem die Fläche unter der ROC- oder PR-Kurve, erkennt aber auch Drift ohne labeled Daten, d. h. den Rückgang der Genauigkeit und der Datenkonsistenz.

IBM OpenPages mit Watson[53] bietet ein kognitiv getriebenes GRC-Portfolio, das sich aus verschiedenen Angeboten zusammensetzt. Es bietet eine Reihe von Kerndiensten und funktionalen Komponenten für die Bereiche Betriebsrisiko, Einhaltung gesetzlicher Vorschriften, IT-Risiko und -Sicherheit, Innenrevision, Lieferantenrisikomanagement und Finanzkontrollmanagement.

Wichtigste Erkenntnisse

Wir schließen dieses Kapitel mit einigen wichtigen Erkenntnissen ab, die in Tab. 8-3 zusammengefasst sind. Wie wir gesehen haben, hat KI nicht nur tiefgreifende Auswirkungen auf die Governance, sondern es besteht eine gegenseitige Beeinflussung zwischen Information-Governance und KI: Es besteht sowohl die Notwendigkeit, neue KI-Artefakte der Governance zu unterziehen, aber auch die KI-Governance selbst wird von KI profitieren. Die in diesem Kapitel aufgezeigten Schlüsselaspekte der KI-Governance sollten je nach Schwerpunkt und Anforderungen auf Ihr Unternehmen zugeschnitten werden.

Tab. 8-3. *Wichtigste Erkenntnisse*

# Wichtigste Erkenntnisse	High-Level Beschreibung
1 Notwendigkeit zur Governance von KI-Artefakten	KI-Artefakte wie DL- und ML-Modelle, KI-Lösungen, Notebooks usw. erfordern einen angepassten Umfang der KI-Governance.
2 KI-Governance selbst wird von KI profitieren	Nutzung von KI- und ML-Algorithmen und -Methoden, z. B. durch Erhöhung der Vertrauenswürdigkeit und Genauigkeit bei Datenabgleichsaufgaben.
3 Neue Vorschriften treiben die KI-Governance voran	Dabei handelt es sich um lokale und globale Bemühungen und Empfehlungen, die weitgehend von ethischen, kulturellen und rechtlichen Erwägungen bestimmt werden.
4 Es gibt eine Reihe von wichtigen KI-Herausforderungen	Diese Herausforderungen können einem oder mehreren der folgenden Bereiche zugeordnet werden: Technologie, Ethik und Soziales oder Politik und Recht.

(*Fortsetzung*)

---

[53] Weitere Informationen zu IBM OpenPages mit Watson finden Sie unter [63].

Tab. 8-3. (*Fortsetzung*)

#	Wichtigste Erkenntnisse	High-Level Beschreibung
5	Metadatenmanagement als Teil von Information-Governance Katalog Tools muss mit KI ausgestattet sein, um effizient zu sein	Der Einsatz von KI zur Erstellung neuer Geschäftsbegriffe aus einer schnell wachsenden Zahl von Vorschriften und unstrukturierten Quellen beschleunigt die Erstellung von Glossaren und reduziert den manuellen Arbeitsaufwand für Datenadministratoren. Die KI-gestützte Begriffszuweisung für die Kuratierung neuer Datenquellen als regulierte Datenbestände ist ein weiterer wichtiger Akzelerator, um die Arbeitsbelastung für Datenadministratoren überschaubar zu halten.
6	Datenqualitätsmanagement als Teil von Information-Governance Tools muss KI-gestützt sein	Der Einsatz von KI zum Erlernen neuer Datenregeln automatisiert die Entdeckung neuer Datenqualitätsregeln. Der Einsatz von KI, um Vorschläge zur Behebung von Datenqualitätsproblemen zu unterbreiten, beschleunigt oder automatisiert sogar die Lösung einiger Datenqualitätsprobleme und reduziert den Arbeitsaufwand für die manuelle Bearbeitung.
7	Der Einsatz von KI zur Erkennung von personenbezogenen Daten in strukturierten und unstrukturierten Daten ist ein wichtiger Schritt auf dem Weg zur Einhaltung zahlreicher Datenschutzvorschriften.	Zahlreiche Datenschutzvorschriften schreiben die angemessene Verwaltung von PII-Daten vor. Die Nichteinhaltung der EU-DSGVO stellt beispielsweise ein erhebliches finanzielles Risiko dar. In einem ersten Schritt müssen PII-Daten identifiziert werden, was bei unstrukturierten Quellen eine besondere Herausforderung darstellt. Da sich immer mehr Daten in der öffentlichen Cloud befinden, ist die Brute-Force-Ermittlung mithilfe von APIs für die Indizierung unpraktisch. Die KI-basierte Erkennung von PII muss daher nicht nur mit einer Vielzahl unterschiedlicher Datenformate und Systeme umgehen können, sondern auch mit effizienten Stichprobenverfahren kombiniert werden.
8	KI in der Datensicherheit ist notwendig, um Prioritäten zu setzen und auf die richtigen Sicherheitsvorfälle zu reagieren	Im Security Operations Center (SOC) sind die Sicherheitsexperten mit den sehr großen Mengen an sicherheitsrelevanten Informationen überfordert. KI hilft dabei, die Aufmerksamkeit der Sicherheitsexperten auf wichtige Bedrohungen für die Datensicherheit zu lenken und entsprechende Maßnahmen einzuleiten.

Literatur

1.   Weinstein, S. *Legal Risk Management, Governance and Compliance.* ISBN-13: 978-1909416512, Global Law and Business Ltd., 2016.

2.   General Data Protection Regulation (*GDPR):* `https://eur-lex.europa.eu/eli/reg/2016/679/oj` *(Zugegriffen am May 2020).*

3.   Health Insurance Portability and Accountability Act (HIPAA). `www.hhs.gov/hipaa/index.html` (Zugegriffen am August 23, 2019).

4.   *Sarbanes-Oxley Act* (SOX). `www.sec.gov/news/studies/2009/sox-404_study.htm` (Zugegriffen am August 23, 2019).

5.   Sen, Harkish. *Data Governance: Perspectives and Practices.* ISBN-13: 978-1634624787, Technics Publications, 2019.

6.   *California Consumer Privacy Act (CCPA):* `https://oag.ca.gov/privacy/ccpa` *(Zugegriffen am May 2020).*

7.   *Basel Committee on Banking Supervision Standard 239 (BCBS 239): Principles for effective risk data aggregation and risk reporting.* `www.bis.org/publ/bcbs239.htm` *(Zugegriffen am May 2020).*

8.   *Solvency II:* `https://eur-lex.europa.eu/legal-content/EN/ALL/?uri=celex%3A32009L0138` *(Zugegriffen am May 2020).*

9.   *MiFID II:* `https://eur-lex.europa.eu/legal-content/EN/ALL/?uri=celex%3A32014L0065` *(Zugegriffen am May 2020).*

10. *Protection of Personal Information Act (POPI):* `www.justice.gov.za/inforeg/docs/InfoRegSA-POPIA-act2013-004.pdf` *(Zugegriffen am May 2020).*

11. *John Ladley: Data Governance: How to Design, Deploy and Sustain an Effective Data Governance Program. ISBN-13: 978-0124158290, Morgan Kaufmann, 2012.*

12. *David Plotkin: Data Stewardship. An Actionable Guide to Effective Data Management and Data Governance. ISBN-13: 978-0124103894, Morgan Kaufmann, 2013.*

13. *Harkish Sen: Data Governance: Perspectives and Practices. ISBN-10: 1634624785, Technics Publications, 2018.*

14. *Sunil Soares: The Chief Data Officer Handbook for Data Governance. ISBN-13: 978-1583474174, MC Press, 2015.*

15. *Sunil Soares: Big Data Governance: An Emerging Imperative. ISBN-13: 978-1583473771, MC PR LLC, 2012.*

16. *Neera Bhansali: Data Governance. Creating Value from Information Assets. ISBN-13: 978-1439879139, Auerbach Publications, 2013.*

17. *Rupa Mahanti: Data Quality: Dimensions, Measurement, Strategy, Management and Governance. ASIN: B07QMNT6HM, Amazon Media.*

18. *DAMA International:* `https://dama.org/content/what-data-governance` *(Zugegriffen am May 2020).*

19. *The Data Governance Institute:* `www.datagovernance.com/adg_data_governance_definition/` *(Zugegriffen am May 2020).*

20. *Commonwealth Enterprise Information Architecture:* `www.vita.virginia.gov/media/vitavirginiagov/it-governance/ea/pdf/Commonwealth_EIA_Strategy_FINAL.pdf` *(Zugegriffen am May 2020).*

21. *Mario Godinez, Eberhard Hechler, Klaus Koenig, Steve Lockwood, Martin Oberhofer, Michael Schroeck: The Art Of Enterprise Information Architecture. A Systems-based Approach for Unlocking Business Insight. ISBN-13: 978-0137035717, IBM Press, 2010.*

22. *The Open Group Architecture Framework (TOGAF):* `www.opengroup.org/togaf` *(Zugegriffen am May 2020).*

23. ISO/IEC 27000: `www.iso.org/standard/73906.html` *(Zugegriffen am May 2020).*

24. ISO/IEC 27001: `www.iso.org/standard/54534.html` *(Zugegriffen am May 2020).*

25. ISO/IEC 27002: `www.iso.org/standard/54533.html` *(Zugegriffen am May 2020).*

26. *Software AG – Alfabet:* `www.softwareag.com/be/products/aris_alfabet/eam/default.html` *(Zugegriffen am May 2020).*

27. *LeanIX Enterprise Architecture Suite:* `www.leanix.net/en/` *(Zugegriffen am May 2020).*

28. *Spark Systems – Enterprise Architect:* `https://sparxsystems.com` *(Zugegriffen am May 2020).*

29. *ArchiMate:* `www.archimatetool.com` *(Zugegriffen am May 2020).*

30. *Lowell Fryman, W.H. Inmon, Bonnie O'Neill: Business Metadata: Capturing Enterprise Knowledge. ASIN: B003VWBXYG, Morgan Kaufmann, 2010.*

31. *Jian Qin, Marcia Lei Zeng: Metadata. ISBN-13: 978-1783300525, Facet Publishing, 2016.*

32. *Geradus Blokdyk: Reference Data Management. A Clear and Concise Reference. ISBN-13: 978-0655320333, 5STARCooks, 2018.*

33. *John Baldwin, Whei-Jen Chen, Thomas Dunn, Mike Grasselt, Shabbar Hussain, Dan Mandelstein, Erik O'Neill, Sushain Pandit, Ralph Tamlyn, Fenglian Xu: A Practical Guide to Managing Reference Data Management with IBM InfoSphere Master Data Management Reference Data Management Hub. IBM Redbooks, O'Reilly, 2013.* www.oreilly.com/library/view/a-practical-guide/0738438022/ *(Zugegriffen am May 2020).*

34. *Malcolm Chisholm: Managing Reference Data in Enterprise Databases. ISBN-13: 978-1558606975, Morgan Kaufmann, 2000.*

35. *Ivan Milman, Martin Oberhofer, Sushain Pandit, Yinle Zhou: Principled Reference Data Management for Big Data and Business Intelligence. In: International Journal of Organizational Collective Intelligence. 2017.* https://doi.org/10.4018/IJOCI.2017010104.

36. *Collibra – Data Catalog:* www.collibra.com/data-catalog *(Zugegriffen am May 2020).*

37. *IBM – Watson Knowledge Catalog:* www.ibm.com/cloud/watson-knowledge-catalog *(Zugegriffen am May 2020).*

38. *Data Interoperability Standards Consortium:* https://datainteroperability.org *(Zugegriffen am May 2020).*

39. *Amir Efrati, Kevin McLaughlin: AWS Customers Rack Up Hefty Bills for Moving Data.* www.theinformation.com/articles/aws-customers-rack-up-hefty-bills-for-moving-data *(Zugegriffen am May 2020).*

40. *IBM Guardium:* www.ibm.com/products/ibm-guardium-data-protection/resources *(Zugegriffen am May 2020).*

41. *Alexander Borek, Martin Oberhofer, Ajith Kumar Parlikad, Philip Mark Woodall: A classification of data quality assessment and improvement methods. In: ICIQ 2011 – Proceedings of the 16th International Conference on Information Quality, p. 18–203, 2011.*

42. *CDQ Good Practice Award 2018 for Bosch:* www.cc-cdq.ch/sites/default/files/cdq_award/CDQ%20Good%20Practice%20Award%202018_Robert%20Bosch.pdf *(Zugegriffen am May 2020).*

43. *Arianna Dorschel: Data Privacy in Machine Learning.* https://luminovo.ai/blog/data-privacy-in-machine-learning *(Zugegriffen am May 2020).*

44. *2019 Cost of Data Breach Report:* https://databreachcalculator.mybluemix.net/ *(Zugegriffen am May 2020).*

45. *IBM X-Force Threat Intelligence Index 2020:* `www.ibm.com/security/data-breach/threat-intelligence` *(Zugegriffen am May 2020).*

46. *ISACA – State of Cybersecurity 2020:* `www.isaca.org/bookstore/bookstore-wht_papers-digital/whpsc201` *(Zugegriffen am May 2020).*

47. *Lily Hay Newman: AI Can Help Cybersecurity – If It Can Fight Through the Hype.* `www.wired.com/story/ai-machine-learning-cybersecurity/` *(Zugegriffen am May 2020).*

48. KPMG. *KPMG Artificial Intelligence in Control – Establish greater confidence in your AI technology performance.* `https://home.kpmg/xx/en/home/insights/2018/12/kpmg-artificial-intelligence-in-control.html` (Zugegriffen am September 6, 2019).

49. European Commission. *EU Member States sign up to cooperate on Artificial Intelligence.* `https://ec.europa.eu/digital-single-market/en/news/eu-member-states-sign-cooperate-artificial-intelligence` (Zugegriffen am August 28, 2019).

50. European Commission: *On Artificial Intelligence – A European approach to excellence and trust.* `https://ec.europa.eu/info/sites/info/files/commission-white-paper-artificial-intelligence-feb2020_en.pdf` (Zugegriffen am April 2020).

51. German Federal Ministry for Economic Affairs and Energy. *Federal Government adopts Artificial Intelligence Strategy.* `www.bmwi.de/Redaktion/EN/Pressemitteilungen/2018/20181116-federal-government-adopts-artificial-intelligence-strategy.html` (Zugegriffen am August 28, 2019).

52. *German Federal Ministry of Transport and Digital Infrastructure – Ethics Commission. Automated and Connected Driving.* `www.bmvi.de/SharedDocs/EN/publications/report-ethics-commission.pdf?__blob=publicationFile` (Zugegriffen am August 28, 2019).

53. U.S. Securities and Exchange Commission (SEC). Division of Investment Management. Guidance Update – Robo-Advisers. `www.sec.gov/investment/im-guidance-2017-02.pdf` (Zugegriffen am August 28, 2019).

54. Personal Data Protection Commission Singapore. *Model AI Governance Framework.* `www.pdpc.gov.sg/Help-and-Resources/2020/01/Model-AI-Governance-Framework` (Zugegriffen am July 8, 2020).

55. James, G., Witten, D., Hastie, T., Tibshirani, R. *An Introduction to Statistical Learning: with Applications in R (Springer Texts in Statistics)*. ISBN-13: 978-1461471370, Springer, 2013.

56. IBM. *AutoAI Overview*. `https://dataplatform.cloud.ibm.com/docs/content/wsj/analyze-data/autoai-overview.html` (Zugegriffen am September 6, 2019).

57. Amazon. *Amazon SageMaker Developer Guide*. `https://docs.aws.amazon.com/sagemaker/latest/dg/whatis.html` (Zugegriffen am December 5, 2019).

58. Microsoft. *Microsoft AI Principles*. `www.microsoft.com/en-us/ai/our-approach-to-ai` (Zugegriffen am December 1, 2019).

59. Microsoft. *The Future Computed. Artificial Intelligence and its role in society*. `https://3er1viui9wo30pkxh1v2nh4w-wpengine.netdna-ssl.com/wp-content/uploads/2018/02/The-Future-Computed_2.8.18.pdf` (Zugegriffen am December 3, 2019).

60. Microsoft. *Microsoft Bot Framework*. `https://dev.botframework.com/` (Zugegriffen am December 3, 2019).

61. IBM. *IBM Unified governance and integration*. `www.ibm.com/ae-en/analytics/unified-governance-integration` (Zugegriffen am August 31, 2019).

62. IBM. *IBM Watson OpenScale*. `www.ibm.com/cloud/watson-openscale/` (Zugegriffen am August 31, 2019).

63. IBM. *IBM OpenPages with Watson*. `www.ibm.com/downloads/cas/QQMA8EOW` (Zugegriffen am August 31, 2019).

## KAPITEL 9

KI und Stammdatenmanagement

In Kap. 8, *„KI und Governance"*, haben wir Information Governance und den Einsatz von KI-Funktionen vorgestellt, die Information-Governance intelligenter machen. Ein ähnliches Thema, das von vielen Unternehmen genutzt wird, ist das Stammdatenmanagement. Abhängig von der Branche sind Kunden, Personen, Organisationen, Produkte, Lieferanten, Patienten, Mitarbeiter, Bürger und Vermögenswerte typische Beispiele für Stammdatenentitäten. MDM wird verwendet, um eine zuverlässige 360°-Sicht der Stammdaten bereitzustellen, die viele wichtige betriebliche Prozesse wie Kundenservice, Cross- und Upselling, konsistente Kundenerfahrung in einer Multichannel-Architektur oder eine optimierte Einführung neuer Produkte bzw. Services unterstützt.

Die 360°-Sicht von MDM ist auch für viele analytische Anwendungen entscheidend. Sie ist im Wesentlichen die vertrauenswürdige dimensionale Datenquelle für die Berichterstattung in einem Unternehmens-DWH oder eine erforderliche Quelle für Projekte der Datenwissenschaft, die sich auf Kundenkenntnisse in Bereichen wie das nächstbeste Angebot bzw. die nächstbeste Aktion, Kundensegmentierung, Abwanderungsanalysen und Stimmungsanalyse konzentrieren.

Wenn Kunden sich für die Einführung von MDM entscheiden, handelt es sich nicht um ein einmaliges Projekt. Eine Entscheidung für MDM bedeutet, ein Programm zu etablieren, das kontinuierliche Geschäftsverbesserungen durch die iterative Einführung von MDM im Unternehmen fördert. Ein kritischer Erfolgsfaktor für MDM-Programme ist ein effektives Information-Governance-Programm. Um eine vertrauenswürdige 360°-Sicht zu erzeugen, müssen die Datenqualität, die Datenabfolge und die Zugriffskontrollen stimmen; dies sind ebenfalls essentielle Aspekte der Information-

Governance. Darüberhinaus sind viele Stammdatentypen auch reguliert; z. B. fallen Patientendaten unter die HIPAA-Verordnung, und Personendaten sind von vielen Datenschutzbestimmungen wie EU-DSGVO, CCPA usw. betroffen. Kurz gesagt, es gibt zahlreiche zwingende Gründe, warum sich MDM- und Information-Governance-Programme überschneiden.

In diesem Kapitel stellen wir die wichtigsten Aspekte von MDM vor, gefolgt von einem Abschnitt, der zeigt, wie die KI-infundierten Information-Governance Funktionen heute für MDM-Lösungen genutzt werden und welche MDM-Bereiche von KI durchdrungen sind. Als dritten Hauptaspekt dieses Kapitels erläutern wir, wie MDM genutzt werden kann, um KI-basierte Kundeneinblicke zu operationalisieren und führen dabei das neue Konzept des digitalen Zwillings ein.

Im folgenden Abschnitt werden[1] die wichtigsten MDM-Konzepte kurz vorgestellt.

Einführung in das Stammdatenmanagement

MDM ist eine Disziplin, die Datenmanagement-Experten seit etwa 2000 bekannt ist, und der MDM-Markt für Software und Dienstleistungen wird je nach Analystenaussage in den nächsten zwei bis drei Jahren schätzungsweise auf insgesamt 7 bis 8 Mrd. US-Dollar anwachsen. Viele Softwareanbieter wie Informatica, Tibco, IBM, SAP, Riversand, Semarchy und viele andere bieten ausgereifte Softwarelösungen für MDM an. Immer mehr MDM-Angebote sind bereits als containerisierte Lösungen auf Kubernetes-Plattformen für die private Cloud-Nutzung oder als Software-as-a-Service (SaaS)-Lösungen in der öffentlichen Cloud verfügbar. Angesichts der Reife des MDM-Marktes bietet Abb. 9-1 einen Überblick über die gängigsten Funktionen der heutigen MDM-Softwarelösungen.

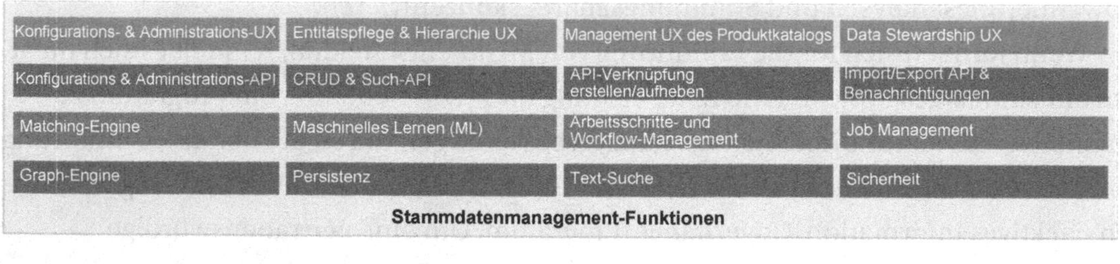

Konfigurations- & Administrations-UX	Entitätspflege & Hierarchie UX	Management UX des Produktkatalogs	Data Stewardship UX
Konfigurations & Administrations-API	CRUD & Such-API	API-Verknüpfung erstellen/aufheben	Import/Export API & Benachrichtigungen
Matching-Engine	Maschinelles Lernen (ML)	Arbeitsschritte- und Workflow-Management	Job Management
Graph-Engine	Persistenz	Text-Suche	Sicherheit

Stammdatenmanagement-Funktionen

Abb. 9-1. *Stammdatenmanagement-Funktionen*

---

[1] Siehe [1], [2], [3] und [4] für weitere Details zu MDM.

Die User Experience (UX) einer MDM-Softwarelösung umfasst in der Regel Funktionen zur Konfiguration und des Managements der MDM-Software. Die Konfigurationsfunktionalität ermöglicht in der Regel das Erstellen und Anpassen des verwendeten MDM-Datenmodells. Die Administrationsoptionen ermöglichen es zum Beispiel, Zugriffsrechte für Benutzer festzulegen oder – falls erforderlich – Funktionen zum Schreiben eines Audit-Trails aller Datenänderungen und Serviceanfragen zu aktivieren. Die UX-Funktionalität für die Pflege von Entitäten und Hierarchien ermöglicht das Suchen, Lesen, Erstellen, Aktualisieren und Löschen von Stammdatensätzen und Entitäten (Entitäten werden auch als *goldene Datensätze* bezeichnet; sie sind das Ergebnis eines Abgleichs, der auf die Stammdatensätze angewendet wird).

Die Pflege von Organisationshierarchien, Gebietshierarchien, Kreditrisikohierarchien oder Produktkategoriehierarchien sind nur einige Beispiele, für die Hierarchiemanagementfunktionen im UX genutzt werden. Die Erstellung neuer Produkte und die Pflege von Produktkatalogen ist ein weiterer Funktionsbereich, für den spezielle UX-Komponenten benötigt werden. Data Stewards, die die Datenqualität für das MDM-System verwalten, benötigen ein umfassendes Aufgabenmanagement und Prozesse zur Verbesserung der Datenqualität, die in der Data Stewardship UX zugänglich sind.

Die UX-Funktionalität nutzt eine umfangreiche API-Schicht für alle erforderlichen Funktionen. Die Echtzeit-CRUD- (kurz für create, read, update, delete) und Such-APIs, die von verschiedenen Channel-Anwendungen wie Online- und mobilen Channels, CRM-Systemen, Call-Centern und anderen genutzt werden, tragen jedoch die Hauptlast, wobei 85–90 % der Arbeitslast dieser Systeme aus Leseanforderungen und 10–15 % aus Schreibanforderungen bestehen. Das Benachrichtigungsmanagement setzt abonnierte Anwendungen über Schreibanforderung von geänderten Stammdaten in Kenntnis. Die Import- und Export-APIs für die Massenverarbeitung werden für das anfängliche Massenladen von Stammdaten in das MDM-System, die Delta-Batch-Verarbeitung (z. B. monatliche Drittanbieter-Feeds von Dun & Bradstreet) oder Batch-Exporte in DWH- oder Datenwissdenschafts-Umgebungen von Unternehmen verwendet.

Die Matching-Engine wird verwendet, um festzustellen, ob es sich bei den Datensätzen um Dubletten handelt oder nicht; sie bietet solche Funktionen im Bulk-, inkrementellen Batch- und Echtzeitmodus. Im nächsten Abschnitt wird das Abgleichsproblem genauer untersucht. Wenn die Abgleichsmaschine feststellt, ob zwei oder mehr Datensätze Dubletten sind oder nicht, kann das Ergebnis (1) eine

Nichtübereinstimmung, (2) eine automatische Übereinstimmung oder (3) eine Entscheidung sein, bei der eine gewisse Ähnlichkeit festgestellt wurde, die jedoch nicht für eine automatische Übereinstimmung ausreicht. In einem solchen Fall wird eine Aufgabe für den Datenadministrator erstellt, wodurch sich die Notwendigkeit eines Aufgaben- und Workflow-Managements ergibt. Die Aufgabenschritte- und Workflow-Komponente zur Unterstützung des Datenqualitätsmanagements bietet alle Aspekte, die für human (menschliche) Workflows zur Behebung der festgestellten Datenqualitätsprobleme erforderlich sind. Die ML-Komponente ist die jüngste Komponente, die zu einem MDM-System hinzugefügt wurde. Im nächsten Abschnitt wird untersucht, wie die ML-Komponente verwendet wird, um MDM mit KI zu ergänzen. Es gibt Aufgaben wie das initiale Laden, den Massenabgleich oder große Datenexporte, die eine Job-Management-Funktionalität erfordern, um diese langwierigen Aufgaben zu planen und ihren Status und ihre Ergebnisse zu sehen.

Graphenbasierte Erkundung von Stammdatenbeziehungen auf der Grundlage einer Graphen-Datenbank-Engine, eine Persistenz zur Speicherung der Daten und ein Textsuch-Backend, das eine einfach zu bedienende Textsuchfunktionalität unterstützt, sind ebenfalls gängige Komponenten in MDM-Systemen.

Da Stammdaten zu den wertvollsten Datenbeständen eines jeden Unternehmens gehören und viele Stammdatenbereiche wie Personen oder Patienten von Vorschriften betroffen sind, ist auch eine breite Palette von Sicherheitsfunktionen erforderlich. Zu den typischen Sicherheitsmerkmalen gehören die Verschlüsselung von gespeicherten Stammdaten, die Unterstützung verschlüsselter Kommunikation (z. B. SSL) und optional die Verschlüsselung von Nachrichten, fein abgestufte Datenzugriffskontrollen auf Datensatz- und Attributsebene sowie eine vollständige Audit-Funktionalität für alle Datenänderungen und Lesedienstanforderungen.

Digitaler Zwilling und Kundendatenplattform

Ein sich abzeichnender Trend neben MDM ist das Aufkommen der Konzepte des digitalen Zwillings und der Kundendatenplattform,[2] ein neues Softwaresegment neben MDM, das im Gartner Hype Cycle für Technologien steht, die sich derzeit auf dem Höhepunkt der überhöhten Erwartungen befinden. Im Vergleich zu MDM handelt es sich um einen kleinen Softwaremarkt mit einem erwarteten schnellen Wachstum. Die

---

[2] Hierfür nutzen wir im Folgenden die Abkürzung CDP (Customer Data Platform).

treibende Motivation für CDP-Lösungen ist das Konzept des digitalen Zwillings, das bereits im IoT-Bereich Einzug gehalten hat. Hier wird das Konzept des digitalen Zwillings verwendet, um eine digitale Darstellung der physischen Struktur der realen Welt zu erstellen. Beispiele hierfür sind Fließbänder oder Versorgungsnetze (Gas, Strom, Wasser usw.), die mit Hilfe von Sensoren vollständig instrumentiert sind. Die Anwendung des Konzepts des digitalen Zwillings auf Kundenstammdaten bedeutet im Grunde, dass die 360°-Sicht auf den Kunden um viele weitere Attribute erweitert wird, um eine erweiterte Perspektive darauf zu erhalten, wie der Kunde bevorzugt einkauft, Support in Anspruch nimmt oder Informationen über Produkte sammelt oder wie der Kunde auf sozialen Plattformen positiv über ein gekauftes Produkt interagiert (oder negativ darüber spricht, wenn er nicht zufrieden ist).

Es erfordert die Verknüpfung aller Kundeninteraktionen über alle Systeme hinweg mit dem Kundenprofil, wobei der Kunde direkt oder indirekt mit einem Unternehmen interagieren kann. Abb. 9-2 zeigt eine konzeptionelle Sicht auf den Umfang des traditionellen MDM-Datenmodells und dessen Erweiterungen, die durch das Konzept des digitalen Zwillings erforderlich sind.

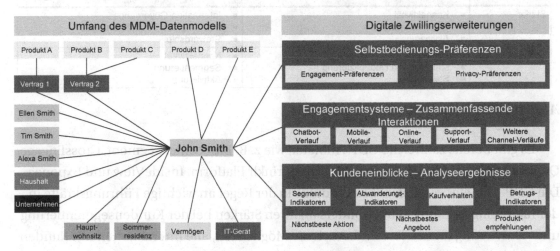

Abb. 9-2. *Erweiterung der MDM 360°-Kundensicht mit Attributen des Digitalen Zwillings*

Hierbei handelt es sich nicht um eine *black and white* Sichtweise. So wurden beispielsweise eine Reihe von Einstellungspräferenzen oder Datenschutzpräferenzen sicherlich schon früher in MDM-Systemen verwaltet. Der entscheidende Aspekt hierbei ist, dass der Umfang dieser Präferenzen deutlich zugenommen hat. Die umfassende Verknüpfung mit allen Interaktionspunkten, an denen sich der Kunde über ein

Engagementsystem in einen Geschäftsprozess einbringt, ist ein weiterer Bereich, der an Bedeutung stetig zunimmt. Das bedeutet zwar nicht, dass die Sprachaufzeichnung aus dem Callcenter in ein MDM-System abgelegt wird; es sollte jedoch festgehalten werden, dass der Kunde angerufen hat, einschl. den Grund und das Ergbnis des Anrufs, der Name des entsprechenden Sachbearbeiters usw. Diese zusammenfassenden Interaktionsinformationen müssen mit dem Kundenprofil verknüpft werden, um es zu einem digitalen Zwillingsprofil zu machen.

Viele Unternehmen haben bereits in KI investiert, um weitreichende Kundeneinblicke zu gewinnen. Ohne eine Strategie zur Operationalisierung dieser Kundenerkenntnisse an den Touchpoints, an denen diese Erkenntnisse einen Mehrwert schaffen könnten, sind sie jedoch nicht von großem Nutzen. Im letzten Abschnitt dieses Kapitels zeigen wir, wie dieses Problem gelöst werden kann.

Lassen Sie uns zunächst die Stärken und Schwächen von CDP- und MDM-Plattformen vergleichen, wie in Abb. 9-3 dargestellt.

	CDP-Charakteristiken: Führend im Marketing	MDM-Charakteristiken: Führend in der Unternehmens-IT
Stärke	▪ Konnektivität ▪ Segmentierung ▪ Aktivierung	▪ Information-Governance ▪ Matching und Deduplizierung ▪ Stewardship
Schwäche	▪ Information-Governance ▪ Matching und Deduplizierung ▪ Stewardship	▪ Konnektivität ▪ Segmentierung ▪ Aktivierung

Abb. 9-3. *Vergleich von CDP und MDM*

Es gibt bereits zahlreiche CDP-Anbieter, wie z. B. Blueconic, Segment, CrossEngage, QuanticMind, Scal-e, CustomerLabs CDP, Sprinklr Platform, InsideView und Exponea. Die CDP-Anbieter verkaufen ihre Produkte in der Regel an wichtige Führungskräfte in der Marketingabteilung, die besonders an ihren Stärken bei der Kundensegmentierung und -aktivierung interessiert sind. Auch die Möglichkeit, alle Interaktionen mit Kunden aus allen Engagementsystemen durch eine große Anzahl von Out-of-the-Box-Konnektoren zu überblicken, ist für Marketingmitarbeiter äußerst attraktiv.

Der Käufer von MDM-Lösungen ist häufig in der IT-Abteilung eines Unternehmens angesiedelt und muss das Stammdatenproblem für das Unternehmen als Ganzes lösen. Daher sind exzellente Information-Governance-, Abgleich- und Deduplizierungs- sowie Stewardship-Funktionen wesentliche Anforderungen und stellen die Hauptstärken vieler MDM-Softwarelösungen dar.

Um den Anwendungsbereich zu erweitern, haben MDM-Anbieter damit begonnen, ihre MDM-Softwarelösungen zu verbessern, und den Anforderungen des digitalen Zwillings dadurch besser gerecht zu werden, indem sie die Flexibilität erhöhen, relevante Attribute des digitalen Zwillings mit weniger Aufwand zu ihren MDM-Lösungen hinzuzufügen. Damit gelingt auch die Aufnahme zusammenfassender Interaktionsdatensätze in MDM-Systeme. Ein weiterer Aspekt ist die Verbesserung der Integration mit dem KI-Ökosystem, die wir im letzten Abschnitt dieses Kapitels erörtern.

Einbindung von KI in das Stammdatenmanagement

Das Herzstück von MDM-Lösungen ist ihre Fähigkeit, Stammdaten abzugleichen und zu de-duplizieren, sowie ihre Datenverwaltungsexpertise. Heute sind deterministische und unscharfe probabilistische Matching-Techniken bekannt. Deterministische Techniken sind relativ einfache Funktionen wie beispielsweise der exakte String-Vergleich von Attributen. Allerdings wurden Stammdaten oft erstellt, bevor ein MDM-System eingeführt wurde. Die Anwendungen, mit denen diese Datensätze erstellt wurden, waren nicht für eine angemessene Kontrolle der Datenqualität optimiert.

Infolgedessen werden die Quelldaten in der Regel mit unterschiedlichen Datenqualitätscharakteristiken und einer Vielzahl von Datenqualitätsproblemen an ein MDM-System übergeben. Abb. 9-4 zeigt Ihnen nur die Spitze des Eisbergs der Datenqualitätsprobleme in zwei Beispieldatensätzen. In der vierten Spalte haben wir einige der erforderlichen Fuzzy-Ähnlichkeitsverfahren aufgeführt, um zu beurteilen, ob die beiden gezeigten Datensätze übereinstimmen. In der letzten Spalte zeigen wir die Gewichtung der Attribute. Die Gewichtung kann für einzelne Attribute (z. B. Geburtsdatum, Geschlecht) oder für eine Gruppe von Attributen (z. B. Namensattribute oder Adressattribute) erfolgen. Nicht alle Attribute sind gleich wichtig für die Entscheidung, ob zwei oder mehr Datensätze gleich sind.

Attribut	Satz 1	Satz 2	Ähnlichkeitsverfahren	Gewicht
Vornamen	Robert	Bob	Auflösung des Spitznamens	3.4
Mittlerer Name	John			
Nachname	Washington	Washincton	Phonetische Ähnlichkeit	
Zusatz	Jr.	Junior	Standardisierung	
Geburtsdatum	10/03/1975	03/10/1975	Datumsähnlichkeit (US vs. Europa)	4.1
Geschlecht	Männlich	M	Normung	0.2
SSN	231-44-5821	231-45-5812	Editing-Distanz	-5.2
Straße	Sunset Boulevard	Sunset Blvd. 233	Standardisierung für Blvd. und Fehlplatzierung von 233	2.5
Hausnummer	234			
Postleitzahl	91042	91042		
Stadt	Los Angeles	Los Angeles		
Land	USA	Vereinigte Staaten von Amerika	Standardisierung	

Abb. 9-4. *Matching-Techniken zum Abgleich unscharfer Quelldaten*

Die Spalte *Geschlecht* beispielsweise hat in der Regel eine geringe Anzahl
unterschiedlicher Werte. Die Suche nach einer Übereinstimmung der Werte in diesem
Attribut ist daher von geringer Bedeutung, und der Gewichtsbeitrag zur
Gesamtbewertung der verglichenen Datensätze ist gering. Andere Attribute wie die
Social Security Number (SSN) sind sehr wichtig. Im Beispiel ist die Editing-Distanz für
die *SSN* gleich 2 (zwei Tippfehler beim Vergleich der Werte). Wenn Sie das
Gewichtungsschema für ein Attribut konfigurieren, können Sie negative oder positive
Werte zuweisen. Um beispielsweise anzuzeigen, dass die unscharfe Ähnlichkeit als zu
weit auseinander liegend angesehen wird, sollte dieses Attribut eigentlich einen
negativen Wert haben. Dies bedeutet, dass es einen stärkeren Beitrag zu einer möglichen
Entscheidung leistet, die Datensätze auseinander zu halten. In dem gezeigten Beispiel ist
die Editing-Distanz von 2 oder mehr mit negativen Gewichten konfiguriert, eine Editing-
Distanz von 0 würde ein großes positives Gewicht ergeben, und eine Editing-Distanz von
1 hätte immerhin noch ein gewisses positives Gewicht.

Auch wenn auf der Grundlage verschiedener Fuzzy-Matching-Techniken eine
gewisse Ähnlichkeit der Namens- und Adressattribute festgestellt wird, tragen sie im
Vergleich zu Werten, die sich stärker ähneln würden, weniger zum Gesamtergebnis bei.
Ein weiterer Aspekt, der die Gewichte beeinflusst, ist die Wahrscheinlichkeit einer
Übereinstimmung. Nehmen wir einen deutschen Datensatz. Der Nachname *Cheng* ist
im Vergleich zum Nachnamen *Müller* in einem deutschen Datensatz sehr selten,
während es für *Müller* wahrscheinlich viele Einträge gibt. Das bedeutet, wenn Sie
Datensätze anhand des Nachnamens vergleichen, ist die Wahrscheinlichkeit, Datensätze
mit *Müller* im Nachnamen zu vergleichen, viel höher als beim Abgleich zweier

Datensätze, bei denen der Nachname *Cheng* lautet. Daher wird auf die Gewichte ein Skalierungsfaktor angewendet. Bei seltenen Werten werden die Gewichte nach oben skaliert, bei häufigen Werten werden die Gewichte entsprechend nach unten skaliert. Die Gesamtpunktzahl in diesem Beispiel ist 3, 4 + 4, 1 + 0, 2 + 2, 5 − 5, 2 = 5. Die Gesamtpunktzahl wird normalerweise mit zwei Schwellenwerten verglichen. Wenn die Gesamtpunktzahl unter dem unteren Schwellenwert liegt, handelt es sich um eine Nichtübereinstimmung. Liegt die Gesamtpunktzahl über dem oberen Schwellenwert, handelt es sich um einen Auto-Match, und konfigurierbare Überlebensregeln würden automatisch einen Entitätsdatensatz erstellen, mit dem die Dubletten verknüpft werden. Liegt die Gesamtpunktzahl zwischen dem unteren und dem oberen Schwellenwert, bedeutet dies, dass die Datensätze eine gewisse Ähnlichkeit aufweisen, aber ein Datenadministrator hinsichtlich der Verknüpfung der Datensätze die endgültige Entscheidung trifft.

Weiterere Aspekte des Abgleichs sind die Skalierbarkeit und die Performance. Skalierung bedeutet heute, dass möglicherweise Milliarden von Datensätzen in den größten Kundenimplementierungen zu bearbeiten sind. Dies bringt mehrere Herausforderungen für das Matching mit sich. Erstens: Wie kann ein Massenabgleich in großem Umfang auf sehr großen Datensätzen durchgeführt werden? Dieses Problem wird durch Datenpartitionierung und parallele Ausführung gelöst. Zweitens: Wie kann ein erneuter Abgleich mit neuen oder aktualisierten Datensätzen in Echtzeit (Millisekundenbereich) durchgeführt werden? Ein Brute-Force-Vergleich eines neuen Datensatzes mit zwei Milliarden Datensätzen kann definitiv nicht im Millisekundenbereich durchgeführt werden. Da mit hoher Wahrscheinlichkeit nur eine kleine Teilmenge der verfügbaren Datensätze mit dem neuen Datensatz übereinstimmt, geht es um das Auffinden dieser Teilmenge. Hierbei werden sogenannte Bucketing-Techniken eingesetzt, bei denen die Daten so geclustert werden, dass Datensätze mit bestimmten Gemeinsamkeiten (z. B. identischer Nachname, identische Postleitzahl) nahe beieinander liegen.

Diese Kandidatenliste (Teilmenge) wird durch den Vergleich der relevanten Attribute (z. B. Nachname, Postleitzahl) des abzugleichenden Datensatzes. Wenn der abzugleichende Datensatz beispielsweise den Nachnamen *Müller* und die Postleitzahl *70579* hat, würden nur die Datensätze in dem von *Müller* angegebenen Cluster, *70759,* in der Kandidatenliste für den Abgleich erscheinen. In der Praxis werden in der Regel verschiedene Attributgruppen für das Clustering verwendet. Diese sollten so kalibriert werden, dass ein Cluster im Durchschnitt nicht mehr als 200–500 Datensätze enthält.

Um die Unschärfe in den Daten zu berücksichtigen, sollten die phonetischen Varianten des Nachnamens *Müller*, wie z. B. *Mueller, ebenfalls* im gleichen Cluster zu finden sein.

Bei einer MDM-Implementierung verbringt ein technischer MDM-Experte in der Regel 4–6 Wochen mit der Konfiguration einer unscharfen probabilistischen Abgleichs-Engine, um zu entscheiden, welche Attribute verwendet werden sollen, welche Gewichtungen auf ein Attribut oder eine Gruppe von Attributen angewandt werden sollen, wie die Werte für die unteren und oberen Schwellenwerte aussehen sollen usw. Bei einer ersten Konfiguration werden zwecks Validierung der Geschäftsanforderungen alle Daten abgeglichen und die Ergebnisse mit den Geschäftsanwendern überprüft. Jede Iteration dauert in der Regel 2 Wochen, und nach zwei bis drei Iterationen entspricht die Konfiguration in der Regel den Erwartungen der Geschäftsanwender. Fehlerhafte Abgleichergebnisse sind problematisch. Wenn es beispielsweise zu viele False Negative Ergebnisse gibt, werden Geldwäschevorfälle übersehen. False Positive Ergebnisse könnten bedeuten, dass Bankkonten von zwei Personen zusammenführen, die in Wirklichkeit nicht identisch sind. Daher ist es von entscheidender Bedeutung, die Matching-Engine in einem MDM-System so gut wie möglich auf Ihre Daten zu kalibrieren, um False Negative und Fale Positive Ergebnisse zu minimieren.

Die letzte Herausforderung beim Matching ist die hohe Anzahl der manuellen Arbeitsschritte, die für das Data Stewardship-Team entstehen. Bei 20 Mio. Datensätze und nur 1 % manueller Bearbeitung verbleiben 200.000 Auflösungsschritte. Bei einem Bearbeitungsvolumen von ca. 200 Fällen pro Data Steward pro Tag, würden ca. 14 Data Stewards ein Vierteljahr mit dem Matching-Vorgang beschäftig sein.

Angesichts dieser Herausforderungen stellt sich die Frage, wie KI dazu beitragen kann, Matching und Data Stewardship zu verbessern. Wir werden den Einsatz von KI für drei Anwendungsfälle aufzeigen:

1. Einsatz von KI zur Vereinfachung der MDM-Konfiguration

2. Nutzung von KI-Funktionen innerhalb der Matching-Engine

3. Nutzung von KI-Funktionen zur deutlichen Verringerung des Arbeitsaufwands für Datenadministratoren

Beginnen wir mit dem ersten Anwendungsfall, der in Abb. 9-5 dargestellt ist. Wie bereits erwähnt, ist das anfängliche Laden von Daten aus mehreren Quellen oder das Hinzufügen weiterer Datenquellen zu MDM in späteren Bereitstellungsphasen ein mühsamer und schwerfälliger Prozess. Diese Aufgabe kann in der Regel weder durch zusätzliche Ressourcen noch durch traditionelle ETL-basierte Ansätze wesentlich verkürzt werden. Infolgedessen ist die Zeit bis zur Wertschöpfung nicht ideal. Mit KI-infundierten Funktionen wird dies wesentlich einfacher. Ein Data Engineer, der die Konfigurations-UX des MDM-Systems nutzt, kann einfach auf eine oder mehrere Quellen verweisen. Vorraussetzung hierfür ist, dass das MDM-System im Information-Governance Katalog registriert wurde und für alle Attribute Datenklassen und Geschäftsbegriffe zugewiesen sind.

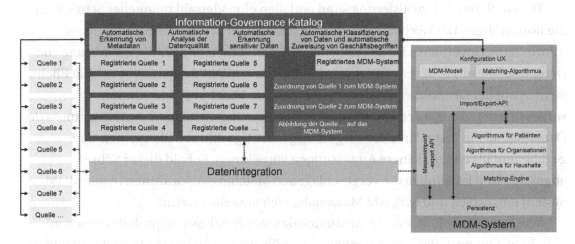

Abb. 9-5. *KI-basierte MDM-Konfiguration*

Über REST-APIs aus dem Information-Governance Katalog nutzt die Konfigurations-UX alle KI-infundierten Funktionen, die wir bereits in Kap. 8, *„KI und Governance"*, vorgestellt haben, darunter

- Automatische Erkennung von Metadaten

- Automatische Analyse der Datenqualität

- Automatische Erkennung sensibler Daten wie PII

- Automatisches Klassifizieren von Daten und automatisches Zuordnen von Geschäftsbegriffen

Im Ergebnis wird die gefundene Quelle in der Konfigurations-UX automatisch auf das MDM-Datenmodell des MDM-Systems abgebildet. Dazu werden die Datenklassifizierungsergebnisse der Quelle mit den dem MDM-Datenmodell zugeordneten Datenklassen verglichen. Werden Übereinstimmungen gefunden, wird das Mapping als perfekte Übereinstimmung vorgeschlagen, andernfalls wird dem Data Steward je nach Ähnlichkeit ein Vorschlag unterbreitet. Der Data Engineer muss die vorgeschlagene Zuordnung zum MDM-Datenmodell überprüfen und sie entweder sofort genehmigen oder bei Bedarf anpassen. Jede Quelle wird zu einer registrierten Quelle im Information-Governance Katalog, wie in Abb. 9-5 dargestellt, und die Mappings von jeder Quelle auf das MDM-Datenmodell werden ebenfalls in den Information-Governance Katalog übertragen.

Durch diesen Automatisierungsgrad entfallen eine Vielzahl manueller Schritte und die notwendigen UX-Wechsel zwischen verschiedenen Datenprofilierungs-Tools, Information-Governance Katalog, Microsoft Excel – das häufig für die Zuordnung von Datenquellen zu MDM verwendet wurde – und dem MDM-System selbst. Schließlich werden auf der Grundlage von KI ein oder mehrere Matching-Algorithmen vorgeschlagen, die von den Daten aus den Datenquellen abhängen. Auch hier muss der Data Engineer in erster Linie die vorgeschlagenen Algorithmen überprüfen und gegebenenfalls einige kleinere Anpassungen vornehmen. Sobald dieser Schritt abgeschlossen ist, können die vorgeschlagenen Matching-Algorithmen in das MDM-System eingespielt und der erste Massenabgleich ausgelöst werden.

Wie bereits erwähnt, war die Abstimmung einer erstklassigen probabilistischen Matching-Engine in der Vergangenheit eine mühsame Aufgabe. Mit Hilfe der KI ändert sich dies nun erheblich, was uns zu unserem zweiten Anwendungsfall bringt, der in Abb. 9-6 dargestellt ist. Wenn die Matching-Engine einen Matching-Algorithmus ausführt, werden für jedes auf Fuzzy-Matching-Operatoren basierende Attribut Vergleichsergebnisse erzeugt. Durch den Einsatz von KI können wir nun für die Bewertung der Vergleichsergebnisse automatisch eine anfängliche Reihe von Gewichtungen vorschlagen, sowie eine anfängliche Reihe von Schwellenwerten für die unteren und oberen Schwellenwerte, die die Grenzen für (1) Nicht-Übereinstimmungen, (2) automatische Übereinstimmungen und (3) manuelle Bearbeitung festlegen. Auf der Grundlage der Gewichtungen und der Schwellenwerte für den ersten Massenabgleich werden die ersten Abgleichsergebnisse erstellt.

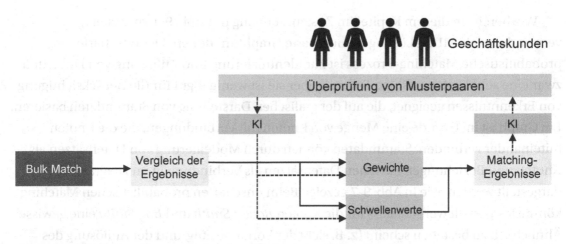

Abb. 9-6. *KI-infundierte Optimierung der Matching-Engine*

Wenn Sie z. B. 400 Mio. Stammdatensätze in das MDM-System geladen haben, wird für jeden Datensatz im Massenabgleichsprozess ein Matching-Ergebnis erzeugt. Um zu überprüfen, ob die Matching-Konfiguration den geschäftlichen Anforderungen entspricht, können Fachanwender beispielsweise 500–1500 relevante Beispiele entsprechend der drei oben erwähnten Kategorien von Vergleichsergebnissen – die mit Hilfe von KI identifiziert wurden – als Teil des Musterpaar-Überprüfungsprozesses sehen. Die Fachanwender können dann für jedes Probenpaar das Matching-Ergebnis bestätigen bzw. ablehnen, so dass durch diesen Labelings-Prozess ein Wahrheitsaussage in Bezug auf die Vergleichsergebnisse entsteht. Sobald alle Probenpaare gelabelt sind, wird KI erneut eingesetzt, um die Gewichtungen und Schwellenwerte neu zu kalibrieren.

Sie müssen den Abgleichsprozess nicht erneut durchführen, was beim Matching großer Datensätze zeitaufwendig wäre. Mit den angepassten Gewichtungen und Schwellenwerten können die Matching-Ergebnisse anhand der gespeicherten Vergleichsergebnisse der Ähnlichkeitsbewertungen der Attributwerte sofort neu berechnet werden. Wenn die angepassten Gewichte und Schwellenwerte identische Ergebnisse wie in der vorherigen Iteration liefern, ist deie Kalibrierung des Matching-Prozesses beendet. Andernfalls müssen die Fachanwender die Teilmenge der Stichprobenpaare, bei denen die angepassten Gewichte und Schwellenwerte eine Änderung der Matching-Ergebnisse verursacht haben, überprüfen. Mit diesem Verfahren ist die Abstimmung der Matching-Engine deutlich schneller abgeschlossen, und die Matching-Genauigkeit wird im Vergleich zur manuellen Abstimmung ohne KI verbessert.

Wie bereits in diesem Kapitel im Zusammenhang mit Abb. 9-1 vorgestellt, verwenden viele MDM-Lösungen integrierte Graphfunktionen. Der unscharfe probabilistische Matching-Prozess ist zur Identifizierung und Auflösung von Dubletten zwar eine sehr leistungsfähige Technik, aber sie ist weniger gut für die Berücksichtigung von Erkenntnissen geeignet, die auf der grafischen Darstellung von Stammdaten basieren. Ein Graph ist im Grunde eine Menge von Knoten mit Verbindungen, die die Knoten miteinander verbinden. Stammdaten können durch Modellierung von Datensätzen als Knoten und Beziehungen zwischen Datensätzen als Verbindungen im Diagramm dargestellt werden, wie in Abb. 9-7 gezeigt. Beim unscharfen probabilistischen Matching könnte festgestellt werden, dass für die Knoten *Robert Smith* und *Bob Smith* eine gewisse Ähnlichkeit zu bestehen scheint (z. B. sieht der Vorname aufgrund der Auflösung des Spitznamens ähnlich aus, wobei „Bob" ein bekannter Spitzname für „Robert" ist, und beim Geburtsdatum gibt es aufgrund eines Tippfehlers eine Bearbeitungsdistanz von 1).

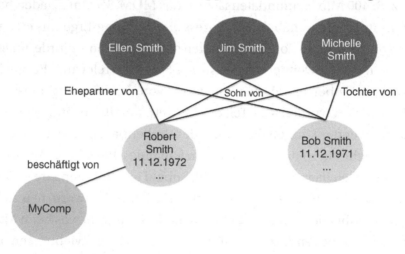

Abb. 9-7. *Beispiel eines Graphen*

Was jedoch beim unscharfen probabilistischen Matching nicht gesehen wird, ist das engere Beziehungsnetz um beide Knoten. Das in Abb. 9-7 gezeigte Beziehungsnetz ist auf solche Knoten limitiert, die eine begrenzte Anzahl von Kanten entfernt sind. Um zu entscheiden, ob die beiden Knoten *Robert Smith* und *Bob Smith* zusammengeführt werden sollten, enthält der lokale Teilgraph um sie herum wichtige Informationen. Beide Eckpunkte zeigen Beziehungen zu derselben Ehefrau und denselben Kindern. Diese Beziehungsinformation ist ein sehr starker Indikator dafür, dass die beiden Datensätze, zusammengeführt werden sollten.

Aus dieser Erkenntnis ergeben sich zwei Fragen:

1. Wie können grafische Darstellungen verwendet werden, um das Matching zu verbessern?

2. Welche KI-Techniken auf Graphen verbessern das Stammdatenmanagement oder ermöglichen andere nützliche analytische Erkenntnisse, bei denen Stammdaten eine wichtige Quelle sind?

Zur Beantwortung der ersten Frage wurde eine Reihe von Ansätzen untersucht,[3] die auf lokalen Subgraphenähnlichkeitsmaßen basieren. Die Verwendung einer dieser Techniken könnte als zusätzlicher Merkmalsvektor mit geeigneter Gewichtung hinzugefügt werden, um das unscharfe probabilistische Matching mit einem lokalen Subgraphen-Ähnlichkeitsmaß zu kombinieren und die Matching-Ergebnisse zu verbessern.

Ein Beispiel für die zweite Frage sind die graphischen neuronalen Netze (GNN),[4] die für Anwendungsfälle wie die Link-Vorhersage eingesetzt werden. Mit der Link-Vorhersage können Beziehungen gefunden werden, die nicht explizit in den Graphdaten angegeben sind. Die GNN-Verwendung für die Link-Vorhersage in einem MDM-System ermöglicht es beispielsweise, versteckte Beziehungen zu finden, die für die Aufdeckung von Betrug oder ähnlichen Scenarien entscheidend sein können. GNN für die Link-Vorhersage kann z. B. mit Open-Source Python-Bibliotheken wie PyTorch[5] implementiert werden. Kunden erwarten heute Verbesserungen von den MDM-Anbietern, die solche graphenbasierten KI-Techniken in ihre MDM-Softwarelösungen integrieren. GNN- basierende Link-Vorhersagen erfordern jedoch eine entsprechende Erklärbarkeit. Während die Erklärbarkeit einer KI-basierten Vorhersage bei einigen ML-Techniken einfacher ist, ist dies bei neuronalen Netzen basierenden tendenziell schwieriger. Die Forschung beschäftigt sich derzeit aktiv mit der Erklärbarkeit von GNN-basierten Link-Vorhersagen. Wir gehen davon aus, dass in den nächsten Jahren mehr GNN-basierte Funktionen einschl. Erklärbarkeit in kommerziellen MDM-Softwarelösungen integriert werden.

---

[3] Siehe [5], [6], [7] und [8] für weitere Details.
[4] Siehe [9] zu Grenzen von GNN-Netze.
[5] Siehe [10] für Details des torch_geometric-Paket im PyTorch-Python-Paket.

Der nächste Anwendungsfall ist das KI-gestützte Data Stewardship.[6] MDM-Software wie IBM MDM[7] bietet KI-Funktionen, um die Menge an bürokratischen Aufgaben für das Data Stewardship-Team erheblich zu reduzieren.

Abb. 9-8 zeigt einen konzeptionellen Überblick über das MDM-System mit den wichtigsten Komponenten. Der Kerngedanke besteht darin, dass ein ML-Algorithmus verwendet wird, um von Data Stewards und ihren Entscheidungen während des Matching-Prozesses bzw. der Verarbeitung und Auflösung der Daten-Dubletten zu lernen. Auf diese Weise wird eine Dubletten-Auflösungshistorie erstellt. Das trainierte KI-Modell kann anschliessend für die Verarbeitung weiterer Dubletten verwendet werden. Je nach verwendetem ML-Algorithmus und optimiertem Trainingsansatz, muss eine unterschiedliche Anzahl von Dubletten prozessiert werden, bevor das Training beginnen kann.

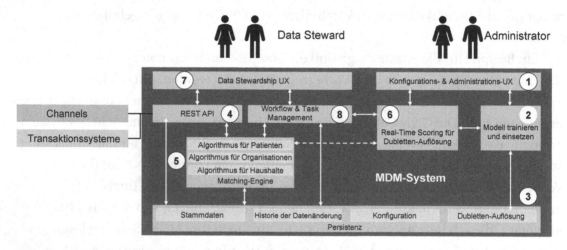

Abb. 9-8. *KI-gestütztes Data Stewardship*

Bei der Verwendung des ML-Algorithmus *Random Forest* waren beispielsweise etwa 5000 Dubletten-Auflösungen erforderlich, bevor das trainierte KI-Modell zuverlässige Ergebnisse lieferte. Durch einen iterativen Trainingszyklus, einschl. entsprechender Clustering-Techniken zur Bestimmung der nächstfolgenden Dubletten, konnte die Anzahl der aufzulösenden Dubletten von 5000 auf 250 bis 300 Aufgaben reduziert werden.

---

[6] Siehe [11] zu verschiedenen ML-Techniken, einschließlich eines Vergleichs ihrer Vorhersagequalität und Leistungsüberlegungen. Random Forest und Extreme Gradient Boosting sind in Bezug auf die Vorhersagequalität vergleichbar, aber Random Forest ist schneller zu trainieren und benötigt weniger Hardware-Ressourcen für das Training.

[7] Siehe [12] für weitere Informationen.

Dies war auf einen beschleunigten positiven Trainingseffekt des Random-Forest-Algorithmus zurückzuführen. Im Allgemeinen funktioniert der Ansatz wie folgt:

1. Sobald genügend Dubletten verarbeitet worden sind, kann sich der Administrator über das Konfigurations- und Administrations-UX einloggen.

2. Über das Konfigurations- und Administrations-UX kann der Administrator ein ML-Modell trainieren und einsetzen. Sobald die Genauigkeit des ML-Modells den Anforderungen entspricht, wird es als Real-Time Scoring-Service bereitgestellt.

3. Die für das Training des ML-Modells benötigten Daten ergeben sich aus der Auflösungshistorie der Data Stewards, die im Aufgabenbereich Dublettenverdacht gespeichert sind.

4. Channel- oder Transaktionsanwendungen erstellen bzw. aktualisieren Stammdatensätze über das REST-API des MDM-Systems.

5. Bei Erstellungs- oder Aktualisierungsvorgängen wird über das REST-API die MDM-Matching-Engine mit einem oder mehreren Algorithmen aufgerufen, um einen Matching-Vorgang anzustossen.

6. Wird eine Dublette gefunden, ruft die Matching-Engine den Real-Time Scoring-Service für die Dubletten-Auflösung auf. Wenn die Genauigkeit über dem konfigurierten Schwellenwert liegt, kann auf der Grundlage eines konfigurierbaren Schwellenwerts für die Vorhersagequalität die Empfehlung des Scoring-Services ohne Einbindung des Data Stewards automatisch angewendet werden. Liegt die Genauigkeit jedoch unter dem Schwellenwert, wird keine automatische Dubletten-Auflösung durchgeführt, und eine Aufgabe für den Data Steward hinzukreiert.

7. Ein Data Steward kann sich über das Data Stewardship UX anmelden.

8. Über das Data Stewardship UX kann der Data Steward die
    Aufgaben zur Dubletten-Auflösung im Posteingang sehen und sie
    mithilfe der Workflows für den Dubletten-Auflösungsprozess
    adressieren. Eine ausgewählte Aufgabe wird erneut bewertet, da
    sich die zugrundeliegenden Datensätze geändert haben könnten.
    Wenn der Data Steward mit der Neubewertung bzw. Empfehlung
    einverstanden ist, kann diese per Klick übernommen werden.
    Andernfalls sollte der Data Steward den Dubletten-
    Auflösungsprozess schrittweise manuell durchlaufen.

Der Wertbeitrag ist enorm: Zunächst einmal fällt für die Data Stewards ein erheblich
geringerer Verwaltungsaufwand an, der sich auf mehr als 50 % belaufen kann. Falls die
ML-Vorhersage nicht hinreichen gut für eine automatische Auflösung sein sollte, kann
der Data Steward die vorgeschlagenen Empfehlung je nach Einschätzung persönlich
anpassen. Der Schwellenwert für die Vorhersagequalität ist anfangs sehr hoch
konfiguriert, bis sich die Data Stewards mit der KI im MDM-System vertraut gemacht
haben. Berichte über die von der KI gelösten Fälle, einschl. der von Data Stewards
zugestimmten Empfehlungen helfen dabei, den Schwellenwert für die
Vorhersagequalität zu justieren. Schließlich vervollständigen Funktionen zur Erkennung
der Qualität und Drift des KI-Modells den KI-Umfang, der den Administrator darauf
hinweist, dass möglicherweise ein Re-Training erforderlich ist.

Falls Ihre MDM-Software nicht über eine solche Funktion verfügt, können Sie
dennoch ähnliche Vorteile erzielen, indem Sie ein seperates Datenwissenschafts-Projekt
durchführen, um entsprechende ML-Algorithmen und daraus resultirende KI-Modelle
im Kontext Ihrer MDM-Software als Real-Time Scoring-Service integrieren.

Operationalisierung von Kundeneinblicken über MDM

MDM-Systeme, wie in Abb. 9-9 dargestellt, sind fester Bestandteil der betrieblichen
IT-Infrastruktur. Je nach Branche liefert MDM Kundendaten an die zentralen
Transaktionssysteme, z. B. im Bankwesen an die Systeme für Kreditkarten, Giro- und
Sparkonten, Hypotheken und Vermögensverwaltung.

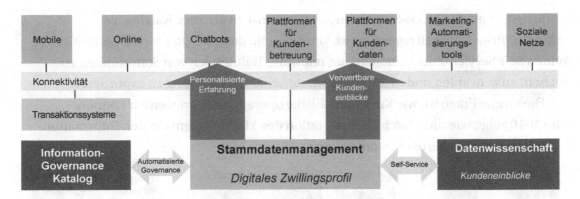

Abb. 9-9. *Personalisiertes Kundenerlebnis und umsetzbare Kundeneinblicke*

Darüber hinaus stellt MDM die Kundendaten allen Systemen zur Verfügung, die sich aus direkten und indirekten Channels zusammensetzen. Direkte Channels sind zum Beispiel mobile oder Online-Channels. MDM dient auch den indirekten Channels wie Kundenbetreuungsplattformen, z. B. Callcenter, CDPs oder Marketing-Automatisierungstools.

Viele Datenwissenschafts-Projekte konzentrieren sich auf die Gewinnung tieferer Kundeneinblicke; hier sind einige Beispiele:

- Kundensegmentierung

- Nächstbeste Aktion und nächstbestes Angebot

- Produktempfehlungen über soziale Medien

- Erkennung von Themen und Stimmungen

- Indikatoren für Abwanderung

- Indikatoren für das Betrugsrisiko

Datenwissenschafts-Projekte für Kundeneinblicke haben in der Regel zwei Schwachstellen. Erstens finden Datenwissenschaftler oft keine Stammdaten im Information-Governance Katalog, weil das MDM-System und der Information-Governance Katalog nicht integriert wurden und das MDM-System somit eine nicht registrierte Datenquelle ist. Infolgedessen verbringen Datenwissenschaftler oft viel Zeit damit, die benötigten Stammdatensätze aus den Quellen mit nicht optimaler Datenqualität zu kuratieren, obwohl diese in einem gut kuratierten, aber nicht auffindbaren MDM-System liegen könnten.

Selbst wenn das MDM-System im Information-Governance Katalog als Informationsbestandteil registriert ist, kann es sein, dass die Datenwissenschaftler keinen Self-Service-Zugang haben, um relevante Teilmengen von Stammdaten zu suchen, auszuwählen und in die Datenwissenschafts-Umgebung zu exportieren.

Die zweite Frage ist, wie Kundeneinblicke operationalisiert werden können. Abb. 9-10 zeigt, wie dies durch die Integration des MDM-Systems in den Information-Governance Katalog erreicht werden kann.

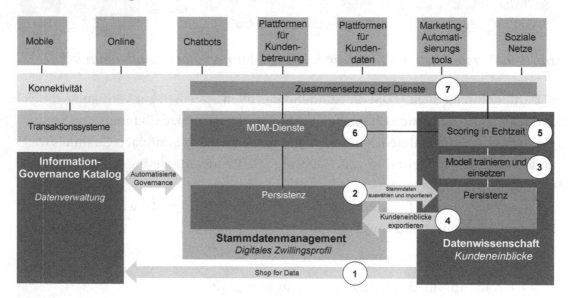

Abb. 9-10. *Operationalisierung der Kundeneinblicke durch MDM*

Da MDM bereits mit vielen der kritischen Systemen verbunden ist, in denen Kundendaten benötigt werden, ist die Erweiterung der 360°-Ansicht in MDM auf das Profil des digitalen Zwillings aufgrund von zwei wichtigen geschäftlichen Vorteilen sinnvoll: Einerseits wird durch die verfügbaren Kontaktpräferenzen eine korrekte Kontaktaufnahme ermöglicht; andererseits werden die Kundeneinblicke direkt umsetzbar.[8] Wenn zum Beispiel die nächstbeste Aktion oder das nächstbeste Angebot auf dem Bildschirm angezeigt wird, kann Ihr Callcenter-Agent, Ihr digitaler Vertriebsmitarbeiter oder Ihr Versicherungsvertreter optimal mit dem Kunden interagieren. All diese Aspekte zusammen ergeben ein vollständig personalisiertes Kundenerlebnis.

---

[8] Bitte lesen Sie hierzu auch das Kap. 5, *„Von Daten zu Vorhersagen zu optimalen Maßnahmen"*.

Somit sind die folgenden Schritte möglich:

1. **Schritt 1**: Ein Datenwissenschaftler sucht über die Shop for Data Plattform nach Stammdaten und findet diese im MDM-System.

2. **Schritt 2**: Unter der Annahme, dass der Datenwissenschaftler über die Zugriffsrechte für Stammdaten verfügt, kann er für das Suchen und die Exploration der für sein Projekt relevanten Stammdaten das MDM-UX nutzen. Sobald die benötigten Datensätze identifiziert sind, verwendet der Datenwissenschaftler die MDM-Massenexportfunktion, um diese dem Datenwissenschafts-Projekt zur weiteren Analyse zuzuführen.

3. **Schritt 3**: Mit Hilfe der Datenwissenschafts-Tools trainiert der Datenwissenschaftler ein neues KI-Modell.

4. **Schritt 4**: Bei Bedarf führt der Datenwissenschaftler eine Massenauswertung der Kundendaten durch, die dann mithilfe der Massenimportfunktionen wieder in das MDM-System importiert werden können.

5. **Schritt 5**: Das trainierte KI-Modell wird als Real-Time Scoring-Service auf einer geeigneten KI-Laufzeitumgebung bereitgestellt und könnte über einen einfach zu bedienenden REST-API-Endpunkt zugänglich gemacht werden.

6. **Schritt 6**: Der Real-Time Scoring-Service wird in die MDM-Serviceschicht integriert, so dass das KI-Modell im Scoring-Service die erforderlichen Erkenntnisse in Echtzeit ermitteln kann. Neue bzw. aktualisierte Kundendatensätze werden zusammen mit anderen Attributen und Erkenntnissen im MDM-Systems persistiert.

7. **Schritt 7**: Alternativ können die MDM-Services und der Real-Time Scoring-Service in der Konnektivitätsschicht zu einem einzigen Service zusammengefasst werden, mit demselben Ergebnis wie in Schritt 6 beschrieben.

Effizientere Projekte zur Gewinnung umfassender Einblicke in die Kundenlandschaft sowie umsetzbare Kundenerkenntnisse werden durch diese Integration zwischen dem Information-Governance Katalog, dem MDM-System und der Datenwissenschafts-Plattform Realität.

Wichtigste Erkenntnisse

Wie üblich schließen wir dieses Kapitel mit einigen wichtigen Erkenntnissen ab. MDM gibt es seit zwei Jahrzehnten, und der Markt ist seit vielen Jahren breit aufgestellt. Angesichts der schnell wachsenden Zahl von Vorschriften und der explosionsartigen Zunahme des Datenvolumens und der Datenvielfalt mussten Information-Governance Prozesse und -Tools mit KI angereichert werden, um praktikabel zu bleiben. Auch MDM muss sich mittels KI weiterentwickeln, um eine schnellere Integration neuer Quellen zu ermöglichen oder die Arbeitsbelastung für Data Stewards überschaubar zu halten.

Tab. 9-1 fasst einige der wichtigsten Erkenntnisse aus diesem Kapitel zusammen.

Tab. 9-1. *Wichtigste Erkenntnisse*

#	Wichtigste Erkenntnisse	High-Level Beschreibung
1	KI vereinfacht die Konfiguration der besten probabilistischen Fuzzy-Matching-Engines radikal	Time-to-Value ist deutlich schneller, wenn KI-basierte Techniken für die automatische Zuordnung einer neuen Datenquelle zum MDM-System angewandt werden und eine Konfiguration der Matching-Engine auf der Grundlage von KI erfolgt. Die Genauigkeit der Matching-Ergebnisse wird durch den Einsatz von KI für die Zuweisung von Gewichtungen und Schwellenwerten ebenfalls verbessert.
2	KI reduziert den Arbeitsaufwand von Data Stewards für Dubletten-Auflösung in MDM-Systemen um 50 % oder mehr	Durch das Lernen aus der Lösungshistorie von Dubletten-Auflösungen und die Echtzeitbewertung neuer Dubletten-Auflösungen auf der Grundlage trainierter KI-Modelle wird der Aufwand für Data Stewards deutlich reduziert. Dies ist ein wichtiger Schritt zur Verbesserung der Datenqualität, der Geschäftsergebnisse und der Kostenreduzierung. Ungelöste Dubletten-Auflösungen können einen AML-Fall darstellen, der zu Problemen mit der Einhaltung von Vorschriften und zur Abwanderung von Kunden führt.

(Fortsetzung)

Tab. 9-1. (*Fortsetzung*)

#	Wichtigste Erkenntnisse	High-Level Beschreibung
3	Operationalisierung von Kundeneinblicken durch MDM macht diese umsetzbar	MDM-Systeme sind mit vielen Interaktionssystemen und Transaktionssystemen verbunden. Durch die Integration Ihrer Datenwissenschafts-Plattform mit MDM können Sie Ihre von der KI abgeleiteten Kundeneinblicke über MDM operationalisieren und so ein echtes personalisiertes Kundenerlebnis bieten sowie Kundeneinblicke umsetzbar machen, wenn Kunden mit Ihrem Unternehmen interagieren.

Literatur

1. Allen Dreibelbis, Eberhard Hechler, Ivan Milman, Martin Oberhofer, Paul van Run, Dan Wolfson: *Enterprise Master Data Management. An SOA Approach to Managing Core Information.* ISBN-13: 978-0134857503, Pearson Education, 2008.

2. Mark Allen, Dalton Cervo: *Multi-Domain Master Data Management: Advanced MDM and Data Governance in Practice.* ISBN-13: 978-0128008355, Morgen Kaufmann, 2015.

3. Eberhard Hechler, Ivan Milman, Martin Oberhofer, Scott Schumacher, Dan Wolfson: *Beyond Big Data. Using Social MDM to Drive Deep Customer Insight.* ASIN: B00OM1MBKA, IBM Press, 2014.

4. Alex Berson, Larry Dubov: *Master Data Management and Data Governance.* ISBN-13: 978-0071744584, McGraw-Hill Education, 2000.

5. Emilio Ferrara, Palash Goyal: *Graph Embedding Techniques, Applications and Performance: A Survey.* 2017 https://arxiv.org/pdf/1705.02801.pdf (Zugegriffen am May 2020).

6. Vincenzo Carletti: *Exact and Inexact Methods for Graph Similarity in Structural Pattern Recognition.* 2016. https://hal.archives-ouvertes.fr/tel-01315389 (Zugegriffen am May 2020).

7. Cheng Deng, Weiyao Lin, Junchi Yan, Xu-Cheng Yin, Hongyuan Zha, Xiaokang Yang: *A Short Survey of Recent Advances in Graph Matching.* 2016. www.researchgate.net/publication/303901965_A_Short_Survey_of_Recent_Advances_in_Graph_Matching (Zugegriffen am May 2020).

8. Sergey Melnik, Hector Garcia-Molina, Erhard Rahm: *Similarity Flooding: A Versatile Graph Matching Algorithm and its Application to Schema Matching.* In: IEEL. 18th International Conference on Data Engineering. [S.l.], 2002. `http://ilpubs.stanford.edu:8090/730/1/2002-1.pdf` (*Zugegriffen am May 2020*).

9. Stefanie Jegelka, Jure Leskovec, Weihua Hu, Keyulu Xu: *How Powerful are Graph Neural Networks?* In: Proceedings of the ICLR 2019, May 6–9, 2019. `https://arxiv.org/abs/1810.00826` (Zugegriffen am May 2020).

10. PyTorch: `https://pytorch.org/` (Zugegriffen am May 2020).

11. Lars Bremer, Mariya Chkalova, Martin Oberhofer: *Machine Learning Applied to the Clerical Task Management Problem in Master Data Management Systems.* In: BTW 2019, p, 419–431.

12. IBM Master Data Management: `www.ibm.com/products/ibm-infosphere-master-data-management` (Zugegriffen am May 2020).

KI und Change Management

Mit der zunehmenden Adaption von KI durch Unternehmen und die Gesellschaft als Ganzes entsteht die Notwendigkeit, die bestehenden Praktiken des Change Managements anzupassen. Veränderungen werden in der Regel als Bedrohung wahrgenommen, die sowohl für Unternehmen als auch für Einzelpersonen Unsicherheiten, Stimmungen und Risiken mit sich bringen. Doch Änderungen bringen auch neue geschäftliche und persönliche Chancen mit sich. KI hat das Potenzial, Change Management zu beschleunigen und zu verbessern und es zielsicherer und menschenzentrierter zu gestalten.

Dieses Kapitel beleuchtet Change Management im Kontext von KI und stellt Schlüsselaspekte des KI Change Managements vor, z. B. die Identifizierung und Analyse von Stimmungen für ein gezielteres Change Management mit optimierten Ergebnissen. Wir gehen auch auf die Herausforderungen bei der Einbindung von KI in das Change Management ein und betonen die Bedeutung von daten- und informationsbasierten Aspekten bei der Einbindung von KI für ein stärker erkenntnisgetriebenes und durchdringendes Change Management Konzept.

Einführung

KI wird einen tiefgreifenden Einfluss darauf haben, wie Unternehmen arbeiten, wie Projekte durchgeführt werden und wie Menschen zusammenarbeiten, z. B. durch den Einsatz von Chatbots und Robotergeräten. Auf der einen Seite stellen KI-Techniken eine große Chance für das Change Management dar, da KI genutzt werden kann, um herkömmliche Methoden und Werkzeuge für das Change Management zu verbessern und zu ergänzen, z. B. durch die Anwendung von ML-Algorithmen zur präziseren

E. Hechler et al., *Einsatz von KI im Unternehmen*, https://doi.org/10.1007/978-1-4842-9566-3_10

Vorhersage von Projektergebnissen oder zur Entdeckung unbekannter Risiken, die zu Projektänderungen führen könnten.

Auf der anderen Seite steht das Change Management vor der Herausforderung, sich auf KI einzustellen, d. h. die Auswirkungen zu berücksichtigen, die KI auf Organisationen, Projekte und Einzelpersonen hat, z. B. die Art und Weise, wie KI und ML Veränderungen der Organisationsstruktur, der Geschäftsmodelle und -prozesse sowie der Arbeits- und Lernweise der Menschen beschleunigen werden. Dies muss antizipiert und bei der Anpassung der entsprechenden Change Management Praktiken in Ihrer Organisation berücksichtigt werden. Diese Auswirkungen von KI auf Organisationen, Projekte und Einzelpersonen erfordern ein Maß an Anpassung durch die bestehende Change Management Disziplin, das von allen vorangegangenen technologischen Auswirkungen unübertroffen bleibt.

In diesem Kapitel konzentrieren wir uns auf KI-gesteuerte Verbesserungen für das Change Management, z. B. die Nutzung von KI und ML zur Optimierung des IT Change Managements oder zur Verbesserung des Change Managements der Informationsarchitektur. Dies sind eher technisch orientierte Themen. Darüber hinaus gehen wir auch auf projekt- und personalbezogene Aspekte ein, z. B. auf die Anwendung von ML- und DL-Methoden, um Social-Media-basierte Stimmungsanalysen in das Change Management einfließen zu lassen, und auf den Einfluss von KI und ML auf die bekannte und wichtige Disziplin des Projektmanagements, einschließlich des Einsatzes von KI und ML im Personalmanagement, um den Change Management Prozess in Bezug auf die Ressourcenzuweisung zu rationalisieren.

Umfang des Change Managements

Dieser Abschnitt befasst sich mit dem traditionellen Change Management und bietet eine Definition sowie einen umfassenden Überblick über Modelle, Prozesse und Ansätze des Change Managements.

Change Management – Umfang und Definition

Change Management wird in der Regel als eine Disziplin des Projektmanagements angesehen. Eine solche Begrenzung des Change Managements ist jedoch zu engstirnig, da Veränderungen nicht nur bei der Durchführung von Projekten auftreten.

Insbesondere der Ansatz des Change Managements im Kontext von KI wird den Erwartungen nicht gerecht, wenn er sich strikt auf den Bereich des Projektmanagements beschränkt.

Change Management muss sich an klar formulierte Unternehmensziele orientieren. Oftmals werden Änderungen nur um ihrer selbst willen durchgeführt. Die Verfügbarkeit von Tools für das Change Management verstärkt diesen Trend noch, insbesondere bei Projekten im Zusammenhang mit Kundendaten, bei denen IT-Anbieter Tools zur Verfügung stellen, die Unternehmen oft dazu verleiten, Änderungen mit fehlenden oder unklaren Geschäftszielen anzugehen.

Die Gründe für Änderungen die von Change Management addressiert werden müßen sind allgegenwärtig; Änderungen selbst beschleunigen sich und sind tiefgreifender, insbesondere wenn sie durch KI und ML und neue Geschäftsszenarien angetrieben werden. Zusätzlich zu den projektbezogenen Veränderungen müssen wir neue rechtliche und ethische Aspekte, Veränderungen durch branchenspezifische Szenarien (z. B. selbstfahrende Autos) und neue Technologien (z. B. KI und ML) sowie neue Geschäftsmodelle berücksichtigen. Abb. 10-1 veranschaulicht einige wichtige Gründe für Änderungen und bildet die Grundlage für einen angemesseneren Umfang und eine angemessenere Definition des Change Managements, das sowohl von Organisationen als auch von Einzelpersonen und der Gesellschaft als Ganzes umgesetzt werden kann. Die in Abb. 10-1 genannten Branchen sind nur einige Beispiele.

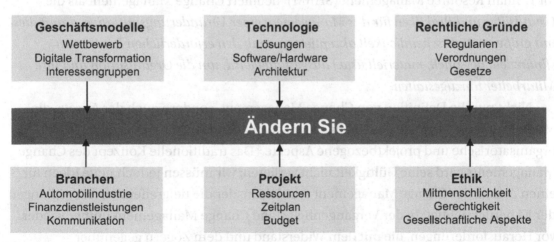

Abb. 10-1. *Gründe für Änderungen*

Unter gleichzeitiger Berücksichtigung dieser Motivationsaspekte hinsichtlich sich abzeichnender Änderungen schlagen wir vor, Change Management als einen organisierten, systematischen Ansatz zur Anwendung von Wissen, Werkzeugen, Prozessen, Modellen, Techniken und Ressourcen zu definieren, der zur Annahme und Umsetzung von Veränderungen führt. Für Organisationen bedeutet dies, dass sie ihre Geschäftsziele und ihre Strategie im Lichte dieser Änderungen erreichen müssen. Für den Einzelnen bedeutet dies, dass er neue Wege der Kommunikation (z. B. über Chatbots), des Pendelns (z. B. über selbstfahrende Autos) oder des Lernens (z. B. über personalisierte Bildungsempfehlungen) akzeptiert und annimmt. Für die Gesellschaft bedeutet dies, dass sie Veränderungen annehmen muss, indem sie zum Beispiel neue ethische, auf den Menschen ausgerichtete Richtlinien entwickelt. Wie Sie sicherlich sehen können, gibt die KI den Takt für die Art und Weise vor, wie wir das Change Management angehen müssen.

Traditionelles Change Management

Die meisten, wenn nicht sogar alle, Definitionen von Change Management sind auf Unternehmen, Organisationen und Projekte ausgerichtet. Hier sind nur zwei Beispiele: Für das Project Management Institute (PMI)[1] beispielsweise ist *Change Management an organized, systematic application of the knowledge, tools, and resources of change that provides organizations with a key process to achieve their business strategy*. Die Society for Human Resource Management (SHRM)[2] definiert Change Management als die *Grundsätze und Praktiken für das Management einer Veränderungsinitiative, damit diese mit größerer Wahrscheinlichkeit akzeptiert und mit den erforderlichen Ressourcen (finanziell, personell, materiell usw.) ausgestattet wird, um die Organisation und ihre Mitarbeiter umzugestalten.*

Nicht nur die Definition von Change Management, sondern auch der Ansatz, die Modelle und die Prozesse des Change Management konzentrieren sich auf organisatorische und projektbezogene Aspekte.[3] Das traditionelle Konzept des Change Managements wird seine Gültigkeit nicht verlieren; wir müssen jedoch neue Ideen für einen Ansatz des Change Management entwickeln, der die tiefgreifenden Auswirkungen der KI berücksichtigt. In der Vergangenheit stand Change Management immer wieder vor Herausforderungen, die mit dem Widerstand und dem Zögern gegenüber

---

[1] Weitere Informationen über die PMI-Definition von Change Management finden Sie unter [1].
[2] Weitere Informationen über die SHRM-Definition von Change Management finden Sie unter [2].
[3] Siehe [3] für eine umfassende Abhandlung über das Management von Veränderungen.

Veränderungen und der Tendenz, in bekannte Muster und Geschäftsabläufe zurückzufallen, zusammenhingen. Mit dem Vordringen der KI in die gesamte Gesellschaft und ihren Auswirkungen auf Unternehmen und Einzelpersonen gleichermaßen erzwingen Zögern und Skepsis, Ablehnung und Angst und sogar Wissens- und Kompetenzlücken die Entwicklung innovativer Ideen und einen Paradigmenwechsel hinsichtlich des traditionellen Change Managements.

Aus Platzgründen und weil das Change Management nur ein spezielles Thema in diesem Buch ist, können wir hier keinen vollständigen Rahmen für das Change Management von KI skizzieren. Dieses Kapitel verfolgt jedoch das Ziel, zumindest die wichtigsten Ideen und Eckpfeiler für die Entwicklung eines solchen Rahmens vorzustellen.

Change Management im Kontext von KI

In diesem Abschnitt setzen wir die Diskussion über den Einfluss von KI auf das Change Management fort und führen einige der wichtigen und zentralen Herausforderungen auf, mit denen das Change Management konfrontiert sein wird. Change Management war schon immer und wird auch in Zukunft daten- und informationsgetrieben sein. Dank KI lassen sich neue Erkenntnisse gewinnen, die für ein präziseres und gezielteres Change Management von Bedeutung sind.

In diesem Abschnitt erörtern wir daher die Erweiterung, die KI durch die beschleunigte Gewinnung neuer Erkenntnisse ermöglicht, die dann vom Change Management genutzt werden können. Wir heben insbesondere die Auswirkungen hervor, die KI auf das Change Management hat, und geben ein Beispiel dafür, wie KI den Wandel von Organisationsstrukturen in den Bereichen Personal, Fähigkeiten und Wissen sowie Bildung durch neue Lernmethoden vorantreibt.

Der Einfluss von KI auf das Change Management

Um den Einfluss von KI auf das Change Management besser zu verstehen, werden die Schlüsselelemente oder Komponenten des traditionellen Change Managements identifiziert. Diese Elemente oder Komponenten werden auf ihre notwendige Anpassung und Erweiterung durch KI und Ihre Geschwister untersucht. Bei der Verfolgung dieses Ansatzes sollten wir uns der Möglichkeit oder sogar Notwendigkeit bewusst sein, neue Komponenten hinzuzufügen.

Es gibt buchstäblich Hunderte von Büchern[4] über Modelle und Methoden des Change Managements, Rahmenwerke und Prozesse, Werkzeuge und andere Aspekte. In diesem Kapitel müssen wir selektiv und konzentriert vorgehen. Daher beschränken wir uns auf die folgenden bewährten Elemente und Komponenten des traditionellen Change Managements:

- **Modelle und Methoden des Change Managements**: Es gibt zahlreiche Modelle und Methoden des Change Managements, die beschrieben wurden. Die meisten von ihnen sind auf Organisations- und Projektinteressen ausgerichtet;[5] einige von ihnen sind komplex und schwerfällig und lassen Aspekte des organisatorischen Wandels vermissen. KI erfordert eine Erweiterung der Modelle und Methoden, um Einzelpersonen und Gruppen, Verbraucher und Nutzer und sogar die Gesellschaft als Ganzes mit einzubeziehen. Unternehmen und Organisationen müssen die Modelle und Methoden über ihre unmittelbaren Grenzen von Projekten, Organisationen, Teams und Mitarbeitern hinaus erweitern und eine Führungsrolle weit über ihre Komfortzone hinaus übernehmen.

- **Change Management Prozesse**: Change Management Prozesse umfassen eine klar definierte Abfolge von Aktivitäten oder Aufgaben, die eine Veränderung von ihrem Auftreten bis zu ihrer erfolgreichen Berücksichtigung im Hinblick auf definierte Ziele umsetzen. Erinnert man sich an die in Abb. 10-1 beschriebenen Gründe für Veränderungen, so wird deutlich, dass KI-getriebene Change Management Prozesse zusätzliche Schritte beinhalten müssen, die insbesondere rechtliche Aspekte, Ethik und die KI-Technologie selbst berücksichtigen.

- **KPIs und Metriken für das Change Management**: Unter Berücksichtigung von KI müssen relevante KPIs und Metriken für das

---

[4]Weitere Informationen zu Theorie und Praxis des Change Managements finden Sie unter [4].
[5]Weitere Informationen über Modelle und Methoden des Change Managements finden Sie unter [5].

Change Management möglicherweise angepasst werden; neue KPIs können und sollten hinzugefügt werden. KI und ML können zum Beispiel eingesetzt werden, um automatisch ungünstige Abweichungen von Ihrer Projekt-Baseline zu entdecken oder um kritische Stimmungen außerhalb Ihrer Unternehmensgrenzen zu erkennen, die aus Social Media Analytics abgeleitet werden.[6]

- **Werkzeuge für das Change Management**: Es gibt eine ganze Reihe von Tools für das Change Management, darunter Governance-Tools, Tools für das Dokumentenmanagement und die Kommunikation, Tools für das Problemmanagement sowie Tools für das Projektmanagement und die Zeitplanung – um nur einige zu nennen. KI mit ML-Fähigkeiten und Methoden der Datenwissenschaften können und sollten diese Tools bereichern, um die Präzision und Genauigkeit zu erhöhen, relevantere und gezieltere Einblicke zu generieren sowie Vorhersagen zu treffen und automatisch vorbeugende Maßnahmen zu entdecken und sogar vorzuschlagen.

- **Kultur des Change Managements**: Die Anpassung der Kultur des Change Managements durch eine umfassende Integration der KI und das Management des Wandels erfordert eine offene, agile und proaktive Haltung. Dies betrifft sowohl die Unternehmens- und Organisationskultur als auch das kulturelle Umfeld von Einzelpersonen, Gemeinschaften und der Gesellschaft als Ganzes. KI wird die Kultur des Change Managements beeinflussen. So können beispielsweise ML- und Methoden der Datenwissenschaften eingesetzt werden, um Stimmungen zu verstehen und demzufolge gezielte und maßgeschneiderte Maßnahmen vorzuschlagen.

- **Menschen und menschliche Aspekte**: Die KI hat bereits starke Auswirkungen auf Interessengruppen, Mitarbeiter, Einzelpersonen und Bürger, Gemeinden und die Gesellschaft. Change Management

---

[6] Siehe [6] und [7] für weitere Informationen über Social Media Analytics.

wurde von Menschen geleitet und vorangetrieben. KI kann dieses
Paradigma ändern: Menschen können durch KI-basierte
Beratungsfunktionen unterstützt werden; in gewisser Weise können
sie sogar durch KI-gestützte Change Management Tools
ersetzt werden.

- **Daten und Informationen**: Change Management ist stark
  informationsorientiert; die aus Daten und Informationen
  abgeleiteten Erkenntnisse sind die Grundlage für die Change
  Management Prozesse, einschließlich der empfohlenen
  Maßnahmen. KI intensiviert dies und macht die Erkenntnisse
  vorausschauender und relevanter und die abgeleiteten Maßnahmen
  für Anpassungen gezielter und individueller.

Zusätzlich zu den vorangegangenen Beispielen lassen sich aus den Herausforderungen
weitere KI-bezogene Aspekte ableiten, die sich auf das Change Management auswirken
und die wir im folgenden Abschnitt beschreiben.

Herausforderungen für das Change Management

Es gibt zahlreiche bestehende Herausforderungen für das Change Management, die
durch die KI noch intensiver und vorherrschender werden; außerdem ergen sich neue
Herausforderungen. In Tab. 10-1 sind die wichtigsten Herausforderungen aufgeführt. In
gewisser Weise leiten sich die meisten dieser Herausforderungen aus unserem
Verständnis von Veränderung ab, wie in Abb. 10-1 skizziert.

Tab. 10-1. *Herausforderungen für das Change Management*

#	Herausforderung	Beschreibung
1	Anfechtung rechtlicher Verpflichtungen	Verordnungen und Gesetze werden zunehmen und weitere Änderungen mit sich bringen und sich auf das Change Management auswirken, das flexibler und reaktionsfähiger werden muss.
2	Wissens- und Kompetenzlücken	Unzureichende Kenntnisse, Fähigkeiten und Verständnis für KI-Technologien, -Szenarien, -Geräte und -Werkzeuge erschweren das Change Management.
3	Hohe Komplexität	Der Einsatz von KI zur Verbesserung von Change Management Tools erfordert beispielsweise ein gewisses Maß an Benutzerfreundlichkeit und konsumierbaren Erkenntnissen, die die Komplexität der KI verbergen müssen.
4	Unzureichende Akzeptanz	Erfordert neue Ideen für Kommunikations- und Informationskampagnen im Rahmen von Change Management Prozessen, um die Anliegen von Einzelpersonen, Organisationen und der Gesellschaft zu berücksichtigen.
5	Gesellschaftliche Ablehnung	Die Ablehnung durch die Gesellschaft kann zu Änderungen und Anpassungen der Zielvorgaben führen und wirkt sich auch auf das Change Management aus; diese Ablehnung sollte im Vorfeld berücksichtigen werden.
6	Ethische Bedenken und Unsicherheit	Das Change Management muss ethische Belange, Menschlichkeit, Fairness und den Nutzen für die Gesellschaft validieren und prüfen.

Im Hinblick auf ethische Belange gibt es grundsätzlich zwei miteinander verbundene Aspekte: Einerseits muss das Change Management die zuvor beschriebene Validierung und Überprüfung durchführen; andererseits müssen KI- und ML-infundierte Change Management Tools definierte ethische Richtlinien einhalten, z. B. müssen sie fair und auch für Menschen akzeptabel sein.

Diese Herausforderungen sollten als Grundlage für die Ableitung geeigneter Erfolgskriterien herangezogen werden. So muss beispielsweise einer unzureichenden Akzeptanz oder gesellschaftlichen Ablehnung der neuen KI-Technologie mit angemessenen Informationskampagnen und Aufklärungsprogrammen, Gesprächen mit Befürwortern und sorgfältig angelegten Akzeptanztests begegnet werden.

KAPITEL 10   KI UND CHANGE MANAGEMENT

Den Wandel
der Organisationsstrukturen vorantreiben

Die heutigen Organisationsstrukturen werden bereits erheblich von der KI beeinflusst; dieser Einfluss wird sich noch stärker und nachhaltiger zeigen, da sich die meisten Organisationen auf der KI-Leiter weiterhin nach oben bewegen. Organisationen müssen agiler[7] und flexibler werden, um Veränderungen leichter annehmen und erleichtern zu können. Diese Flexibilität und Agilität bezieht sich auf die Übernahme von KI im Hinblick auf sich ändernde Einstellungen, Nutzerverhalten und häufig auftretende Ressentiments. Der Umgang mit neuen KI-Technologien, -Tools, -Geräten, -Robotern usw. innerhalb der Organisationen wird zu organisatorischen Anpassungen führen.

Da sich das Geschäft unter dem Einfluss von KI verändert, bedeutet dies für Unternehmen, dass sie sich in neue Geschäftsbereiche und -modelle entwickeln müssen. Die Personalverwaltung wird sich in Bezug auf Tools und Einstellungsmodelle sowie Prozesse zur Neuzuweisung und Optimierung von Ressourcen weiter verändern. So werden beispielsweise ML und Methoden der Datenwissenschaft zunehmend eingesetzt werden, um die Bewertung von Bewerbern und die Zuordnung zu verfügbaren Jobrollen und Verantwortlichkeiten zu verbessern. Dies erfordert eine entsprechende Einstellung und sorgfältige Abwägung seitens der Personalverantwortlichen, um Fairness sowie respektvolle und transparente Entscheidungen zu gewährleisten.

In der Vergangenheit haben sich die Bildungsprogramme in den Unternehmen bereits verändert, vor allem durch das Internet und Online-Lernmethoden. KI wird jedoch erneut neue Lernmethoden ermöglichen, z. B. maßgeschneidertes und selbsgesteuertes Lernen und automatische Entdeckung von Kompetenzlücken oder Stärken in bestimmten Bereichen. Eine weitere Dimension der organisatorischen Veränderungen ergibt sich aus den erforderlichen Kenntnissen und Fähigkeiten der KI. Obwohl nicht jeder ein Datenwissenschaftler und KI-Experte sein muss, müssen die meisten Mitglieder einer Organisation mit KI und den wichtigsten Methoden der Datenwissenschaftler vertraut sein.

Abb. 10-2 veranschaulicht die verschiedenen Auswirkungen der Veränderungen auf die Organisationsstrukturen.

---

[7] Siehe [8] für weitere Informationen über agile Organisationen.

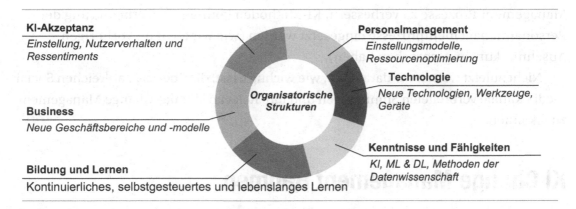

KI-Akzeptanz
*Einstellung, Nutzerverhalten und
Ressentiments*

Personalmanagement
*Einstellungsmodelle,
Ressourcenoptimierung*

Technologie
*Neue Technologien, Werkzeuge,
Geräte*

**Organisatorische
Strukturen**

Business
Neue Geschäftsbereiche und -modelle

Kenntnisse und Fähigkeiten
*KI, ML & DL, Methoden der
Datenwissenschaft*

Bildung und Lernen
Kontinuierliches, selbstgesteuertes und lebenslanges Lernen

Abb. 10-2. *Auswirkungen auf Organisationsstrukturen*

Schlüsselaspekte des KI Change Management

Change Management sollte als *Antizipieren* und *Führen von* Veränderungen verstanden werden, d. h. als proaktives Erkennen von Veränderungsmöglichkeiten, die zu einer verbesserten betrieblichen Effizienz von Organisationen oder Gemeinschaften, zur Verringerung der Risiken von Projekten oder des Scheiterns von Technologieeinführungen, zur Erschließung und Realisierung neuer Geschäftsmöglichkeiten und zur Optimierung des gesellschaftlichen und öffentlichen Miteinanders (z. B. in den Bereichen Pendeln, Kommunikation, Lebensstil) führen können.

Der Einsatz von KI und ML zur Verbesserung der Effizienz des Change Managements hat viele verschiedene Facetten. Wie wir im vorangegangenen Abschnitt gesehen haben, können bestehende Tools und Methoden, die zur Erleichterung des Change Managements eingesetzt werden, erheblich verbessert werden, indem beispielsweise prädiktive Analysen, Korrelationsalgorithmen und Mechanismen zur Erkennung von Anomalien eingesetzt werden, um eine mögliche Budgetüberschreitung präziser vorherzusagen, Zusammenhänge zwischen Vorfällen und Risiken aufzudecken und Projektanomalien mit höherer Genauigkeit und frühzeitig im Projektzyklus zu erkennen, um schlußendlich das Ausmaß der Auswirkungen zu verringern.

In diesem Abschnitt stellen wir nur einige Beispiele vor, die die mögliche Bereicherung und die Chancen von KI für das Change Management verdeutlichen. So können KI und ML genutzt werden, um die bestehenden IT- und Change

Management Prozesse zu verbessern; KI-Methoden können zur Verbesserung der Personalmanagementprozesse eingesetzt werden (wie wir auch im vorherigen Abschnitt kurz angesprochen haben).

Nicht zuletzt weisen wir darauf hin, wie wichtig es ist, die über die zahlreichen Social Media Kanäle verbreiteten Stimmungen und ihre Relevanz für das Change Management zu erkennen.

KI Change Management Rahmen

Wie Sie sich sicherlich vorstellen können, ist die Entwicklung eines umfassenden Rahmens für das KI Change Management[8] eine herausfordernde und aufwändige Aufgabe sein, die wir in einem kleinen Abschnitt dieses Buches nicht einmal ansatzweise bewältigen können. Wir beabsichtigen jedoch, zumindest einige Schlüsselideen und Entwurfspunkte für einen solchen Rahmen in einem KI-Kontext zu liefern. Mit anderen Worten, das Ziel ist es zu beschreiben, was sich ändern muss und wo in einem Change Management Rahmenwerk *aufgrund* von KI Veränderungen auftreten. Wir stellen also die Veränderungen in einem bestehenden Change Management Rahmenwerk dar, die durch KI und ihre Geschwister verursacht werden: die KI-verursachenden Auswirkungen auf ein Change Management Rahmenwerk.

Diese Ideen können dem interessierten Leser als Anregung dienen, um mit einem wesentlich verfeinerten Rahmen für das KI Change Management fortzufahren. Wir tun dies natürlich im Kontext dessen, was bisher in diesem Kapitel in Bezug auf KI-getriebene Veränderungen, die wichtigsten Komponenten oder Elemente des Change Management, die Auswirkungen von KI usw. beschrieben worden ist.

Die Zusammenhänge und Abhängigkeiten des Change Managements sind vielfältig. Abb. 10-3 stellt diese Aspekte in ihrer gegenseitigen Beeinflussung dar. Abb. 10-3 zeigt vier Bereiche oder Domänen: (1) die *Komponenten des Change Managements*, (2) den *KI-getriebenen Wandel*, (3) den *Bereich der KI* selbst sowie (4) *Individuen, Organisationen, Gemeinschaften und die Gesellschaft*. Zwischen den verschiedenen Bereichen besteht eine gegenseitige Abhängigkeit – das heißt Abhängigkeiten in beide Richtungen.[9]

---

[8] Siehe [9] für weitere Informationen zu Rahmenwerken für das Change Management.
[9] Die Nummern in der folgenden Liste entsprechen den Nummern in Abb. 10-3.

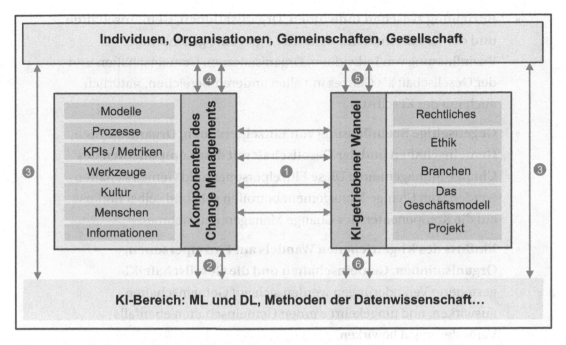

Abb. 10-3. *Rahmen für das Change Management im Kontext von KI*

Es folgt eine kurze Beschreibung dieser Zusammenhänge:

- **Gegenseitige Beeinflussung von Change Management Komponenten und KI-getriebenem Wandel**: Traditionelle Komponenten des Change Managements müssen angepasst werden, zum Beispiel durch neue Vorschriften und ethische Bedenken oder branchenspezifische Anforderungen. Ethische und rechtliche Aspekte können einen besonders starken Einfluss haben. Umgekehrt wird das Change Management natürlich auch Geschäftsmodelle und Projekte beeinflussen.

- **Interdependenz der Komponenten des Change Managements und des gesamten KI-Bereichs**: Wie wir bereits gesehen haben, wird KI offensichtlich das Change Management beeinflussen; Change Management kann sich jedoch auch auf den künftigen KI-Bereich selbst auswirken.

- **Beziehung zwischen Individuen, Organisationen, Gemeinschaften und der Gesellschaft mit dem KI**: Es gibt eine gegenseitige Beeinflussung von Individuen, Organisationen, Gemeinschaften und der Gesellschaft als Ganzes mit allen anderen Bereichen, natürlich auch mit der KI selbst.

- **Gegenseitige Beeinflussung von Einzelpersonen, Organisationen, Gemeinschaften und der Gesellschaft mit den Komponenten des Change Managements**: Diese Einzelpersonen und Gemeinschaften werden vom Change Management betroffen sein und selbst Einfluss auf die Komponenten des Change Managements nehmen.

- **Einfluss des KI-getriebenen Wandels auf Einzelpersonen, Organisationen, Gemeinschaften und die Gesellschaft**: KI-gesteuerte Veränderungen werden sich auf Gemeinschaften auswirken, und umgekehrt werden Gemeinschaften ebenfalls Veränderungen bewirken.

- **Beziehung zwischen dem gesamten KI-Bereich und dem KI-getriebenen Wandel**: Nicht zuletzt wird die KI-Technologie den größten Teil der Veränderungen bewirken; allerdings kann die Notwendigkeit, Geschäftsmodelle und Projekte (aufgrund von Änderungswünschen) anzupassen, KI-Lücken aufzeigen, die Ideen für neue, innovative KI-Funktionen hervorbringen.

Dieser vorgeschlagene Rahmen für das Change Management mag unkompliziert, ja sogar stark vereinfacht scheinen; er bietet jedoch ein Modell für weitere innovative Ideen und Verfeinerungen.

KI für IT Change Management

Als konkretes Beispiel für die Auswirkungen von KI auf das Change Management wollen wir uns das IT Change Management näher ansehen. Es gibt bereits zahlreiche Ansätze und Werkzeuge für das IT Change Management. Ein Ansatz ist ITIL,[10] eine Sammlung

---

[10] Siehe [10] für weitere Informationen über die Information Technology Infrastructure Library (ITIL).

von Best Practices für das Management von IT-Services. Das IT Change Management wird als einer von vielen Prozessen in der ITIL-Serviceübergangsphase betrachtet. Die jüngste ITIL-Ausgabe 4[11] hat neue Initiativen und Themen wie digitale Transformation, Lean, Agile und DevOps berücksichtigt. Es gibt auch andere Rahmenwerke, z. B. COBIT;[12] ITIL enthält jedoch eine recht detaillierte Prozessbeschreibung für das IT Change Management.

Wir beabsichtigen, die Auswirkungen von KI auf das IT Change Management zu skizzieren, indem wir die Kernschritte eines typischen IT Change Management Prozesses, wie in Abb. 10-4 skizziert, als Grundlage nehmen. Der Umfang der Änderungen orientiert sich an den Best Practices von ITIL; die Auswirkungen von Änderungen können sich auf jeden IT-Aspekt beziehen, einschließlich SW und HW, Anwendungen und Lösungen sowie IT-Services.

Abb. 10-4. *IT Change Management Prozessschritte*

Der oben skizzierte IT Change Management Prozess ist ein allgemeiner Prozess, der in einem konkreten IT-Umfeld verfeinert und angepasst werden kann. Er kann auch an spezifische organisatorische Anforderungen angepasst werden, um einen agileren Prozess zu implementieren. Die Auswirkungen der KI auf den gesamten Bereich des IT-Service-Managements (ITSM) sind natürlich viel größer als nur das IT Change Management. In diesem Abschnitt beschränken wir uns jedoch ausschließlich auf den Bereich des IT Change Managements.

---

[11] Siehe [11] für weitere Informationen über ITIL Foundation Edition 4.
[12] Weitere Informationen zu den Control Objectives for Information and Related Technologies (COBIT) finden Sie unter [12].

Der Einfluss von KI auf das IT Change Management wird bemerkenswert sein und neue Paradigmen bieten, die sich durch datengestützte Entscheidungsfindung und Optimierung für alle Prozessschritte auszeichnen. KI wird das IT Change Management in einen Teilbereich von KIOps verwandeln, zum Beispiel durch die Automatisierung des IT Change Managements, die Empfehlung von Anpassungen der IT-Landschaft, Service-Level-Verbesserungen, neuen technischen Fähigkeiten, Architekturbausteinen und Produkten. Es ermöglicht die Erkennung von Mustern und den Abgleich eines Änderungsantrags mit vorangegangenen Anforderungen, unterstützt durch die Untersuchung früherer Daten, um aus vorangegangenen Erfahrungen und verfügbaren Daten zu lernen. Dies kann eine erhebliche Verbesserung für die Evaluierungs-, Vorbereitungs- und Implementierungsschritte des IT Change Management Prozesses darstellen.

KI ermöglicht die Analyse der Auswirkungen eines Änderungsantrags, um Konflikte oder Probleme zu erkennen, die durch einen bestimmten Antrag verursacht werden. KI für das IT Change Management kann nicht nur Probleme aufdecken, sondern hat auch das Potenzial, Strategien und Empfehlungen zu entwickeln, um effizient auf eine Äenderungsanforderung reagieren zu können. Wie Sie in Kap. 8, *„KI und Governance"*, gesehen haben, kann KI eingesetzt werden, um verschiedene Risiken im Zusammenhang mit dem IT Change Management zu identifizieren. Darüber hinaus kann mittels KI selbstständig eine geeignete Abhilfestrategie empfohlen werden, die den Bewertungsschritt des Change Management Prozesses entscheidend vorantreiben wird.

Die Evaluierungs- und Vorbereitungsschritte können durch die Unterstützung von KI gezielter durchgeführt werden, z. B. durch die Auswahl der benötigten Produkte, Angebote, Tools und Services, einschließlich entsprechender Abhängigkeiten und Voraussetzungen. Während aller Prozessschritte können Fragen und Probleme professioneller angegangen werden, basierend auf KI-gesteuerten Analysen von Best Practices und Wissen in Bezug auf die IT-Umgebung, Richtlinien und Blaupausen sowie Aufzeichnungen über vorangegangene Erfahrungen, die in Ihrem Unternehmen verfügbar sind.

KI kann auch zur Optimierung des Personalbestands eingesetzt werden, d. h. zur Identifizierung von Fähigkeiten, Fachwissen und Ressourcen, die für das Management eines Änderungsantrags erforderlich sind. Bereits in den ersten Schritten des IT Change Management Prozesses (Planung, Dokumentation usw.) kann KI eingesetzt werden, um projektrelevante Unterlagen, E-Mails, Dokumente, relevante Vorschriften, Best-Practice-Papiere usw. intelligent zu analysieren. Die KI-basierte Optimierung kann auch auf die

Optimierung des Prozesses oder Workflows selbst angewendet werden, so dass sich IT Change Management als eine Reihe von schlanken und intelligenten Prozessen implementieren läßt. Change Management im Allgemeinen – auch in der IT – kann durch die Analyse sozialer Medien verbessert werden, indem die Stimmungen der Nutzer oder der Öffentlichkeit erfasst und berücksichtigt werden. Wir werden dies im folgenden Abschnitt näher untersuchen.

Dies sind nur einige konkrete Ideen, wie KI den IT Change Management Prozess beeinflussen und optimieren kann. Dies erfordert jedoch eine Anpassung der entsprechenden IT Change Management Tools.

Social Media Analytics zur Optimierung von Änderungen

Change Management wird von der öffentlichen Meinung beeinflusst: Einzelpersonen und Nutzer von KI-Anwendungen, Organisationen und Gemeinschaften und sogar die Öffentlichkeit selbst werden aktiv Kommentare über Foren und soziale Medien austauschen. Dies steht höchstwahrscheinlich im Zusammenhang mit dem gesamten Spektrum der in Tab. 10-1 aufgeführten Herausforderungen für das Change Management. Diese Kommentare und Gefühle, Ressentiments und Bedenken – auch wenn sie höchstwahrscheinlich als negativ empfunden werden – sollten als wünschenswerter Input für den Change Management Prozess betrachtet werden.

Mit den vielen Websites, Foren und Kanälen (z. B. Facebook, Twitter, LinkedIn, YouTube, SlideShare, Instagram, Reddit) bieten die sozialen Medien eine Fülle von Daten, die für das Zuhören (Überwachung und Qualitätsverbesserung), die Visualisierung und die Analyse genutzt werden können, um Meinungen und Stimmungen, Fragen und Probleme sowie Akzeptanz oder Widerstand auf ganzheitliche und umfassende Weise zu verstehen und darauf zu reagieren.

Social Media Analytics[13] – als Teilbereich der KI – kann wünschenswerte Anpassungen (Veränderungen) für die folgenden Geschäftsbereiche unterstützen:

---

[13] Siehe [13] für weitere Informationen über die Möglichkeiten der Social Media Analytics.

- **Einblick in den Wettbewerb**: Die Gewinnung von Erkenntnissen und der Vergleich Ihrer Produkte oder Dienstleistungen mit den Angeboten der Konkurrenz kann zu Wettbewerbsvorteilen führen.

- **Optimierung von Produkten und Dienstleistungen**: Das Erkennen von Mängeln und Lücken führt zu Änderungen, um Produkte, Werkzeuge und Dienstleistungen zu optimieren.

- **Verbesserung der Akzeptanz**: Sentiment-Analysen helfen, wichtige Akzeptanzprobleme zu erkennen, die den Verkauf oder andere relevante Kennzahlen innerhalb oder außerhalb des Unternehmens verhindern, z. B. ethische Bedenken.

- **Benutzererfahrung**: Das Abhören und Analysieren sozialer Medien gibt Aufschluss über die Nutzererfahrung, z. B. bei der Verwendung von Chatbots, selbstfahrenden Fahrzeugen, Robotern und so weiter.

- **Verbesserung der Organisationsstrukturen**: Die Analyse sozialer Medien hilft dabei, Lücken (z. B. in Bezug auf Wissen, Fähigkeiten usw.) zu entdecken und organisatorische Anpassungen vorzuschlagen.

- **Optimierung des IT-Service-Managements**: Aus Social Media Analysen können notwendige Änderungen abgeleitet werden, um das ITSM weiter zu optimieren, z. B. durch Verbesserung entsprechender SLAs.

Wie aus den vorangegangenen Bereichen ersichtlich ist, stellt Social Media Analytics eine Möglichkeit dar, Veränderungen selbst durchzuführen und sogar den KI-Veränderungsmanagementprozess anzupassen.

Wichtigste Erkenntnisse

Wir schließen dieses Kapitel mit einigen wichtigen Erkenntnissen, die in Tab. 10-2 zusammengefasst sind.

Tab. 10-2. *Wichtigste Erkenntnisse*

# Wichtigste Erkenntnisse	High-Level Beschreibung
1 Viele Gründe für den Wandel	Berücksichtigung des breiten Spektrums der Gründe für Veränderungen: z. B. Ethik, rechtliche Aspekte, neue KI-Technologie, neue Geschäftsmodelle usw.
2 Verstehen des gesamten Umfangs der Herausforderungen	Die Herausforderungen für das Change Management können sich verschieben; neue werden auftauchen, z. B. gesellschaftliche Akzeptanz oder Ablehnung, hohe Komplexität, Wissens- und Qualifikationsdefizite und so weiter.
3 Erhebliche Änderungen der Organisationsstrukturen	Die Organisationsstrukturen werden sich in den Bereichen Personalwesen (Einstellungsmodelle usw.), Wissen und Fähigkeiten, Bildung und Lernen usw. erheblich verändern.
4 Notwendigkeit eines Rahmens für das KI Change Management	Der Rahmen für das KI Change Management wird sehr viel breiter angelegt sein und durch vielfältige Zusammenhänge und Abhängigkeiten bestimmt werden.
5 IT Change Management	Die Prozessschritte des IT Change Management werden durch die Nutzung von KI tiefgreifende Verbesserungen erfahren.
6 Analyse der sozialen Medien	Gefühle, Kommentare und Ressentiments, die aus KI-gestützten Social Media Analysen abgeleitet werden, sollten als nützlicher Input für das Change Management dienen.

Literatur

1. PMI. *Integrated change management.* `www.pmi.org/learning/library/integrated-change-management-5954` (Zugegriffen am September 14, 2019).

2. SHRM. *The SHRM Body of Competency and Knowledge.* `www.shrm.org/certification/Documents/SHRM-BoCK-FINAL.pdf` (Zugegriffen am September 14, 2019).

3. Kotter, J.P. *Leading Change,* ISBN-13: 978-1422186435, Harvard Business Review Press, 2012.

4. Hayes, J. *The Theory and Practice of Change Management*. ISBN-13: 978-1352001235, Red Globe Press, 2018.

5. Smartsheet. Which (of the Numerous) Change Management Models and Methodologies is Right for Your Organization. `www.smartsheet.com/which-numerous-change-management-models-and-methodologies-right-your-organization` (Zugegriffen am, September 18, 2019).

6. PMI. *Integrated change management*. `www.pmi.org/learning/library/integrated-change-management-5954` (Zugegriffen am September 19, 2019).

7. IBM. Social media analytics – Uncover insights in social media to help your business. `www.ibm.com/topics/social-media-analytics` (Zugegriffen am September 21, 2019).

8. IBM. Tone Analyzer – Understand emotions and communication style in text. `www.ibm.com/watson/services/tone-analyzer/` (Zugegriffen am September 23, 2019).

9. Kreutzer, R.T., Neugebauer, T. *Digital Business Leadership: Digital Transformation, Business Model Innovation, Agile Organization, Change Management (Management for Professionals)*. ISBN-13: 978-3662565476, Springer, 2018.

10. AXELOS. *What is ITIL Best Practice?* `www.axelos.com/best-practice-solutions/itil/what-is-itil` (Zugegriffen am September 25, 2019).

11. ALEXOS. *ITIL Foundation – ITIL 4 Edition*. ISBN-13: 978-0113316076, The Stationary Office Ltd, 2019.

12. ISACA. COBIT 4.1: Framework for IT Governance and Control. `www.isaca.org/Knowledge-Center/COBIT/Pages/Overview.aspx` (Zugegriffen am September 27, 2019).

13. IBM. Business analytics blog – Getting to know Watson Analytics for Social Media capabilities: Conversation clusters and more. `www.ibm.com/blogs/business-analytics/watson-analytics-for-social-media-capabilities-conversation-clusters/` (Zugegriffen am September 27, 2019).

KAPITEL 11

KI und Blockchain

Die meisten Menschen glauben, dass die Veröffentlichung aus dem Jahr 2008[1] von Satoshi Nakamoto, einem Pseudonym, das von einem noch unbekannten Autor verwendet wird, das Konzept der Blockchain eingeführt hat. Tatsächlich ist die Schlüsselidee jedoch 17 Jahre älter. Die erste Erwähnung wichtiger Blockchain-Konzepte geht auf das Jahr 1991[2] zurück, als Stuart Haber und Scott Stornetta zum ersten Mal das Konzept einer kryptografisch gesicherten Kette von Blöcken beschrieben.

Blockchain ist im Kern eine unveränderliche, gemeinsam genutzte Ledger-Anwendung, die zur Aufzeichnung von Transaktionen von Vermögenswerten verwendet werden kann. Bei den Vermögenswerten kann es sich um materielle Vermögenswerte der realen Welt wie Container, Autos, Häuser und vieles mehr oder um digitale Vermögenswerte wie Währungen handeln. Bei der Blockchain-Technologie kommen heute eine Reihe von Schlüsselkonzepte zum Einsatz. Zunächst gibt es den intelligenten Vertrag, ein Stück Code, das die im Rahmen von Transaktionen ausgeführten Geschäftsbedingungen kapselt, die von der Blockchain aufgezeichnet werden. Das zweite Schlüsselkonzept ist das Shared Ledger, eine verteilte Datenbank, in der die aufgezeichneten Transaktionen gespeichert werden. Diese Aufzeichnungen werden von mehreren Teilnehmern in einem Peer-to-Peer-Netzwerk erstellt. Die Peer-to-Peer-Netzwerke können öffentlich oder privat sein. Jeder Datensatz wird in einem Block gespeichert. Der Block ist mit seinem Vorgänger- und Nachfolgeblock in einer verknüpften Listenstruktur verbunden – daher der Name *Blockchain*, wie in Abb. 11-1 dargestellt.

---

[1] Siehe [1] für die Bitcoin-bezogene Veröffentlichung von Satoshi Nakamoto.
[2] Siehe [2] für das Forschungspapier von Stuart Haber und Scott Scornetta.

© Der/die Autor(en), exklusiv lizenziert an APress Media, LLC, ein Teil von Springer Nature 2023
E. Hechler et al., *Einsatz von KI im Unternehmen*, https://doi.org/10.1007/978-1-4842-9566-3_11

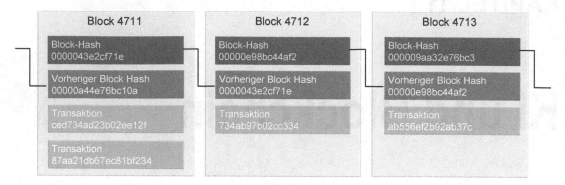

Abb. 11-1. *Blockchain*

Jeder Block ist mit einem Zeitstempel versehen und kryptografisch gesichert. Die Blöcke sind unveränderlich, sobald sie von einem Teilnehmer des Blockchain-Peer-Netzwerks erstellt wurden. Ein wesentlicher Unterschied zwischen Blockchain-Technologien und den bekannten Datenbanktechnologien ist der folgende: Eine Blockchain unterstützt nur zwei Operationen; (a) das Erstellen einer neuen Transaktion und (b) das Lesen einer aufgezeichneten Transaktion. Daher kann man sich Blockchain-Technologien als eine reine Append-Persistenz vorstellen. Bei Datenbanktechnologien gibt es vier Operationen: (a) Anlegen eines Datensatzes, (b) Aktualisieren eines Datensatzes, (c) Löschen eines Datensatzes und (d) Lesen eines Datensatzes (zusammenfassend als CRUD-Operationen[3] bezeichnet). Der Mechanismus, der verhindert, dass ein einzelner Teilnehmer etwas ändern kann, wird durch Konsensmechanismen realisiert. Es gibt verschiedene Techniken zur Umsetzung des Konsenses, wie z. B. Practical Byzantine Fault Tolerance (PBFT) oder Multi-Signatur. Die Kette wird in jedem Knoten eines Teilnehmers gespeichert. Eine Echtzeitsynchronisierung hält die einzelnen Teilnehmer durch die Blockchain-Fabric jederzeit auf dem gleichen Stand. Es werden starke kryptografische Algorithmen verwendet, um zu garantieren, dass alle Transaktionen sicher, authentifiziert und überprüfbar sind. In genehmigungspflichtigen Blockchains wird außerdem sichergestellt, dass die Teilnehmer nur auf die Teile des Bestandbuchs zugreifen können, für die sie berechtigt sind.

Der Bereich der Blockchain-Technologie lässt sich heute grob in zwei Hauptkategorien unterteilen:

---

[3] CRUD (Change, Read, Update, Delete).

- **Kryptowährungen**: Die erste in dieser Kategorie ist Bitcoin; viele andere wie Ethereum und Ripple[4] folgten, und heute gibt es Hunderte von verschiedenen Kryptowährungen. Kryptowährungen sind genehmigungsfreie, öffentliche Bestandsbücher. Der Grundgedanke von Kryptowährungen ist, dass sie eine digitale Währung ohne Scheine und Münzen darstellen, mit der Sie bei Online-Einkäufen für Waren bezahlen können.[5] Bei öffentlichen Blockchains wie Bitcoin, bei denen die Teilnehmer anonym sind, wird der Konsens durch Proof-of-Work-Mechanismen erreicht, die rechenintensiv und mit hohem Stromverbrauch verbunden sind. Die University of Cambridge[6] hat gezeigt, dass im Juli 2019 der jährliche, weltweite Energieverbrauch der Bitcoin-Blockchain aufgrund der exzessiven Nutzung von Rechenressourcen etwa dem jährlichen Stromverbrauch der Schweiz entspricht und weiterhin kontinuierlich ansteigt.

- **Zugelassene Blockchains für Shared-Ledger-Anwendungen**: Diese Art der Blockchain-Technologie wird im Unternehmensbereich eingesetzt, wo in der Regel zwei oder mehr Unternehmen zusammenarbeiten. Hyperledger[7] -Blockchain ist eines der führenden Technologiebeispiele in diesem Bereich. Es handelt sich um ein Open-Source-Projekt, das von der Linux Foundation gehostet und von einer großen Anzahl von Unternehmen wie Accenture, IBM und vielen anderen unterstützt wird. Die Hyperledger-Blockchain besteht aus mehreren Projekten. Zugelassene Blockchains wie Hyperledger, bei denen die Identität der Teilnehmer bekannt ist, können Konsensmechanismen einsetzen, die wesentlich umweltfreundlicher sind und weniger Rechenressourcen und Strom verbrauchen.

Beide Arten von Blockchain-Technologien zeichnen Transaktionen auf. Die über genehmigte Blockchains im Unternehmensbereich eingesetzten Transaktionen sind für

---

[4] Siehe [3, 4] und [5] für weitere Details zu Bitcoin, Ethereum und Ripple.

[5] Siehe [6] für die wichtigsten Konzepte zur Funktionsweise von Kryptowährungen.

[6] Siehe [7] für das Tool der University of Cambridge zur Stromverbrauchs-Berechnung der Bitcoin-Blockchain.

[7] Siehe [8] für Details zu Hyperledger.

Unternehmen jedoch in der Regel aus analytischer Sicht, bei der KI ins Spiel kommt, von größerem Interesse. In diesem Kapitel untersuchen wir das Konzept der genehmigten Blockchains im Unternehmensbereich und gehen der Frage nach, warum Unternehmen Blockchains implementieren. Anschließend zeigen wir, wie KI-Techniken auf Blockchain-Daten angewendet werden können. Im Bereich der wissenschaftlichen Forschung gibt es ebenfalls viele Forschungsinitiativen an der Schnittstelle von Blockchain und KI.[8] Darüber hinaus stellen wir Technologien vor, die Blockchain-Konzepte nutzen. Trotz des Hypes um Blockchain-Technologien sind derzeit sowohl die Akzeptanz der neuen Blockchain-Technologien als auch konkrete Anwendungsfälle auf der Grundlage bestehender Technologien im Unternehmensbereich schwer vorherzusagen. Im letzten Abschnitt dieses Kapitels erörtern wir, wie die Blockchain-Technologie bei der KI-Governance helfen kann, die wir in Kap. 8, *„KI und Governance"*, vorgestellt haben.

Blockchain für Unternehmen

Um den Nutzen einer Blockchain-Lösung für das Unternehmen zu verstehen, werfen wir einen Blick auf Abb. 11-2. Es gibt Geschäftsszenarien, in denen sich bestimmte Geschäftsprozesse über mehrere Teilnehmer erstrecken. Jeder Teilnehmer hat üblicherweise sein eigenes Ledger Bestandsbuch. Zwischen den Ledgern befinden sich kundenspezifische Integrationsschnittstellen, die als Batch, periodisch, zeitnah oder sogar in Echtzeit implementiert sein können. Infolgedessen sind die in ihnen gespeicherten Daten selten oder nie synchron, wodurch die Relevanz der einzelnen Ledger vermindert wird. Darüber hinaus verwenden diese Ledger herkömmliche Datenbanktechnologien, wobei die Sicherheit von den Datenbank-Administratoren abhängt. Wenn einer von ihnen zu einem unzufriedenen Mitarbeiter wird oder wenn ein geschickter Angreifer seine Sicherheitsdaten erlangt, sind die Daten in diesen Bestandsbüchern gefährdet. Die Daten in diesen Büchern umfassen in der Regel Geschäftstransaktionen, von denen viele sensibel sind, wie z. B. Bankkontotransaktionen und andere. Kurz gesagt, dieser Ansatz ist ineffizient, anfällig und kostspielig.

---

[8] Siehe [9] für weitere Details zu der Schnittstelle von Blockchain und KI.

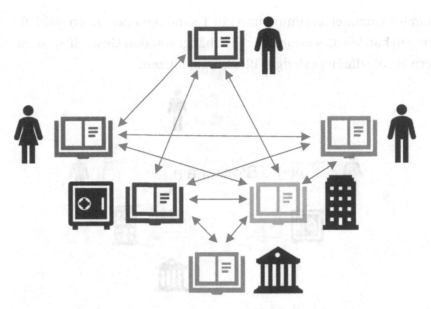

Abb. 11-2. *Probleme mit traditionellen Bestandsbüchern*

Der Anspruch an eine Blockchain-basierte Lösung für Unternehmen besteht also darin, ein gemeinsames, vertrauenswürdiges Bestandsbuch auf eine deutlich effektivere und effizientere Weise mit angemessenen Sicherheitskontrollen zu erstellen. Im nächsten Abschnitt stellen wir die Hyperledger-Blockchain-Technologie vor, die heute von vielen Unternehmen eingesetzt wird. Im darauffolgenden Abschnitt wird eine Hyperledger-Implementierung vorgestellt.

Einführung in die Hyperledger-Blockchain

Hyperledger ist eine Open-Source Blockchain-Technologie, die von vielen Unternehmen unterstützt wird. Unternehmen setzen Hyperledger ein, weil es ein gemeinsam genutztes, repliziertes und autorisiertes Ledger mit Konsens-, Provenance-, Unveränderbarkeits- und Finalitätsfunktionen bietet, wie in Abb. 11-3 dargestellt. Jeder Teilnehmer betreibt einen Peer-Knoten des Hyperledger-Peer-Netzwerks. Die Peers werden durch einen Replikationsmechanismus synchron gehalten, so dass alle Ledger aller sechs Teilnehmer jederzeit über die gleichen Daten verfügen. Über die Funktionen Hyperledger-Channel und private Datenerfassung kann der Zugriff auf die Transaktionen kontrolliert werden. Diese Funktionen können so genutzt, dass z. B. drei Teilnehmer in einem Channel zusammenarbeiten, während eine andere Gruppe in einem separaten Channel teilnimmt und nur Teilmengen der Daten sieht, für die sie Berechtigungen hat. Ob dies erforderlich ist, hängt von den Geschäftsprozessen und Teilnehmern ab, die die Hyperledger-Blockchain nutzen.

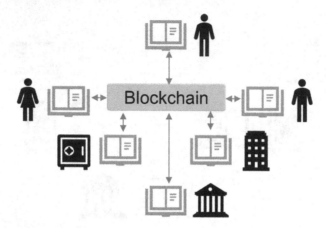

Abb. 11-3. *Hyperledger-Blockchain*

Hyperledger besteht aus mehreren Projekten – die folgende Liste ist nur ein kleiner Ausschnitt:

- Um eine Hyperledger-Lösung aufzubauen, verwenden Sie die Ledger-Software **Hyperledger Fabric**.

- Mit **Hyperledger Indy** können Sie in der Blockchain verwurzelte digitale Identitäten einrichten.

- **Hyperledger Grid** beschleunigt Ihr Blockchain-Projekt durch die Bereitstellung zahlreicher Best Practices für Lieferketten wie kodierte Datenmodelle usw.

- Mit **Hyperledger Caliper** können Sie auf die Leistung Ihrer Blockchain-Lösung zugreifen.

- **Hyperledger Cello** kann als Betriebskonsole für Ihre Blockchain-Lösung verwendet werden.

Die Hyperledger-Blockchain wurde bereits bei zahlreichen Kunden eingesetzt. Fallstudien finden Sie auf der bereits erwähnten Hyperledger-Website. Im nächsten Abschnitt zeigen wir Ihnen ein weiteres Beispiel.

TradeLens nutzt die Hyperledger-Blockchain

In diesem Abschnitt stellen wir eine Hyperledger-Blockchain-Lösung vor, die *TradeLens*[9] genannt wird. TradeLens wurde von Maersk und IBM entwickelt und hat bereits Dutzende von anderen Unternehmen aus dem Logistik-Ökosystem als Partner. Da die Abfertigung von Fracht an einer Grenze ein staatlich kontrollierter Prozess ist, beteiligen sich bereits mehrere Regierungen an der Lösung. Ziel der TradeLens-Lösung ist es, den Datenfluss zwischen allen Teilnehmern der logistischen Lieferkette wie Logistikunternehmen, staatlichen Grenzkontrollbehörden, Unternehmen, die große Häfen oder Flughafenterminals betreiben usw. zu optimieren. Während der Datenaustausch rationalisiert wird, muss dieser dennoch hinreichend sicher sein, um beispielsweise einen fälschungssicheren Nachweis beim Wechsel eines Containers von einem Verwahrer in der Lieferkette zu einem anderen zu erstellen.

Ein weiteres Ziel ist es, die papierbasierte, manuelle Dokumentenverarbeitung so weit wie möglich abzuschaffen. Dadurch wird eine signifikant bessere Sichtbarkeit der Waren in der Lieferkette erreicht, und die Fracht in Häfen oder Terminals kann mit einem höheren Automatisierungsgrad schneller abgefertigt werden. Die Behörden profitieren von einem umfassenden Einblick in die Transportkette mit genaueren Informationen und können ihre Aufmerksamkeit stärker auf die Risikoanalyse und andere Aspekte richten.

Die Grundlage der TradeLens-Plattform ist die Hyperledger-Blockchain, auf der mehrere Channels für verschiedene Teilnehmer eingerichtet werden können. Auf der Hyperledger-Blockchain befinden sich die TradeLens-Plattform und API-Dienste. Über die APIs können die Teilnehmer im Ecosystem der TradeLens-Lösung, wie Zollbehörden, Eigentümer von Frachtgut,[10] Reedereien usw., Transaktionen in die Blockchain einstellen, wenn sie z. B. einen Container erhalten oder eine Fracht verzollt haben. Die Lösungsarchitektur[11] ist in Abb. 11-4 dargestellt. Mit dem neuen API-basierten Zugang können viele der Probleme des EDI-Frameworks, das bisher als Integrationsrahmen verwendet wurde (grauer Kasten in Abb. 11-4), zunehmend vermieden werden, da immer mehr Teilnehmer auf die neuen, modernen APIs umsteigen.

---

[9] Siehe [10] für Details zu TradeLens.

[10] Hierfür wird oft die Abkürzung BCO (Beneficial Cargo Owner) verwendet.

[11] Siehe [11] für weitere Details zur Lösungsarchitektur und Datenspezifikation.

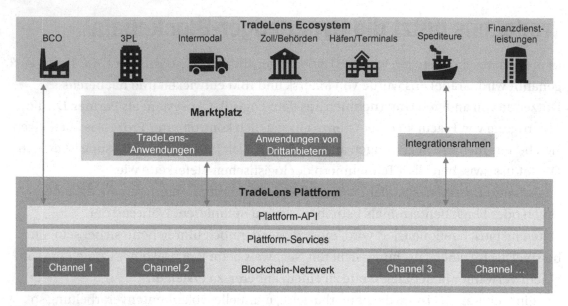

Abb. 11-4. *TradeLens Lösungsarchitektur*

Die wichtigsten Komponenten der Lösung werden in der IBM Cloud ausgeführt. Zum Zeitpunkt der Erstellung dieses Buches wurden über 1 Mrd. Ereignistransaktionen, mehr als 8 Mio. Dokumente und über 21 Mio. Containertransaktionen über diese Blockchain-Plattform verarbeitet.

On-Chain vs. Off-Chain-Analytik

Der Hauptnutzen der Blockchain-Technologie ist die verteilte Transaktionsverarbeitung bei gleichzeitiger Schaffung von Vertrauen zwischen den Teilnehmern, die die Peer-to-Peer-Knoten im Blockchain-Netzwerk betreiben. Bei der Hyperledger-Blockchain-Technologie basiert die Persistenz auf LevelDB oder CouchDB, und die Daten werden im Binär- oder JSON-Format gespeichert. Viele Analysetools wie IBM Cognos, IBM SPSS, Tableau usw. und Datenwissenschafts-Tools wie IBM Watson Studio oder AWS SageMaker, die in den letzten Jahrzehnten entwickelt wurden, sind für Datenspeicher wie relationale Datenbanken mit SQL-Unterstützung optimiert worden. Viele dieser Datenspeicher wurden für die Unterstützung moderner Analysen optimiert, wie z. B. spaltenorientierte Datenbanken. Ein weiterer wichtiger Ansatz für Analysen basiert auf Data Lakes, die die Hadoop-Plattform mit horizontaler Skalierung über eine große Anzahl von Rechenknoten nutzen. Eine essentielle Frage der Architektur ist, ob man KI effektiv *On-Chain* oder *Off-Chain* betreiben kann oder nicht. *On-Chain* bedeutet, dass

Sie die Daten im Datenspeicher Ihres Blockchain-Systems belassen. *Off-Chain* bedeutet, dass Sie die Daten aus der Blockchain-Persistenz extrahieren und Ihre KI-Tools offline anwenden.

Werfen wir zunächst einen Blick auf die On-Chain-Analytik. Die Durchführung von Analysen auf einem Peer-Knoten einer Blockchain bedeutet, dass die Analysen mit der Transaktionsverarbeitung des Peers um dieselben Rechenressourcen konkurrieren. Folglich wird ein Peer-Knoten nicht in der Lage sein, das gleiche Transaktionsvolumen mit der gleichen Leistung zu verarbeiten, wenn zeitgleich ein Teil der Ressourcen von Analysen verwendet wird, im Vergleich zu einem Szenario, in dem die Analysen keinen Teil der Transaktions-Ressourcen verbrauchen. In fast jedem Blockchain-Projekt müssen einige grundlegende Anforderungen an die Berichterstattung erfüllt werden, z. B. wie viele Transaktionen ausgeführt und erfolgreich waren, wie viele fehlgeschlagen sind usw. Dies sind sehr grundlegende und einfache Dashboarding-Anforderungen, wobei sich alle zur Beantwortung dieser Fragen erforderlichen Daten in der Blockchain selbst befinden. Unter der Voraussetzung, dass das von Ihnen gewählte Berichtstool das Binär- oder JSON-Format unterstützt und sich in die Sicherheitsfunktionen der Blockchain integrieren lässt, können solche Berichte erstellt werden, indem die Daten direkt auf dem Peer gelesen werden. Der Hyperledger Explorer[12] bietet Ihnen beispielsweise die Möglichkeit, Berichte über die Anzahl der Peer-Knoten im Netzwerk, die Anzahl der erfolgreichen Transaktionen usw. zu erstellen. Die Vorteile dieses Ansatzes liegen darin, dass die Blockchain-Transaktionen das Blockchain-Peer-Netzwerk nie verlassen und somit sicher bleiben. Außerdem muss nicht in Datenintegrations- und Messaging-Technologien investiert werden.

Die Nachteile eines solchen Ansatzes liegen jedoch ebenfalls auf der Hand: Viele fortschrittliche KI-Funktionen, die erhebliche Rechenressourcen erfordern, können nicht ohne erhebliche Auswirkungen auf die Leistung und Skalierbarkeit der Transaktionsverarbeitung auf der Blockchain angewendet werden. Ein weiterer Grund ist, dass die Blockchain-Daten immer noch im Binär- oder JSON-Format vorliegen und nicht in ein Datenformat umgewandelt werden, in dem Analysen mit viel besserer Leistung und Skalierung durchgeführt werden können. Außerdem verwenden viele KI-Szenarien Daten aus einer Vielzahl von Quellen, wobei Blockchain-Transaktionsdaten nur eine weitere Quelle sind. Die On-Chain-Analyse ist bei einer KI-Lösung mit Daten aus mehreren Quellen daher architektonisch ungünstig, da Daten aus anderen Quellen

---

[12] Siehe [12] für weitere Details zu Hyperledger Explorer.

auf die Blockchain übertragen werden müssen – ein System, das für die Transaktionsverarbeitung und nicht für die Analyse konzipiert ist. Die einzige effektive Möglichkeit, Blockchain-Transaktionsdaten in einem Szenario zu nutzen, in dem die Daten auf der Blockchain bleiben und dennoch mit Daten aus anderen Quellen kombiniert werden können, ist die Föderation. IBM Db2 Federation unterstützt föderierte SQL-Abfragen über mehrere verschiedene Datenquellen hinweg, und in der neuesten Version wurde die Unterstützung auf Peer-Knoten der Hyperledger-Blockchain erweitert.[13]

Werfen wir nun anhand eines Szenarios in der Versicherungsbranche einen Blick auf die Off-Chain-Analytik. Versicherungsunternehmen und die Versicherungsaufsicht arbeiten über ein Blockchain-Netzwerk zusammen. Die Versicherungsunternehmen platzieren Transaktionen in diesem Blockchain-Netzwerk. Jede Transaktion steht für einen Antrag, der im Zusammenhang mit Naturkatastrophen abgewickelt wurde, wobei die Art der Katastrophe und der gezahlte Betrag aufgezeichnet werden. Bei den Naturkatastrophen kann es sich um Waldbrände, Überschwemmungen und so weiter handeln. Die Versicherungsaufsichtsbehörde kann all diese Transaktionen im Blockchain-Netzwerk einsehen und ist daran interessiert, vorherzusagen, unter welchen Umständen bei Naturkatastrophen eine oder mehrere Versicherungsgesellschaften Konkurs anmelden müssen, weil sie die entsprechenden Ansprüche nicht mehr begleichen können. Um solche Prognosemodelle zu entwickeln, muss die Versicherungsaufsichtsbehörde die Transaktionen aus der Blockchain in eine Analyseumgebung extrahieren, in der diese Transaktionen beispielsweise mit Live-Wetterdaten aus anderen Quellen zur Ermittlung von Risiken für große Waldbrände, Überschwemmungen usw. kombiniert werden können. Dies ist natürlich nur eines von vielen Beispielen, bei denen die Blockchain-Transaktionen eine relevante Datenquelle für KI sein könnten.

Im Allgemeinen erfordern solche Szenarien, dass die Daten von einem Peer-Knoten in eine Analyseumgebung verschoben werden, in der die KI-Techniken wie in Abb. 11-5 dargestellt angewendet werden.

---

[13] Siehe [13] für Einzelheiten zur Nutzung dieser Möglichkeiten.

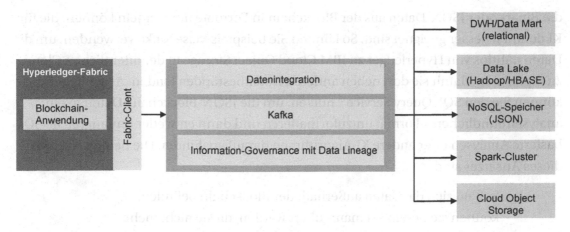

Abb. 11-5. *Datenintegration für Off-Chain-Analytik*

Je nach Szenario möchte ein Teilnehmer, der einen Peer in einem Blockchain-Netzwerk betreibt, einen Teil oder alle Daten, auf die er Zugriff hat, in eine Analyseumgebung übertragen. Wie in Abb. 11-5 dargestellt, gibt es zahlreiche mögliche Zielsysteme wie Data Lakes, DWH, Data Marts usw. Sie können sich in privaten oder öffentlichen Cloud-Umgebungen befinden. Die Datenübertragung kann als Batch-Transfer mit herkömmlichen Datenintegrationstools von Anbietern wie Informatica oder IBM oder mit Open-Source-Tools wie Nifi oder Airflow[14] erfolgen. Wenn Sie die Blockchain-Transaktionen, die auf der Blockchain gepostet werden, nahezu in Echtzeit in Ihre Analysesysteme replizieren möchten, benötigen Sie Messaging-Tools wie das Open-Source Messaging-System Kafka oder kommerzielle Angebote.

Hyperledger verfügt über einen Event Hub-Mechanismus, mit dem Sie grundsätzlich Abonnements für Transaktionsereignisse erstellen können, die auf dem Messaging Bus veröffentlicht und von dort an Ihr Analysesystem weitergeleitet werden können. Unabhängig davon, ob Sie eine Batch-Übertragung oder eine kontinuierliche Datenübertragung oder eine anfängliche Batch-Übertragung mit kontinuierlicher Replikation aller weiteren Änderungen durchführen, muss die von Ihnen eingesetzte Technologie nach Abschluss der Batch-Übertragung die Integration mit der Sicherheitsarchitektur Ihres Blockchain-Systems unterstützen.

Für Hyperledger erfordert dies die Integration von Authentifizierung und digitalen Zertifikaten. In Off-Chain-Analyseszenarien haben Sie außerdem den Vorteil, dass Sie

---

[14] Siehe [14] und [15] für weitere Einzelheiten zu diesen beiden Open-Source-Datenintegrationstools.

die Binär- oder JSON-Daten aus der Blockchain in Formate umwandeln können, die für KI deutlich besser geeignet sind. So können Sie beispielsweise Kafka verwenden, um die Daten nahtlos von Hyperledger zu IBM Cloud Object Storage in der öffentlichen Cloud zu replizieren, damit sie dort neben anderen Datenbeständen landen. Anschließend können Sie den SQL Query Service[15] nutzen, um die JSON-Blockchain-Daten in ein analysefreundlicheres Format umzuformatieren und dann entweder umfangreiche SQL-basierte Analysen oder andere KI-Algorithmen darauf ausführen. Die beiden Nachteile dieses Ansatzes sind:

1. Sobald sich die Daten außerhalb der Blockchain befinden, können sie potenziell manipuliert werden, da sie nicht mehr durch die Unveränderlichkeitsmerkmale der Blockchain geschützt sind.

2. Im Gegensatz zum On-Chain-Analyseansatz benötigen Sie für die Datenprovisionierung ein Tool, das zumindest Betriebskosten und möglicherweise Lizenzkosten verursacht, wenn es sich um kommerzielle Software handelt.

Zusammenfassend lässt sich sagen, dass der Off-Chain-Analyseansatz eine breitere Palette von Anwendungsfällen unterstützt, bessere Skalierungs- und Leistungseigenschaften aufweist und es ermöglicht, wesentlich mehr KI-Techniken auf die Blockchain-Daten anzuwenden. In absehbarer Zukunft wird dies höchstwahrscheinlich der häufigste Ansatz zur Anwendung von KI auf Blockchain-Daten sein.

Bestehende Technologie zur Übernahme von Blockchain-Konzepten

Obwohl es heute eine Vielzahl von Blockchain-Technologien gibt, wird die Einführung von Blockchain aus einer Reihe von Gründen erschwert; die folgende Liste ist nur eine kleine Auswahl der Bedenken:[16]

- **Fachkompetenz**: Die Einführung der Blockchain-Technologie in einem Unternehmen erfordert die Aneignung neuer

---

[15] Siehe [16] zur Ausführung der SQL-Abfrage.

[16] Siehe [17] für weitere Details.

Fachkompetenzen, indem entweder vorhandenes IT-Personal geschult oder Mitarbeiter mit den entsprechenden Kompetenzen eingestellt werden, die nicht leicht zu finden sind.

- **Fehlen von Industriestandards**: Im Bereich der transaktionalen und analytischen Verarbeitung hat sich SQL als Standard etabliert und wird heute von den meisten Anbietern in der IT-Branche unterstützt. Für die Blockchain-Technologie stehen ein ähnlicher Standard und eine Standardübernahme noch aus.

- **Die Einführung der Blockchain-Lösung ist ein disruptives Unterfangen**: Geschäftsprozesse und die IT-Landschaft müssen umgestaltet und angepasst werden, um einen neuen Geschäftsprozess einzuführen, der von der Blockchain profitiert. Dies stellt einen Eingriff in die bestehende IT-Infrastruktur dar, und die mit dem bestehenden Prozess vertrauten Personen müssen für den neuen Prozess umgeschult werden usw.

- **Begrenzter Transaktionsdurchsatz**: Der begrenzte Transaktionsdurchsatz im Vergleich zu (verteilten) relationalen Datenbankverwaltungssystemen wird als eine wesentliche Einschränkung der heutigen Blockchain-Technologien angesehen. Zwar wurden in den letzten Jahren erhebliche Verbesserungen erzielt, doch bestehen nach wie vor Bedenken, ob die Blockchain-Technologien jemals den für eine breite Akzeptanz erforderlichen Transaktionsdurchsatz erreichen werden.

Eine Technologie, die nicht unter mehreren dieser Probleme leidet, sind (verteilte) relationale Datenbanken: neben der Verfügbarkeit qualifizierter Fachleute wurde SQL standardisiert und ist gut unterstützt, fast alle Datenwissenschafts-Tools unterstützen diese Datenquellen in bemerkenswerter Weise gut und zeichnen sich durch eine Transaktionsverarbeitung mit sehr hohen Durchsatzraten aus. Es überrascht nicht, dass die Anbieter erste Schritte unternommen haben, um die Stärken von relationalen Datenbanken und Blockchain-Technologien zu kombinieren. So haben Datenbankanbieter wie Oracle[17] ihre bestehenden relationalen Datenbanken um

---

[17] Siehe [18] für weitere Einzelheiten zur Funktionsweise der Blockchain-Tabellen in Oracle-Datenbanken.

Blockchain-Funktionen erweitert. Oracle hat eine *Blockchain-Tabellen* Funktion mit dem Kerngedanken eingeführt, die Verwendung von „Append-Only"-Tabellen zu ermöglichen, die eine Reduktion von Erstellungs- und Lesevorgängen nur auf solche Tabellen anwenden, die über geeignete Funktionen verfügen, um sie manipulationssicher und für Nachweisbarkeitseigenschaften geeignet zu machen. Der Vorteil dieses Ansatzes besteht darin, dass Unternehmen Blockchain-ähnliche Funktionen in einer Umgebung nutzen können, die keine unternehmensübergreifende Zusammenarbeit erfordert, indem sie die bereits vorhandene Infrastruktur und die vorhandenen Fähigkeiten nutzen.

Neben etablierten kommerziellen Datenbankanbietern, die ihre bestehende Datenbanktechnologie um einige Blockchain-Funktionen erweitern, sind eine Reihe neuer Anbieter in den Markt für Blockchain-Datenbanken eingetreten, darunter BigchainDB, Fluree, ProvenDB und AWS Quantum Ledger Database (QLDB).[18] Gemeinsame Aspekte sind die Unveränderbarkeit, Transparenz, kryptografiebasierte Sicherheit und die Nutzbarbkeit über SQL.

Interne Betrugsprävention, Manipulationsschutz gegen schadenverursachende DBAs oder Angriffe, bei denen die DBA-Anmeldeinformationen gehackt wurden, und Compliance-Anwendungsfälle sind nur einige Beispiele für Anwendungsfälle, bei denen die Blockchain-ähnlichen Funktionen, die der Datenbank hinzugefügt wurden, einen erheblichen Wert darstellen. Ein weiterer Vorteil ist, dass die in Datenbanktechnologien mit Blockchain-Funktionen erweiterten Daten sehr gut mit zahlreichen Datenintegrations- und KI-Tools unterstützt werden. Allerdings eignen sich Blockchain-Funktionen in Datenbanken weniger gut für Blockchain-Anwendungsfälle, die mehrere Unternehmen betreffen. Wenn Ihr Anwendungsfall jedoch nur die Verwendung einer einzigen Datenbank mit Blockchain-Funktionen zulässt, kann Ihr Datenwissenschafts-Team Daten aus einer solchen Quelle deutlich leichter für KI nutzen.

Blockchain für KI-Governance nutzen

Wie in Kap. 8, *„KI und Governance"*, dargelegt, ist KI-Governance von zunehmender Bedeutung. Die Europäische Union hat im Februar 2020 eine KI-Verordnung[19] veröffentlicht, die sich mit den folgenden zentralen Fragen befasst:

---

[18] Siehe [19–21] und [22] für weitere Einzelheiten.
[19] Siehe [23] für Details zu dieser Verordnung.

- Wie können wir sicherstellen, dass die Datensätze nicht biased und ausreichend repräsentativ sind?

- Wie können wir eine verbindliche Dokumentation von Training, Tests, Datenauswahl und verwendeten KI-Algorithmen erstellen?

- Wie können wir den Verbrauchern Informationen über die angewandten KI-Fähigkeiten und ihre Grenzen auf automatische Weise zur Verfügung stellen?

- Wie können wir sicherstellen, dass KI-Entscheidungen robust, genau und reproduzierbar sind?

- Wie können wir den Einfluss von Mitarbeitern durch Genehmigungen und Überwachung in unsere KI-gestützten Geschäftsprozesse integrieren?

Ein Beispiel möge die Bedeutung dieser Fragen verdeutlichen: Wenn Banken KI-basierte Prognosemodelle verwenden, um festzustellen, ob und unter welchen Bedingungen eine Hypothek genehmigt wird (oder auch nicht), oder wenn Versicherungen KI-basierte Modelle zur Bearbeitung eines Schadenfalles verwenden, besteht ein berechtigtes Interesse an der Zuverlässigkcit dicser Modelle. Die Entscheidungsfindung basiert auf KI-Algorithmen und ist dezentralisiert. Die auf einem KI-Algorithmus basierende Entscheidung ist im Grunde die Transaktion, die erklärbar, vertrauenswürdig und zuverlässig ausgeführt werden sollte. Wie in Kap. 8, *„KI und Governance"*, beschrieben, ermöglichen Tools wie IBM Watson OpenScale die Beantwortung einiger der oben genannten Fragen, z. B. ob der Trainingssatz biased war oder ein Rückgang der Genauigkeit und der Datenkonsistenz zu beklagen sind.

IBM Watson OpenScale und ähnliche Tools gehen jedoch nicht auf die Notwendigkeit ein, einen manipulationssicheren Prüfpfad mit vollständiger Transparenz bereitzustellen, z. B. wer das KI-Modell trainiert hat, mit welchen Datensätzen das KI-Modell trainiert wurde, welche Version zu einem bestimmten Zeitpunkt verwendet wurde usw; hier ergänzen sich KI- und Blockchain-Technologien sehr gut, wie in Abb. 11-6 dargestellt.

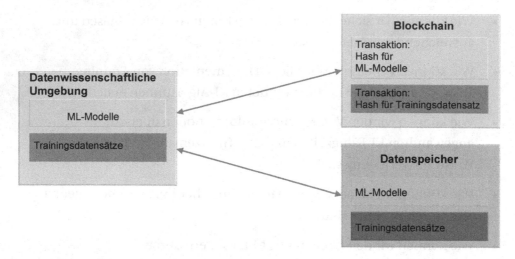

Abb. 11-6. *Blockchain verwaltet KI-Modelle und zugehörige Artefakte*

Der Kerngedanke besteht darin, auf der Blockchain einen Existenznachweis zu erbringen, wann welches KI-Modell von wem auf welchem Datensatz trainiert wurde, welche Version eingesetzt wurde usw. Die Übertragung großer Datenmengen auf die Blockchain, die möglicherweise in Ihren KI-Projekten zum Trainieren der Modelle verwendet wurden, ist schlichtweg nicht sinnvoll. Dies kann entweder am Volumen oder an der Größe der einzelnen Elemente in strukturierten oder unstrukturierten Datensätzen liegen. Ein praktischerer Ansatz besteht daher darin, die KI-Modelle und die Trainingsdatensätze in einem Datenspeicher außerhalb der Blockchain zu speichern, wie in Abb. 11-6 dargestellt. Allerdings werden kryptografisch sichere Hash-Werte – ein eindeutiger Fingerabdruck des Modells und des Trainingsdatensatzes – zusammen mit anderen wichtigen Attributen auf die Blockchain selbst übertragen. Mittels des Hash-Wertes läßt sich leicht eine Manipulation des KI-Modells und des Trainingsdatensatzes überprüfen. Die Unveränderlichkeit der Blockchain garantiert demnach den manipulationssicheren Nachweis der Verwendung eines konkreten KI-Modells im Rahmen einer kritischen Geschäftsentscheidung.

Da die Eingabedaten einer KI-basierten Vorhersage in der Regel relativ klein sind, kann bei der Verwendung eines KI-Modells die Transaktion im Rahmen der Blockchain ausgeführt werden. Eine solche Transaktion auf der Blockchain müsste nur zwei Dinge enthalten:

- Der Hash-Wert des verwendeten KI-Modells, denn alle Details zu diesem KI-Modell lassen sich über die Transaktion finden, bei der der Hash-Wert dieses Modells ursprünglich in der Blockchain aufgezeichnet wurde, und optional im externen Datenspeicher abgelegt wird.

- Die Eingabewerte, wenn sie klein genug sind, oder ein Hash-Wert der Eingabewerte. Wenn die Eingabewerte zu groß sind, könnten sie in einem Datenspeicher außerhalb der Blockchain gespeichert werden.

Dieser Ansatz wäre beispielsweise für das dezentrale Blockchain-System selbst oder die bereits erwähnten KI-infundierten Geschäftsprozesse nützlich. Blockchains zeichnen sich durch folgende Eigenschaften aus: Unveränderlichkeit, Datenintegrität, Widerstandsfähigkeit gegen Angriffe, Determinismus und Dezentralität. Vergleicht man dies mit der KI, die auf dem Vertrauen in eine Vorhersage mit einer bestimmten Wahrscheinlichkeit, Volatilität, ständiger Veränderung und zentralen Entscheidungen basiert, verdeutlicht dies zwar den Unterschied von Blockchain und KI, damit jedoch auch den komplentären und sich gegenseitig ergänzenden Aspekt: Wenn man Blockchain- und KI-Technologie für die KI-Governance zusammenführt, erreicht man:

- Verbesserte Datensicherheit

- Dezentralisierte Intelligenz

- Hohe Effizienz

- Verbessertes Vertrauen in KI-infundierte Geschäftsprozesse, Vorhersagen und Entscheidungen

Kurz gesagt: Mit Blockchains können Sie Ihre KI-Governance-Fähigkeiten verbessern, indem Sie ein Bestandsbuch für alle KI-bezogenen Artefakte und Geschäftsentscheidungen erstellen, bei denen KI eine Rolle spielt.

Wichtigste Erkenntnisse

Wir schließen dieses Kapitel wie üblich mit einigen wichtigen Erkenntnissen ab. Blockchains produzieren Transaktionsdaten, auf die KI angewendet werden sollte, um nützliche Erkenntnisse zu gewinnen. Dies kann in begrenztem Umfang On-Chain und in vollem Umfang Off-Chain erfolgen. Wir haben auch gezeigt, dass Blockchain-Funktionen zu traditionellen Technologien wie Datenbanken hinzugefügt wurden, die für bestimmte Anwendungsfälle in Ihrem Unternehmen praktikable Alternativen zum Einsatz von vollwertigen Blockchain-Lösungen bieten. Und schließlich hilft Blockchain beim Aufbau von Vertrauen, in dem beilspeilsweise nachgewiesen werden kann, wie Ihre KI-Modelle entwickelt wurden und welche Version zu einem bestimmten Zeitpunkt verwendet wurde (Tab. 11-1).

Tab. 11-1. *Wichtigste Erkenntnisse*

# Wichtigste Erkenntnisse	High-Level Beschreibung
1 Zugelassene Blockchains sind für den Einsatz in Unternehmen gedacht	Genehmigte Blockchains wie Hyperledger sind private Blockchains, bei denen die Identität der Teilnehmer bekannt ist. Der Konsensmechanismus ist im Vergleich zu Kryptowährungs-Blockchains wesentlich weniger ressourcenintensiv. Transaktionen sind unveränderlich.
2 Blockchain-Anwendungen erzeugen Transaktionsdaten	Blockchain-Anwendungen sind im Wesentlichen Transaktionssysteme, die Transaktionen im Zusammenhang mit physischen oder digitalen Vermögenswerten aufzeichnen. Ähnlich wie bei allen anderen Transaktionsdaten kann KI eingesetzt werden, um tiefgreifendere Einblicke hinsichtlich der Transaktionen zu gewinnen.
3 On-Chain vs. Off-Chain-Analytik	On-Chain-Analysen konkurrieren mit den Transaktionen um die Rechenressourcen des Peers, und die Persistenz der Blockchain-Technologie ist im Vergleich zu anderen Analyseumgebungen dafür weniger optimiert und geeignet. Für die kurz- bis mittelfristig absehbare Zukunft sind Off-Chain-Analysen die bessere Alternative, da Sie die Blockchain-Transaktionen mit anderen Datenquellen kombinieren können und davon profitieren, dass Sie Ihre KI-Fähigkeiten in Umgebungen anwenden können, die für skalierbare, leistungsstarke KI ausgelegt sind.
4 Blockchain-Funktionen wurden zu bestehenden Technologien hinzugefügt	Wenn Sie keine Blockchain-Anwendungsfälle haben, die eine unternehmensübergreifende Zusammenarbeit erfordern, können Sie die Blockchain-Funktionen in Datenbanktechnologien nutzen, in denen Sie über Fachkenntnisse und eine vorhandene Infrastruktur verfügen, und so kostengünstigere Lösungen anbieten.
5 Blockchains können verwendet werden, um einen vertrauenswürdigen Nachweis für Ihre KI-gestützten Anwendungen zu liefern	Die Unveränderlichkeit von Blockchains kann für die KI-Governance genutzt werden, wenn nachgewiesen werden muss, wer, wo und wann KI-Modelle trainiert hat und auf welchen Datensätzen dies geschah.

Literatur

1. Satoshi Nakamoto: *Bitcoin: A Peer-to-Peer Electronic Cash System.* https://bitcoin.org/bitcoin.pdf (Zugegriffen am April 2020).

2. Stuart Haber, W. Scott Scornetta: *How to Time-stamp a Digital Document.* www.anf.es/pdf/Haber_Stornetta.pdf (Zugegriffen am April 2020).

3. Bitcoin: https://bitcoin.org/en/ (Zugegriffen am April 2020).

4. Ethereum: https://ethereum.org/en/ (Zugegriffen am April 2020).

5. Ripple: https://ripple.com (Zugegriffen am April 2020).

6. Aleksander Berentsen, Fabian Schär: *A Short Introduction to the World of Cryptocurrencies.* https://cdn.crowdfundinsider.com/wp-content/uploads/2018/01/St.-Louis-Federal-Reserve-a-short-introduction-to-the-world-of-cryptocurrencies.pdf (Zugegriffen am April 2020).

7. Cambridge Bitcoin Electricity Consumption Index: www.cbeci.org (Zugegriffen am April 2020).

8. Hyperledger: www.hyperledger.org/ (Zugegriffen am April 2020).

9. Ala Al-Fuqaha, Nishara Nizamuddin, M. Habib Ur Rehman, Khaled Salah: Blockchain for AI: Review and Open Research Challenges. IEEE, 1.1.2019, p. 10127–10149, Electronic ISSN: 2169-3536, https://doi.org/10.1109/ACCESS.2018.2890507.

10. Tradelens: www.tradelens.com (Zugegriffen am April 2020).

11. Tradelens solution architecture: https://docs.tradelens.com/learn/solution_architecture/ (Zugegriffen am April 2020).

12. Hyperledger Explorer: www.hyperledger.org/projects/explorer (Zugegriffen am April 2020).

13. Vinayak Agrawal, Sanjeev Ghimire: *Perform analytics on blockchain transactions.* https://developer.ibm.com/patterns/use-db2-and-sql-to-perform-analytics-on-blockchain-transactions/ (Zugegriffen am April 2020).

14. Nifi: https://nifi.apache.org (Zugegriffen am April 2020).

15. Airflow: https://airflow.apache.org (Zugegriffen am April 2020).

16. *IBM SQL Query:* https://cloud.ibm.com/catalog/services/sql-query (Zugegriffen am April 2020)

17. Boahua Yang: *10 Practical Issues of Blockchain Implementations.* www.hyperledger.org/blog/2020/03/31/title-10-practical-issues-for-blockchain-implementations (Zugegriffen am April 2020).

18. Mark Rakhmilevich: *Blockchain Tables in Oracle Database.* `https://blogs.`
    `oracle.com/blockchain/blockchain-tables-in-oracle-database:-technology-`
    `convergence` (Zugegriffen am April 2020).

19. BigChainDB: `www.bigchaindb.com` (Zugegriffen am April 2020).

20. Fluree: `https://flur.ee` (Zugegriffen am April 2020).

21. ProvenDB: `https://provendb.com/homepage/` (Zugegriffen am April 2020).

22. Amazon Quantum Ledger Database: `https://aws.amazon.com/de/qldb/`
    (Zugegriffen am April 2020).

23. European Commission: *On Artificial Intelligence – A European approach to
    excellence and trust.* `https://ec.europa.eu/info/sites/info/files/`
    `commission-white-paper-artificial-intelligence-feb2020_en.pdf`
    (Zugegriffen am April 2020).

KAPITEL 12

KI und Quantencomputing

Richard P. Feynman, Nobelpreisträger für Physik, war ein führender Physiker auf dem Gebiet der Quantenmechanik und Quantenelektrodynamik. Im Jahr 1982 veröffentlichte er ein Forschungspapier mit dem Titel „Simulating Physics with Computers".[1] Darin stellt er die Frage, ob ein Quantencomputer tatsächlich gebaut werden kann (was seiner Meinung nach möglich sein sollte) oder ob klassische Computer das probabilistische Verhalten eines echten Quantensystems simulieren können (was er klar verneinte). Diese Forschungsarbeit weckte das Interesse der Wissenschaft und Forschung, die sich nun ernsthaft mit der Frage nach der Machbarkeit und Entwicklung eines Quantencomputers beschäftigte.

In diesem Kapitel untersuchen wir den Unterschied zwischen bestehenden Verarbeitungsarchitekturen und einem echten Quantencomputer. Anschließend werfen wir einen Blick auf den Shor-Algorithmus, ein typisches Beispiel für ein Problem, bei dem sich Quantencomputer auszeichnen. Danach werfen wir einen Blick auf den heutigen Stand von KI und Quantencomputern. Wir schließen das Kapitel mit einem Ausblick auf die voraussichtliche Entwicklung von Quantencomputern und KI in den nächsten Jahren.

Was ist ein Quantencomputer?

Es gibt heute viele verschiedene Prozessorarchitekturen wie ASIC, FPGA, GPU, TPU, POWER, ARM usw., wie in Tab. 12-1 dargestellt. Die Optimierung dieser Prozessorarchitekturen folgte jahrzehntelang dem Mooreschen Gesetz, nach dem sich die Leistung eines Computerchips etwa alle 10 Monate verdoppelt.

---

[1] Siehe [1] für das Papier von Richard Feynman.

Tab. 12-1. *Prozessorarchitekturen*

Architektur	High-Level Beschreibung
Von Neumann	Dies ist die Allzweck-Hardware-Architektur, die heute in vielen Desktop- oder Laptop-Computern verwendet wird. Nach der Von-Neumann-Regel kann in einem solchen Gerät nicht gleichzeitig ein Abruf- und ein Datenvorgang ausgeführt werden, was mit Performance-Nachteilen verbunden ist. Der Hauptvorteil besteht darin, dass eine breite Palette von nicht unbedingt auf Performance optimierter Software darauf ausgeführt werden kann.
ASIC	Application Specific Integrated Circuit (ASIC):[a] Diese Chips optimieren die zur Ausführung von Software für ein bestimmtes Problem notwendige Logik mit einem optimalen Hardware-Layout für beste Performance.
FPGA	Field Programmable Gate Array (FPGA): Dies ist ein Mittelweg zwischen der Von-Neumann- und ASIC-Architektur. Sie ermöglicht die Neukonfiguration der Hardware (daher Field Programmable), um die Leistung bis zu einem gewissen Grad zu optimieren, während sich der Gate-Array-Teil des Namens auf die zweidimensionale Anordnung von Logikgattern in dieser Architektur bezieht.
GPU	Graphics Prozessor Unit (GPU):[b] Im Gegensatz zu CPUs sind diese Chips nicht auf Latenz, d. h. auf die schnellstmögliche Ausführung einer Aufgabe, sondern auf Durchsatz optimiert. Ursprünglich war ihr Haupteinsatzgebiet die Beschleunigung von Grafiken für Computerspiele. Heute werden sie auch im Bereich des High Performance Computings (HPC) eingesetzt.
TPU	Tensor Processing Unit (TPU): Diese Architektur wurde ursprünglich von Google entwickelt, um DL von Google,[c] bekannt als TensorFlow, zu beschleunigen.
POWER	Diese Prozessorarchitektur wurde ursprünglich von IBM[d] entwickelt. POWER ist die Abkürzung für Performance Optimization with Enhanced RISC und wurde auch von anderen Unternehmen wie Hitachi übernommen. Seit 2019 wird die Initiative OpenPower Foundation[e] von der Linux Foundation betreut. IBM hat ein Servergeschäft rund um die POWER-Architektur.

(*Fortsetzung*)

Tab. 12-1. (*Fortsetzung*)

Architektur	High-Level Beschreibung
ARM	Diese Chip-Architektur ist Eigentum von ARM[f] Limited, und das Akronym ARM hatte im Laufe der Zeit verschiedene Bedeutungen (z. B. Advanced RISC Machines). Das Hauptmerkmal dieser Architektur ist der niedrige Energieverbrauch bei gleichzeitig hoher Performance. Dies macht sie zur idealen Plattform für die eingebettete Datenverarbeitung, und die meisten der heutigen Smartphones und Tablet-Computer laufen auf ARM-Prozessoren (iPhone, Android).

[a]Anwendungsspezifische integrierte Schaltkreise
[b]*Siehe [2] für eine Einführung in die CPU- und GPU-Technologien*
[c]*Siehe [3] für eine Einführung in Google TPUs*
[d]*Siehe [4] für weitere Details*
[e]*Siehe [5] für weitere Details zu der OpenPower Foundation*
[f]*Siehe [6] für weitere Details zu ARM und der ARM-Architektur*

Allerdings stößt dieser Prozess jetzt an die Grenzen der Physik, da die Größe der Transistoren auf ein paar Atome reduziert wurde und nicht weiter verringert werden kann. Ob Elektronen durch ein Transistor-Gate fließen oder nicht, bestimmt im Wesentlichen, ob der Zustand 0 oder 1 ist. Jede weitere Verkleinerung des Transistors würde es den Elektronen durch einen physikalischen Effekt (Quantentunneln) ermöglichen, auf die andere Seite des geschlossenen Transistor-Gates zu gelangen, was den Transistor im Grunde unbrauchbar macht. Während die Performance von Computersystemen durch Hinzufügen weiterer Cores noch gesteigert werden kann, ist der Prozess der Verkleinerung der Transistoren hingegen limitiert.

In Anbetracht dieser zur Verfügung stehenden Prozessorarchitekturen und der Tatsache, dass die Verkleinerung der Transistoren keine großen Leistungszuwächse verspricht, stellt sdich die Frage nach der Sinnhaftigkeit eines Quantencomputers auf der Grundlage einer Quantenarchitektur.

Um die Frage zu beantworten, inwiefern sich die Architektur eines Quantencomputers grundlegend unterscheidet, müssen wir uns die Funktionsweise herkömmlicher Computer genauer ansehen. Die genannten Prozessorarchitekturen sind zwar bis zu einem gewissen Grad unterschiedlich, haben aber eine gemeinsame Basis:

Sie verwenden Bits zur Verwaltung eines Zustands, wobei ein Bit den Zustand 0 oder 1 annehmen kann, wobei 0 auf der physikalischen Ebene bedeutet, dass kein Strom durch das Transistor-Gate fließt, und 1 bedeutet, dass Strom fließt. Auf der Grundlage dieses Grundprinzips wurden spezialisierte Gates entwickelt, z. B. ein NOT-Gate, das den umgekehrten Wert liefert, ein AND-Gate, das nur dann eine 1 liefert, wenn an beiden Eingängen ein Eingangssignal anliegt usw. Das Gegenstück zu einem Bit in einem Quantencomputer wird als *Qubit* (kurz für *Quantenbit*) bezeichnet.

Im Wesentlichen ist ein Qubit eine komplexe Zahl $c = a + bi$, die aus einer reellen Zahl a und einer imaginären Zahl bi besteht, wobei $a^2 + b^2 = 1$ ist. Ein Qubit kann 2 herkömmliche Bits an Information speichern; 2 Qubits können 4 Bits an herkömmlicher Information speichern; 3 Qubits können 8 Bits = 1 Byte an herkömmlicher Information speichern; mit 30 Qubits kann man 128 MB speichern; 31 Qubits entsprechen 256 MB; und so weiter. Mit anderen Worten: N Qubits entsprechen $2^N/8$ Bytes, was einem exponentiellen Wachstum entspricht. Damit entsprechen z. B. 50 Qbits bereits 128 TB. Bei etwa 50 Qubits würde man die Quantenüberlegenheit erreichen, d. h. die Fähigkeit, Probleme zu berechnen, die von den größten heutigen Supercomputern nicht gelöst werden können.

Qubits haben besondere Eigenschaften, die als *Überlagerung* und *Verschränkung*[2] bekannt sind. Sehen wir uns diese in den nächsten beiden Unterabschnitten an.

Überlagerung

Im Gegensatz zu einem herkömmlichen Bit kann ein Qubit aufgrund des so genannten Überlagerungseffekts Kombinationen von 0 und 1 gleichzeitig halten. Das bedeutet, dass ein Qubit mehrere Zustände gleichzeitig annehmen kann – ein beliebiges Verhältnis von 0 und 1. Somit muss ein Qubit nicht in einem der beiden Zustände 0 oder 1 sein. Vor einer Messung kann ein Qubit (dargestellt durch eine komplexe Zahl $a + bi$) einen beliebigen Wert auf einem Kreis mit dem Radius 1 haben, wie in Abb. 12-1 durch die beiden gestrichelten Pfeile dargestellt. Dieser Qubit-Wert kann bewusst geändert werden. Zum Zeitpunkt der Messung muss ein Qubit entscheiden, ob sein Wert 0 oder 1 ist (das ist die Ähnlichkeit mit einem herkömmlichen Bit). Diese Entscheidung kann zum Beispiel auf sehr einfache Weise wie folgt getroffen werden: Wenn $a^2 > 0$ ist, ist der

---

[2] In der Englischen Sprache werden für Überlagerung und Verschränkung die Begriffe *Superposition* bzw. *Entanglement* verwendet.

Wert des Qubits mit Sicherheit 1, und wenn $a = 0$ ist, ist der Wert des Qubits mit Sicherheit 0.

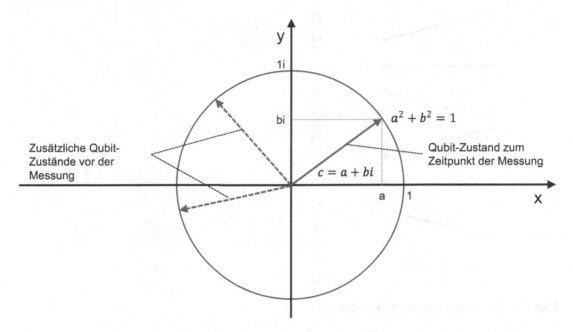

Abb. 12-1. *Qubit als komplexe Zahl*

In Quantencomputern hängt es von Quantenwahrscheinlichkeiten ab, ob sich das Qubit bei der Messung im Zustand 0 oder 1 befindet. Die Quantenwahrscheinlichkeit ist grundlegend verschieden von unserer täglichen Wahrnehmung.

Wenn Sie zum Beispiel eine Münze werfen, ist die Wahrscheinlichkeit, dass die Münze auf einer der beiden Seiten landet, 50 %. Außerdem addiert sich die Wahrscheinlichkeit jedes Ergebnisses zu 1. Wenn Sie einen sechsseitigen Würfel werfen, besitzt jede Zahl eine Wahrscheinlichkeit von 1/6, wobei die addierten Wahrscheinlichkeiten wieder den Wert 1 ergeben. In solchen Szenarien ist eine bestimmte Bedingung im Spiel: Wenn man von der Wahrscheinlichkeit a und der Wahrscheinlichkeit b eines Ereignisses ausgeht, dann gilt immer: $a + b \geq a$. Dies beruht auf der Tatsache, dass die Wahrscheinlichkeitsberechnungen in diesen Beispielen nur mit reellen Zahlen durchgeführt werden. In der Welt der Quantencomputer und Qubits wird die Wahrscheinlichkeit auf der Grundlage komplexer Zahlen berechnet. Wie bereits erwähnt, ist eine komplexe Zahl gegeben durch $c = a + bi$, wobei a und b reelle Zahlen sind und i die imaginäre Einheit ist. Um den Wahrscheinlichkeitsaspekt bei der Messung eines Qubit-Wertes zu verstehen, betrachten wir das Beispiel in Abb. 12-2, das das Doppelspalt-Experiment zeigt.

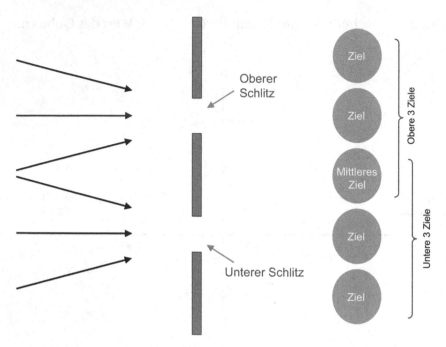

Abb. 12-2. *Doppelspalt-Experiment*

Zunächst verwenden wir den Aufbau von Abb. 12-2 für eine traditionelle Betrachtung. Angenommen, wir haben einen perfekten Schützen, der das Ziel nie verfehlt. Es besteht eine 50 %ige Wahrscheinlichkeit, dass der Schütze durch einen der beiden Schlitze schießt. Der Aufbau des Doppelspalt-Experiments ist so, dass der Schütze durch den oberen Schlitz die drei Ziele von oben treffen kann, und durch den unteren Schlitz die drei Ziele von unten treffen kann. Das bedeutet, dass die Zielscheibe in der Mitte durch beide Schlitze getroffen werden kann. Berechnet man die Wahrscheinlichkeit, dass eine beliebige Scheibe getroffen wird, so ergibt sich eine Wahrscheinlichkeit von 1/6 für jede der beiden oberen und unteren Scheiben und eine Wahrscheinlichkeit von 1/3 (1/6 + 1/6) für die Scheibe in der Mitte.

Betrachten wir nun den gleichen Aufbau, aber nicht mit Kugeln, die den klassischen Gesetzen der Physik entsprechen. Stattdessen verwenden wir nun einen Photonenlaser, der den Gesetzen der Quantenmechanik entspricht. Wir führen dieselbe Berechnung wieder mit komplexen Zahlen durch. In diesem Fall wollen wir die Wahrscheinlichkeit berechnen, dass die Photonen das Ziel in der Mitte treffen. Hierbei werden wir überraschenderweise feststellen, dass die Wahrscheinlichkeit gleich Null ist. Hier ist die erforderliche Berechnung[3] für die Addition der Wahrscheinlichkeiten, die das Ziel in der Mitte treffen:

$$\frac{1}{\sqrt{2}}\left(-1+i/\sqrt{6}\right)+\frac{1}{\sqrt{2}}\left(-1-i/\sqrt{6}\right)=0$$

Das Phänomen, das sich dahinter verbirgt, wird Interferenz genannt. Zu Beginn dieses Abschnitts haben wir erklärt, dass ein Qubit durch Überlagerung (Superposition) verschiedene Zustände (repräsentiert durch ein beliebiges Verhältnis von 0 und 1) gleichzeitig einnehmen kann. In diesem Fall befindet sich unser Photon in vielen Positionen gleichzeitig – der Überlagerung; es durchläuft somit beide Schlitze zur gleichen Zeit. Damit kann es sich auf der anderen Seite mit den Scheiben selbst auslöschen. Diese Phänomen wird als Interferenz bezeichnet. Wenn ein Stein ins Wasser geworfen wird, kann man beobachten, dass sich die Wellen manchmal addieren und manchmal – aufgrund der Interferenz – gegenseitig auslöschen. Die Interferenz ist der Grund, warum die Wahrscheinlichkeitsrechnung mittels komplexer Zahlen in der Quantenwelt für zwei gegebene Wahrscheinlichkeiten a und b nicht $a + b \geq a$ ergibt.

In einem klassischen Computer kann man mit 8 Bytes *einen* von 256 Zuständen zu einem bestimmten Zeitpunkt speichern. Bei einem Quantencomputer mit 8 Qubits kann man *alle* 256 Zustände gleichzeitig speichern. Dank der Superposition können Quantencomputer viele Zustände gleichzeitig speichern. Stellen Sie sich vor, Sie versetzen einen Quantencomputer zu einem bestimmten Zeitpunkt *gleichzeitig* in viele verschiedene Zustände, die ein klassischer Computer nur zu *unterschiedlichen* Zeitpunkten einnehmen kann. Wenn Operationen mit all diesen Zuständen gleichzeitig ausgeführt werden, hat man die ultimative Parallelverarbeitung, die das größte Versprechen des Quantencomputers ist.

Verschränkung

Mit Hilfe von Lasern können Quantenpartikel in einem verschränkten Zustand versetzt werden. Sobald Quantenpartikel verschränkt sind, sind sie perfekt miteinander verbunden. Wenn ein Quantenpartikel in einer Gruppe verschränkter Quantenpartikel seinen Zustand ändert, ändert sich der Zustand des anderen sofort mit. Der interessante Aspekt ist, dass dies über beliebig große Entfernungen hinweg

---

[3] Siehe [7] für weitere Details zum Doppelspalt-Experiments, einschl. der obigen Formel.

gilt. Anwendungen der Verschränkung finden sich in der Quantenkommunikation und der Quantenkryptografie. Bei der Quantenkommunikation besteht die Idee darin, die Verschränkung zwischen zwei kommunizierenden Parteien so zu nutzen, dass der Empfänger das übertragene Qubit nur verarbeiten kann, wenn Sender und Empfänger zuvor in einen verschränkten Zustand versetzt wurden. Wenn eine dritte Person versuchen würde, die Kommunikation zu belauschen, kann der Lauscher mit dem abgefangenen Qubit nichts anfangen, da ihm das zweite Qubit zur Entschlüsselung fehlt. Jeder Versuch, das Qubit durch eine Messung zu verstehen, würde Sender und Empfänger auf die Anwesenheit des Abhörers aufmerksam machen, da dies den Zusammenbruch des verschränkten Zustands verursachen würde.

Quantencomputer

Nach dem Verständnis von Überlagerung und Verschränkung wollen wir nun definieren, was wir unter einem Quantencomputer verstehen: Ein Quantencomputer ist ein Computersystem, das auf quantenmechanischen Effekten beruht. Hierbei werden Qubits mit Überlagerungs- und Verschränkungseigenschaften verwendet, um mehrere Zustände gleichzeitig darstellen zu können. Zum Zeitpunkt einer Messung mit einer bestimmten quantenmechanischen Wahrscheinlichkeit wird der Lesevorgang eine 0 oder 1 ergeben. Aufgrund seines quantenmechanischen Prinzips handelt es sich um eine wirklich neue Klasse von Rechensystemen.

Um ein Qubit tatsächlich zu bauen und zu realisieren, gibt es verschiedene physikalische Ansätze,[4] die heute verfolgt werden, wie zum Beispiel:

- Bei photonenbasierten Quantencomputersystemen werden Qubits mit Hilfe von Techniken aufgebaut, bei denen Laserlichtstrahlen polarisiert werden. Ein Vorteil dieses Ansatzes besteht darin, dass Photonen nur sehr schwach mit ihrer Umgebung eine Wechselwirkung eingehen, wodurch Qubits mit diesem Ansatz stabiler sind.

---

[4] Siehe [8] für weitere Details.

- Ionengefangene Quantencomputersysteme verwenden Ionen oder geladene atomare Teilchen, die in elektromagnetischen Feldern schweben, um Qubits zu realisieren. Diese Systeme müssen auf sehr niedrige Temperaturen gekühlt werden, die oft nahe bei 0 K liegen.

Abb. 12-3 zeigt einen Quantencomputer, wobei sich der Quantencomputerchip im untersten Teil des abgebildeten Geräts befindet. Warme Luft bewegt sich bekanntlich nach oben, so dass sich der Quantenchip im untersten Teil des gezeigten Geräts an der kältesten Stelle befindet.

Abb. 12-3. *Ein Quantencomputer, dargestellt auf der IBM Think Conference. (Das Bild wurde von einem der Autoren auf der IBM Think Conference im Februar 2019 aufgenommen)*

Shor-Algorithmus

Zur Veranschaulichung des Potenzials eines Quantencomputers und seiner einzigartigen Möglichkeiten, die sich durch die Überlagerung von Qubits ergeben, möchten wir Ihnen den Shor-Algorithmus vorstellen. Der Algorithmus von Peter

W. Shor[5] ist ein Polynomialzeit-Algorithmus zur Berechnung der Primfaktoren einer gegebenen ganzen Zahl auf einem Quantencomputer. Um die Relevanz dieses Ansatzes zu verstehen, geben wir in einem ersten Schritt eine relativ kurze Einführung in den mathematischen Hintergrund des Problems. In einem zweiten Schritt zeigen wir, wo diese Mathematik heute intensiv genutzt wird, um die enormen Auswirkungen von Shors Entdeckung zu veranschaulichen.

Eine Zahl gilt als Primzahl, wenn sie nur durch 1 und die Zahl selbst ohne Rest geteilt werden kann. Zum Beispiel ist 7 eine Primzahl. Sie kann nur durch 1 und sich selbst ohne Rest geteilt werden. Und 14 ist keine Primzahl, weil $2 * 7 = 14$, was bedeutet, dass sie durch andere Zahlen ohne Rest geteilt werden kann. In diesem Beispiel sind 2 und 7 beide Primzahlen und stellen die Primfaktoren von 14 dar. Die Faktorisierung von 14 in seine Primfaktoren besteht also aus 2 und 7. Während dies für 14 eine einfache Aufgabe ist, sehen wir uns nun die Zahl 2606663 an. Ihre Primfaktoren sind 1249 und 2087. Bei der Berechnung der Primfaktoren von 2606663 bekommt man ein Gefühl für den Grad der Komplexität dieser Aufgabe.

Ein bekanntes Theorem der Zahlentheorie besagt, dass es für jede positive natürliche Zahl eine Faktorisierung gibt, die bis auf die Reihenfolge der Primfaktoren eindeutig ist. Dieses Theorem ist unter vielen verschiedenen Namen wie Fundamentalsatz der Arithmetik oder eindeutiger Faktorisierungssatz bekannt. Die wesentlichen Teile waren bereits Euklid bekannt, einem griechischen Mathematiker, der im dritten Jahrhundert vor Christus lebte und sie in seinen berühmten *Elementen* veröffentlichte. Carl Friedrich Gauß, ein deutscher Mathematiker aus dem 18. Jahrhundert, veröffentlichte eine vollständigere Version in seinen berühmten *Disquisitiones Arithmeticae*.

Informatiker auf dem Gebiet der Komplexitätstheorie[6] teilen Algorithmen in verschiedene Komplexitätskategorien ein, wobei sie berücksichtigen, wie viel Zeit und Raum die Lösung der schwierigsten Instanz eines bestimmten Problems erfordert. Es kann nun zur Prüfung ob eine Zahl eine Primzahl ist gezeigt werden, dass diese Prüfung im Sinne der Komplexitätstheorie in polynomialer Zeit effizient durchgeführt werden kann, und zwar in der Kategorie der Probleme mit der geringsten Zeit- und Raumkomplexität.

---

[5] Siehe [9] für das Forschungspapier von Peter W. Shor.
[6] Siehe [10] für eine gute Einführung in dieses Thema.

Nehmen wir beispielsweise zwei sehr große Primzahlen p_1 und p_2, und betrachten die Zahl $q = p_1 * p_2$. Nehmen wir nun an, dass bei bekanntem q die Faktorisierung von q ermittelt werden soll; mit anderen Worten, p_1 und p_2 sollen mit Hilfe eines Faktorisierungsalgorithmus berechnet werden. Auf klassischen Computern gibt es keinen bekannten Faktorisierungsalgorithmus, der diese Aufgabe effizient, d. h. in polynomieller Laufzeit, berechnen kann. Keiner der bekannten Faktorisierungsalgorithmen wie z. B. das Zahlenfeldsieb, das quadratische Sieb, die elliptische Kurvenmethode[7] usw. kann in polynomieller Zeit ausgeführt werden. Diese Beobachtung ist die Grundlage für viele der relevanten kryptographischen Methoden. Beliebte Verschlüsselungsalgorithmen wie RSA,[8] die zum Schutz Ihrer Privatsphäre (sensible Daten, Kommunikationskanäle usw.) verwendet werden, beruhen auf der Tatsache, dass die Faktorisierung selbst auf den größten heute verfügbaren Supercomputern ein schwieriges und zeitaufwändiges Problem darstellt. Wenn Sie hinreichend große Primzahlen wählen, könnte die Berechnung des kryptographischen Schlüssel Tausende von Jahren in Anspruch nehmen.

Der Algorithmus von Peter Shor zeigt im Grunde, dass das gleiche Faktorisierungsproblem mit einem Quantencomputer zunehmend einfacher zu lösen ist, d. h. im Wesentlichen in Polynomialzeit. Der Shor-Algorithmus funktioniert wie folgt:

1. **Primfaktorzerlegung**: Shor zeigt, wie man das allgemeine Problem der Primfaktorzerlegung auf ein Faktorisierungsproblem reduzieren kann.

2. **Faktorisierung**: Er zeigt dann, wie man das Faktorisierungsproblem auf das Problem der Bestimmung der Ordnung einer Zahl reduzieren kann.

3. **Bestimmen der Ordnung einer Zahl**: Auf klassischen Computern ist dies ein Problem, für das es heute keinen polynomiellen Algorithmus gibt.

---

[7] Siehe [11], [12], [13] bzw. [14] für weitere Details.

[8] Dieser Verschlüsselungsalgorithmus für öffentliche Schlüssel ist nach seinen Erfindern Ron Rivest, Adi Shamir und Leonard Adleman benannt.

4. **Berechnung der Ordnung einer Zahl**: Auf der Grundlage einer Quantenberechnung in Polynomialzeit kann die Ordnung einer Zahl berechnet werden.

Da die Reduktionsschritte von 1 bis 3 polynomiell in der Laufzeit sind und 4 ebenfalls polynomiell in der Laufzeit ist, ist der Shor-Algorithmus ein polynomieller Algorithmus, wobei Schritt 4 nur auf Quantencomputern funktioniert. Das Faktorisierungsproblem ist auf einem herkömmlichen Computer schwierig, weil es so viele verschiedene Kombinationen von Primzahlen gibt, die getestet werden müssen.

Ein Spezialgebiet der Quanteninformatik sind Probleme, bei denen man Lösungen innerhalb einer sehr großen Anzahl von Möglichkeiten finden muss. Der Shor-Algorithmus nutzt im Grunde die Beschleunigung der Berechnungen durch die Überlagerung der Qubits. Wenn also Quantencomputer ausgereift genug sind (eine Frage, die wir später in diesem Kapitel erörtern), macht Shor's Entdeckung im Grunde jede Sicherheit zunichte, die sich auf die Faktorisierung von Verschlüsselungsalgorithmen stützt. Als Shor sein Forschungspapier veröffentlichte, sorgte es wegen dieser Bedrohung für Schlagzeilen. Kryptographieexperten arbeiten bereits heute an Kryptographieverfahren, die gegen Quantencomputer resistent sind. Eine vielversprechende Technik scheint die gitterbasierte Kryptographie[9] zu sein, eine kryptografisch sichere Methode, die uns Datensicherheit ermöglicht, selbst wenn Quantencomputer in der Zukunft zum Mainstream werden.

KI und Quantencomputing heute

Viele IT-Unternehmen investieren heute in das Quantencomputing, darunter Google, Alibaba, Microsoft und IBM. So haben IBM, die deutsche Regierung und das Fraunhofer-Forschungsinstitut vereinbart, das Quantencomputing in einer gemeinsamen Initiative nach Deutschland zu bringen. Am 13. März 2020 gaben[10] das Fraunhofer-Forschungsinstitut und IBM bekannt, dass IBM einen Quantencomputer in einer IBM-Anlage in Ehningen (in der Nähe von Stuttgart) in Deutschland installieren wird, der

---

[9] Siehe [15] für weitere Details.
[10] Siehe [16] für die Pressemeldung des Fraunhofer-Forschungsinstituts.

über die IBM-Cloud für Unternehmen und Forscher zugänglich sein wird. IBM nennt seinen Quantencomputer IBM Q System One und hat 2019 eine erste kommerzielle 20-Qubit-basierte Version verfügbar gemacht. Ende 2019 hat die nächste große Version des IBM Q System One bereits 53 Qubits. Seit 2016 bietet IBM über die IBM Public Cloud Zugang zu seinem System Q und ermöglicht Forschern und Unternehmen Quantencomputern zu erkunden. Für die Entwicklung von Algorithmen für den Quantencomputer steht ein reichhaltiges Paket von Werkzeugen in einem Open-Source-Paket namens Qiskit[11] zur Verfügung. Das System Q Ecosystem erfreut sich grosser Beliebtheit; Qiskit wurde von Forschern und Entwicklern weltweit bereits hunderttausendfach zur Nutzung heruntergeladen.

Ein weiterer Vorreiter im Rennen um Quantencomputing ist Google. Google gab bekannt, dass sein Quantencomputer-Team in einer 2019 veröffentlichten Forschungsarbeit[12] die Quantenüberlegenheit nachgewiesen hat. Quantenüberlegenheit ist ein Begriff, der durch den Physiker John Preskill im Jahr 2012 populär wurde und sich daauf bezieht, dass Quantencomputer Berechnungen deutlich schneller durchführen als heutige Supercomputer. Auf einem Quantencomputer mit 53 Qubits namens *Sycamore* führten die Quantencomputer-Wissenschaftler von Google eine Berechnung in nur 200 s durch, für die auf den schnellsten Supercomputern heute 10.000 Jahre benötigt würden. Kurz nach der Veröffentlichung dieses Papiers begann eine hitzige Diskussion darüber, ob die Berechnung tatsächlich 10.000 Jahre dauern würde. Im Jahr 2019 zeigten sowohl Google als auch IBM mit aus 50 Qubits bestehenden Quantencomputern, dass Quantencomputing tatsächlich Probleme lösen kann, die mit herkömmlichen Computern nicht lösbar sind. Die interessante Frage aus Sicht der KI ist, welche Art von Problemen sich heute für das Quantencomputing eignen. Tab. 12-2 gibt einen kurzen Überblick über KI-relevante Anwendungsfälle mit großem Potenzial für Quantencomputing.

---

[11] Siehe [17] für den Zugriff auf Qiskit.
[12] Siehe [18] für das Forschungspapier der Google-Wissenschaftler.

Tab. 12-2. *KI-Anwendungsfälle für Quantencomputing*

Art des Algorithmus	Anwendungsfälle	Beispiel
Optimierung	Logistische Streckenführung Betriebsoptimierung Optimierung der Lieferkette	Optimieren Sie Flugpläne Lieferwege optimieren Höhere Produktivität durch optimierte Ressourcennutzung
Szenario/Was-wäre-wenn-Simulation	Marktprognose Risikovorhersage	Bewertung von Vermögenswerten für Handelsgeschäfte Wirtschaftliche Auswirkungen bedeutender Veränderungen von Variablen in Wirtschaftssystemen
Molekulare Simulation	Molekularer Entwurf	Entwicklung von Medikamenten oder Materialien für bestimmte Anwendungsfälle Optimierung bestehender Chemikalien, z. B. Batterien für Elektroautos
ML/Data Mining	Mustererkennung Vorhersage Klassifizierung	Anomalien in Daten entdecken

Das Beispiel der logistischen Streckenführung in Tab. 12-2 stammt aus der Logistikbranche. Die Planung von Flügen, Zügen, Lieferwagen usw. sind i. W. Optimierungsprobleme zur Ermittlung optimaler Lösungen und Entscheidungen. So erforscht Delta Airlines beispielsweise Quantencomputing, um bessere Ergebnisse bei Optimierungsproblemen erzielen zu können. Ein Schlüsselalgorithmus in diesem Bereich ist der *Quantum Approximate Optimization Algorithm.*[13]

Die Simulation des Verhaltens von Molekülen, ein weiterer Anwendungsfall von Tab. 12-2, ist ein sehr schwieriges und anspruchsvolles Problem. Ohne präzise Simulationen können jedoch keine neuen Medikamente und Materialien entdeckt werden. In der Automobilindustrie gelten Elektroautos als strategisches Element für die Zukunft. Der wesentliche Bestandteil eines Elektroautos ist die Batterie. Die Menge an

---

[13] Siehe [19] für weitere Details.

Strom, die sie speichern kann, und die Geschwindigkeit, mit der sie wieder aufgeladen werden kann, sind entscheidend für die Marktakzeptanz von Elektroautos. Daimler nutzt in Kollaboration mit IBM deren Quantencomputer und hat im Januar 2020 erste vielversprechende Ergebnisse[14] mit der Simulation von Molekülen gefunden. In der Materialwissenschaft erfordert die Simulation komplexer Molekülstrukturen eine Supercomputing-Infrastruktur, die viel Energie verbraucht. Die Simulationen auf einem Quantencomputer ist deutlich schneller und energieeffizienter. Simulationen, die den Hamilton-Operator (auch bekannt als *Hamilton-Simulationen*)[15] nutzen, können von Quantencomputern effizient durchgeführt werden, wie von Seth Lloyd bereits 1996 nachgewiesen wurde. Diese Art von Simulationen können herkömmliche Supercomputer nicht effizient durchführen. Der 2014 entdeckte Variational Quantum Eigensolver[16] ist ein weiterer Simulationsalgorithmus, der sich für Quantencomputern extrem gut eignet.

Zur Optimierung von DL-Techniken arbeiten Forscher an neuronalen Quantennetzen.[17] Edward Farhi und Hartmud Neven[18] zeigten 2018 erste Ergebnisse, wie diese KI-Techniken auf Quantencomputern mit neuronalen Quantennetzen gewinnbringend eingesetzt werden können.

Ein weiterer wichtiger Anwendungsfall des Quantencomputings ist das Quanteninternet, ein Internet von mit durch Glasfasern miteinander verbundenen Quantencomputern. Normale optische Schalter können jedoch nicht verwendet werden, da durch auftretende Kohärenzen der Zustand der übertragenen Qubits negativ beeinflusst werden könnte. Für Übertragungen über große Entfernungen werden spezielle Quanten-Repeater benötigt. Ein Schlüsselelement für das Quanteninternet ist die Verschränkung zwischen Qubits. Was wie Science-Fiction klingen mag, wird bereits heute erforscht. In den Niederlanden haben KPN und QuTech im Jahr 2019[19] vereinbart, ein Quanteninternet aufzubauen, das mehrere Städte in den Niederlanden miteinander verbindet. Ähnliche Bemühungen laufen bereits seit einigen Jahren in Japan, China und der Schweiz. Unter den vielen potenziellen Vorteilen eines Quanteninternets ist insbensondere die hohe Sicherheit zu erwähnen. Wie bereits im Abschnitt über die Verschränkung erwähnt, bleibt das Belauschender Quantenkommunikation nicht unentdeckt.

---

[14] Siehe [20] für weitere Details.

[15] Siehe [21] für weitere Details.

[16] Siehe [22] für weitere Details zum Variational Quantum Eigensolver Algorithmus.

[17] Siehe [23], [24] und [25] für weitere Details über ML/DL und Quantencomputer.

[18] Siehe [26] für weitere Details.

[19] Siehe [27] für die Ankündigung von KPN und QuTech.

Trotz aller interessanten Anwendungsfälle und der beträchtlichen Fortschritte, die in den letzten Jahrzehnten erzielt wurden, ist die Quanteninformatik heute wegen ausstehender Lösungen essentieller Probleme noch keine Mainstream-Technologie. Ein Problem bezieht sich auf die *Quantendekohärenz*: Die in Quantencomputern verwendeten Qubits sind sehr empfindlich gegenüber Umgebungseinflüssen und müssen so weit wie möglich abgeschirmt werden. Um beispielsweise Qubit-Operationen durchzuführen oder das Ergebnis einer Quantenberechnung zu messen, ist jedoch ein Zugriff erforderlich. Bereits durch diese Zugriffe kann die Abschirmung niemals perfekt sein, womit sich der Zustand der Qubits mit der Zeit verschlechtert.

Die Quantendekohärenz nimmt mit der Anzahl der verwendeten Qubits weiter zu. Abb. 12-4 zeigt eine Herausforderung bei der Nutzung von Quantencomputern: Je mehr Qubits in die Quantenberechnung einfliessen, desto kürzer ist die für die Durchführung einer Quantenberechnung nutzbare Zeit. Damit muss das zur Verarbeitung anstehende Datenvolumen im Kontext der zurVerfügung stehenden Rechenzeit betrachtet werden.

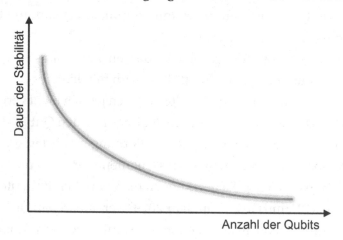

Abb. 12-4. *Problem des Quantencomputings*

Bei klassischen Computern kann der Zustand eines Bits auf ein anderes Bit kopiert werden, um Fehler durch Verarbeitung von Bits zu beheben. Durch das 1982 gefundene *No-Cloning-Theorem* ist dieser Ansatz leider nicht für Quantencomputer verfügbar. Die Forscher müssen daher alternative Quantencomputing-Ansätze finden, um die Quantenfehlerkorrektur zu bewältigen. Eine vielversprechende Idee besteht darin, mehrere Qubits als ein einziges logisches Qubit zu verwenden. Wenn eines der Qubits auf der physikalischen Ebene ausfällt, kann dieses durch andere Qubits des entsprechenden logischen Qubit korrigiert werden.

Ein weiteres Problem des Quantencomputers besteht darin, dass der Zustand der Qubits bei jeder durchzuführenden Messung zerstört wird und eine Neuinitialisierung durchgeführt werden muss.

Bei Anwendungsfällen mit großen Datenmengen stellt sich auch die Frage nach der effizienten Ladung der Daten in einen Quantencomputer, insbesondere in einen Quanten-Random-Access-Memory (QRAM).[20] Das Design und die effektive Implementierung von QRAM-Strukturen ist keine triviale Aufgabe und stellt immer noch eine Herausforderung für die Hardware-Design-Aspekte von Quantencomputern dar.

Wie bereits in diesem Kapitel erwähnt, müssen bestimmte Arten von Quantencomputern auf Temperaturen knapp über 0 K (ca. −270 °C) gekühlt werden, was eine aufwendige und kostenspielige Kühlungsinfrastruktur notwendig macht.

Wegen dieser Probleme steckt Quantencomputing trotz aller Fortschritte in den letzten Jahrzehnten in den Kinderschuhen und ist noch nicht reif für den Einsatz in Unternehmen.

KI und Quanteninformatik von morgen

Zum Abschluss dieses Kapitels möchten wir Ihnen einen Ausblick auf die Perspektiven von KI und Quantencomputern geben.[21] Bei der Recherche im Internet stößt man auf einige Stimmen, die die Hürden für den Bau von Quantencomputern für eine breitere kommerzielle Nutzung als unüberwindbar ansehen. Zwar gibt es diese skeptischen Ansichten, aber es gibt auch eine große Zahl wissenschaftlicher Forscher, die an die Möglichkeit vielversprechender und wesentlicher Fortschritte glauben. In diesem Abschnitt werden wir uns auf die positiveren Aussichten konzentrieren. Je nach Quelle wird vorausgesagt, dass die Einführung von Quantencomputern in den Mainstream und in Unternehmen noch 5–10 Jahre dauern könnte (siehe Abb. 12-5).

---

[20] Siehe [28] für weitere Einzelheiten zu QRAM.
[21] Siehe [29] für die Sichtweise von Seth Lloyd.

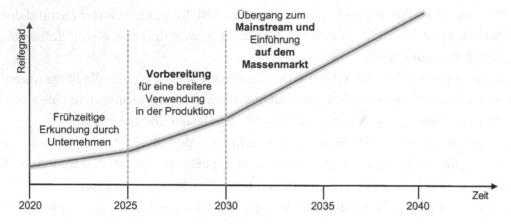

Abb. 12-5. *Vorhersage zum Mainstream von Quantencomputing*

Wie in Abb. 12-5 zu sehen ist, befindet sich die Quantentechnologie derzeit in einer Phase der frühen Erforschung. Derzeit werden Quantencomputer in geringen Stückzahlen hergestellt. In der bereits erwähnten Ankündigung des Fraunhofer-Instituts und von IBM wurde beispielsweise erwähnt, dass IBM bisher 15 Quantencomputer mit 20 oder mehr Qubits gebaut hat, die über die IBM Public Cloud für Unternehmen und Forscher zur Erforschung des Quantencomputings zugänglich sind.

Hardwareseitig müssen noch viele anspruchsvolle Probleme gelöst werden, bevor die Quanteninformatik zur Mainstream-Technologie werden kann. Um beispielsweise die Anzahl der Qubits in einem Quantencomputer weiter zu erhöhen, muss für Berechnungen über längere Zeiträume zwingend das Problem der Dekohärenz entschärft werden.

Softwareseitig muss eine effiziente Plattform für die Entwicklung von Software für Quantencomputer entwickelt werden: Dazu gehören Betriebssysteme und Komponenten zur Systemadministration, sowie Laufzeitumgebungen, auf denen Forscher und Entwickler kommerzielle Softwarelösungen effektiv entwickeln können.[22]

Aufgrund dieser Herausforderungen wird vorausgesagt, dass der Übergang zum Quantencomputing erst gegen 2030 allgegenwärtig sein wird.

Auch wenn Quantencomputing erhebliche Leistungssteigerungen bei kombinatorischen KI-Problemen bietet, ist derzeit nicht klar, ob Quantencomputer alle herkömmlichen Rechensysteme ersetzen werden. Ähnlich wie bei den heutigen

---

[22] Siehe [30] für weitere Details zu notwendigen HW- und SW-Erweiterungen für Quantencomputing.

Desktop- oder Server-Computern, die sowohl CPUs als auch andere Chips wie GPUs zur Akzeleration der Grafikverarbeitung oder Krypto-Koprozessoren für HW-akzelerierte Kryptofunktionen einsetzen, könnte die Zukunft des Quantencomputers in hybriden Hardware-Architekturen liegen, wie in Abb. 12-6 dargestellt.

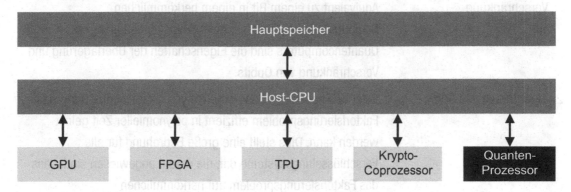

Abb. 12-6. *Hybride Systemarchitektur mit Quantenprozessoren*

Ein Quantenchip wäre ein weiterer Akzelerator für bestimmte Arbeitslasten in einer breiteren Systemarchitektur, die spezielle Akzeleration für bestimmte Arten von KI-Anwendungsfällen bietet. Für solche hybriden Architekturen müssen jedoch Probleme bei der Kommunikation und Datenübertragung zwischen dem neuen Quantenchip und den anderen Systemkomponenten gelöst werden.

Obwohl eine Vorhersage zur Akzeptanz und Betriebstauglichkeit von Quantencomputing für den Massenmarkt und Unternehmen verfrüht ist, birgt Quantencomputing als neuartige Rechenplattform für KI-Anwendungen eine vielversprechende noch weiter zu erforschende Zukunft.

Wichtigste Erkenntnisse

Wir schließen dieses Kapitel wie üblich mit einigen wichtigen Erkenntnissen ab, die in Tab. 12-3 zusammengefasst sind. Wie Sie gesehen haben, ist ein Quantenchip mit Qubits ein völlig neues Rechenparadigma und nicht nur eine weitere Chiparchitektur. Für bestimmte Arten von kombinatorischen KI-Problemen zeichnet sich Quantencomputing, im Vergleich zu allen heute bekannten traditionellen Computersystemen durch nwesentlich bessere Performance aus. Zum jetzigen Zeitpunkt befindet sich Quantencomputing noch in der Anfangsphase, und es wird wahrscheinlich noch 5–10 Jahre dauern, bis es für den Massenmarkt bereit ist.

Tab. 12-3. *Wichtigste Erkenntnisse*

# Wichtigste Erkenntnisse	High-Level Beschreibung
1 Qubit, Überlagerung und Verschränkung	Ein Qubit in einen Quantencomputer ist das quantenmechanische Äquivalent zu einem Bit in einem herkömmlichen Computersystem. Die besonderen Fähigkeiten eines Quantencomputers sind die Eigenschaften der Überlagerung und Verschränkung von Qubits.
2 Algorithmus von Shor	Peter W. Shor zeigte, dass mit Hilfe von Quantencomputern das Faktorisierungsproblem effizient in polynomieller Zeit gelöst werden kann. Dies stellt eine große Bedrohung für alle Verschlüsselungssysteme dar, die darauf angewiesen sind, dass das Faktorisierungsproblem auf herkömmlichen Computersystemen rechnerisch sehr schwierig ist. Dieses Beispiel veranschaulicht die Fähigkeit von Quantencomputern, sehr schwierige kombinatorische KI-Probleme zu lösen.
3 Einige Hauptanwendungsfälle für Quantencomputer sind molekulare Simulation und Optimierung	Kombinatorische KI-Probleme sind der ideale Ort für Quantencomputer. Diese Probleme sind in vielen Branchen zu finden, z. B. in der Pharma-, Automobil-, Banken-, Versicherungs- und Logistikbranche.
4 Die Quanteninformatik befindet sich im Anfangsstadium	Aufgrund von Problemen wie der Dekohärenz wird vorausgesagt, dass das Quantencomputing noch 5–10 Jahre von der Massenmarktreife und der Nutzung durch Unternehmen entfernt ist. Dennoch sollten Sie sich schon heute mit dem Quantencomputing befassen, um zu evaluieren, in welchen Anwendungsfällen es für Ihr Unternehmen von großem Nutzen sein kann.

Literatur

1. Richard P. Feynman: *Simulating Physics with Computers.* International Journal of Theoretical Physics, 21, p. 467–488, 1982.
2. New York University: *Graphical Processing Unit (GPU) Introduction.* https://nyu-cds.github.io/python-gpu/01-introduction/ (Zugegriffen am April 2020).

3. Google Tensor Processing Unit: `https://cloud.google.com/tpu/docs/system-architecture` (Zugegriffen am April 2020).

4. IBM Power systems: `www.ibm.com/it-infrastructure/power/power9` (Zugegriffen am April 2020).

5. OpenPower Foundation: `https://openpowerfoundation.org` (Zugegriffen am April 2020).

6. ARM company: `www.arm.com/why-arm/architecture` (Zugegriffen am April 2020).

7. Noson S. Yanofski: *An Introduction to Quantum Computing.* `https://arxiv.org/abs/0708.0261` (Zugegriffen am April 2020).

8. Hamid Reza Bolhasani, Farid Kheiri, Amir Masoud Rahmani: *An Introduction to Quantum Computers Architecture.* `www.researchgate.net/publication/337144719_An_Introduction_to_Quantum_Computers_Architecture` (Zugegriffen am April 2020).

9. Peter W. Shor: *Polynomial-Time Algorithms for Prime Factorization and Discrete Logarithms on a Quantum Computer.* In: SIAM Journal on Computing, 26/1997, p. 1484–1509.

10. D. P. Bovet and P. Crescenzi: *Introduction to the Theory of Complexity.* Englewood Cliffs, N.J.: Prentice Hall, 1994.

11. Bruce Schneier: *Applied Cryptography.* 2, John Wiley and Sons, 1996.

12. A. K. Lenstra and H.W. Lenstra Jr. eds.: *Lecture Notes in Mathematics 1554: The Development of the Number Field Sieve.* Springer Verlag, 1993.

13. C. Pomerance: *The Quadratic Sieve Factoring Algorithm.* Advances in Cryptology: Proceedings of EUROCRYPT 84, Springer Verlag, 1985, p. 169–182.

14. *H.W. Lenstra Jr.: Elliptic Curves and Number Theoretic Algorithms.* Report 86–19, Mathematisch Instituut, Universiteit of Amsterdam, 1986.

15. Matthew Dozer: *Introduction to lattice-based cryptography.* `www.youtube.com/watch?v=37Ri1jpl5p8` (Zugegriffen am April 2020).

16. Fraunhofer Institut: `www.fraunhofer.de/de/presse/presseinformationen/2020/maerz/fraunhofer-und-ibm-bringen-quantenrechner-fuer-industrie-und-forschung-nach-deutschland.html` (Zugegriffen am April 2020).

17. Qiskit: `https://qiskit.org` (Zugegriffen am April 2020).

18. Frank Arute, Kunal Arya, Ryan Babbush, Dave Bacon, Joseph C. Bardin, John M. Martinis et al.: *Quantum supremacy using a programmable superconducting processor.* Nature, Volume 574, October 2019, p. 505–510, `https://doi.org/10.1038/s41586-019-1666-5/`

19. Edward Farhi: *A Quantum Approximate Optimization Algorithm.* www.youtube.com/watch?v=J8yOVhnISi8 (Zugegriffen am April 2020).

20. Jeanette Garcia: *IBM and Daimler use quantum computer to develop next-gen batteries.* www.ibm.com/blogs/research/2020/01/next-gen-lithium-sulfur-batteries/ (Zugegriffen am April 2020).

21. Isaac Chuang, Guang-Hao Low: *Optimal Hamiltonian Simulation by Quantum Signal Processing.* www.youtube.com/watch?v=Cv9juBFHIVs (Zugegriffen am April 2020).

22. Ryan Babbush, Alan Aspuru-Guzik Jarrod McClean, Jonathan Romero: *The theory of variational hybrid quantum-classical algorithms.* https://arxiv.org/abs/1509.04279 (Zugegriffen am April 2020).

23. Michael Nielsen: *Neural networks and deep learning.* http://neuralnetworksanddeeplearning.com (Zugegriffen am April 2020).

24. Isaac Chuang, Michael Nielsen: *Quantum Computing and Quantum Information.* Cambridge Series on Information and the Natural Sciences. Cambridge University Press, ISBN-13: 978-0521635035, 2000.

25. F. Petruccione, M. Schuld, I. Sinayskiy: *An introduction to quantum machine learning.* https://arxiv.org/abs/1409.3097 (Zugegriffen am April 2020).

26. Edward Farhi, Hartmut Neven: *Classification with Quantum Neural Networks on Near Term Processors.* https://arxiv.org/abs/1802.06002 (Zugegriffen am April 2020).

27. KPN and QuTech join forces to make quantum internet a reality. www.overons.kpn/en/news/2019/kpn-and-qutech-join-forces-to-make-quantum-internet-a-reality (Zugegriffen am April 2020).

28. Vittorio Giovannetti, Seth Lloyd, Lorenzo Maccone: *Quantum random access memory.* https://arxiv.org/abs/0708.1879 (Zugegriffen am April 2020).

29. I. Ashraf: K. Bertels, T. Hubregsten, A.Krol, A.A. Mouedenne, A. Sarkar, A. Yadav: *Quantum Computer Architecture. Towards Full-Stack Quantum Accelerators.* https://arxiv.org/pdf/1903.09575.pdf (Zugegriffen am April 2020).

30. Seth Lloyd: *The Future of Quantum Computing.* www.youtube.com/watch?v=5xW49CzjhgI (Zugegriffen am April 2020).

TEIL IV

Grenzen der KI und zukünftige Herausforderungen

KAPITEL 13

Grenzen der KI

Die Aussichten der KI mit ihrer atemberaubenden Bandbreite an Anwendungen scheint grenzenlos zu sein. Auf die *Grenzen der KI* einzugehen, könnte daher von einigen unserer Leserinnen und Leser als ein Schwenk in die entgegengesetzte Richtung empfunden werden. KI wird so sehr mit der Beschleunigung von Innovation, Einsicht und Entscheidungsfindung in Verbindung gebracht, dass wir ihre Möglichkeiten als unermesslich ansehen. Und doch gibt es auch für KI Grenzen und Herausforderungen, wie wir in diesem Kapitel erfahren.

Ein einfaches, unkompliziertes Geschäftsproblem kann Analysen und Einblicke für eine angemessene Entscheidungsfindung erfordern. Der Einsatz von KI mit ML- oder DL-Modellen kann jedoch unangemessen und nicht aussagekräftig sein und einen unnötigen Grad an Komplexität hinzufügen, ohne neue Erkenntnisse zu liefern. In einigen Fällen sind die Realität und die Umstände sehr anfällig für Veränderungen, und bevor ein ML-Modell gelernt und eingesetzt werden kann, ist es möglicherweise bereits bedeutungslos. Wie wir in Kap. 8, *„KI und Governance"*, mit Risikomanagement und Compliance gesehen haben, kann es auch rechtliche Gründe oder Compliance-Vorschriften geben, die KI-Anwendungen für bestimmte Szenarien verhindern oder zumindest einschränken.

Einführung

In diesem Kapitel konzentrieren wir uns auf die aktuellen Einschränkungen und Herausforderungen der KI, die uns entweder davon abhalten, KI zu nutzen (z. B. wenn Multitasking-Fähigkeit beim generalisierten Lernen erforderlich ist) oder zumindest die

Anwendbarkeit der KI einschränken (z. B. wegen zu kostspieliger Annotation oder Labeling der Daten). Autonomes Lernen, d. h. selbstgesteuertes Lernen, die Übernahme der Kontrolle über das eigene Lernverhalten, um sich an neue Umstände anzupassen und das Lernen mit Vorlieben, Meinungen, Ansichten und anderen Aspekten zu verbinden, ist ein weiterer Bereich, in dem der Mensch u. U. die Kontrolle behalten möchte.

Wir diskutieren auch schwer lösbare Herausforderungen, wie z. B. das fehlende Verständnis und das Urteils- bzw. Evaluierungsvermögen von ML- und DL-Modellen. Unser Umgang mit den *Grenzen der KI* ist mit Anwendungen und Szenarien verknüpft, in denen wir auf aktuelle Grenzen und unlösbare oder zumindest schwer lösbare Herausforderungen durch KI und DL stoßen. Vor allem die unlösbaren Herausforderungen können dazu führen, dass wir KI – auch in ferner Zukunft – nicht einsetzen. In diesem Zusammenhang stellen wir Ihnen auch einige KI-Forschungsthemen vor, wie z. B. das *Lernen des Lernens* (Meta-Lernen), das den Anwendungsbereich von KI letztendlich verbessern wird.

Die Grenzen der KI hängen eng mit dem Verständnis und dem Vergleich von KI und DL mit dem menschlichen Gehirn zusammen,[1] insbesondere im Zusammenhang mit dessen kognitiven Lernfähigkeiten. In vielen Fällen ist der Mensch mit seinen kognitiven Fähigkeiten von entscheidender Bedeutung und wird möglicherweise niemals vollständig durch KI ersetzt werden können – auch nicht in ferner Zukunft. Mit unserer Diskussion über die *Grenzen der KI* wollen wir Sie dafür sensibilisieren, wie man KI richtig einsetzt und wann man *welche* KI-Fähigkeiten nutzen sollte und wann besser nicht.

Wie in Abb. 13-1 dargestellt, wird das Verständnis der *Grenzen der KI* im Zusammenhang mit den außergewöhnlichen und unübertroffenen Fähigkeiten des menschlichen Gehirns (insbesondere den kognitiven Fähigkeiten), den derzeitigen technischen Lücken oder Unzulänglichkeiten der KI und auch den unlösbaren Herausforderungen der KI diskutiert. Es gibt zahlreiche Szenarien, die auch weiterhin die einzigartigen Fähigkeiten des Menschen mit seinen kognitiven Fähigkeiten und generalisierten Lernfähigkeiten erfordern oder die an die Grenzen der KI stoßen, wie z. B. unternehmerische Intuition, Kreativität und neuartige innovative Ansätze, das Verstehen und Interpretieren von Entscheidungen und das Erfassen von neuen Situationen oder Umständen, um nur einige zu nennen.

---

[1] Weitere Informationen zum Vergleich des menschlichen Gehirns mit KI finden Sie unter [1].

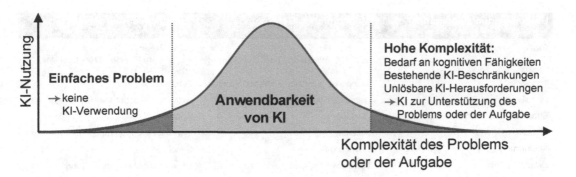

Abb. 13-1. *Wann KI nicht verwendet werden sollte*

Der Anwendungsbereich der KI ist groß, wie Sie im mittleren Bereich von Abb. 13-1 sehen. Auf der linken Seite befinden sich relativ einfache Probleme, die eindeutig nicht vom KI-Einsatz profitieren, während auf der rechten Seite hochkomplexe Probleme und Aufgaben zu sehen sind, die z. B. kognitive Fähigkeiten erfordern oder bei denen aktuelle KI-Limitierungen und unlösbare KI-Herausforderungen entweder einen angemessenen KI-Einsatz verhindern oder KI „nur" zur Unterstützung eines Menschen zulassen würden.

KI und das menschliche Gehirn

Um die derzeitigen Grenzen der KI und einige unlösbare Herausforderungen für die KI zu verstehen, empfiehlt sich ein grundlegender Vergleich des menschlichen Gehirns mit einem künstlichen neuronalen Netz, einem Computermodell, das die Struktur und die Funktionen biologischer neuronaler Netze simuliert.[2] Abb. 13-2 enthält die grundlegenden Kategorien, anhand derer wir die Hauptunterschiede zwischen dem menschlichen Gehirn und einem ANN diskutieren.

---

[2] Siehe [2] und [3] für weitere Informationen über neuronales Design, neuronale Informationstheorie und den mathematischen Hintergrund von DL.

Unterscheidungskategorien	Menschliches Gehirn	Künstliches Neuronales Netz (ANN)
Größe	10^{11} Neuronen 10^{14}-10^{15} Synapsen (1-10^5 pro Neuron)	$16 \cdot 10^6$ Neuronen (Größe eines Froschgehirns) 10^9-10^{10} Synapsen
Topologie	Komplexe, nicht sequenzielle Schichten	Schichtenbasiert
Lernalgorithmus	Gegenstand der Forschung	Gradient Descent mit Backpropagation
Stromverbrauch und Geschwindigkeit	Niedriger	Höher
Phasen	Parallel	Training → Vorhersage → Evaluierung
Ausführung	Asynchron	Synchron
Zweck und Absicht	Nicht statisch, kann lernen zu lernen	Anwendungsfall / Anwendungsspezifisch
Erinnerungsvermögen	Der Mensch vergisst; mit der Zeit weniger genau	ANNs vergessen nicht, immer genau
Kognitive Fähigkeiten	Innovation, Kreativität, Wunsch, Neugier, Verständnis, Inspiration, Urteilsvermögen, Charakter, Absicht, Emotionen	Keine bis begrenzt
Grafika	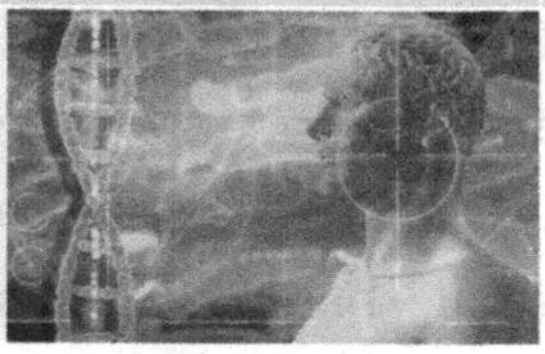	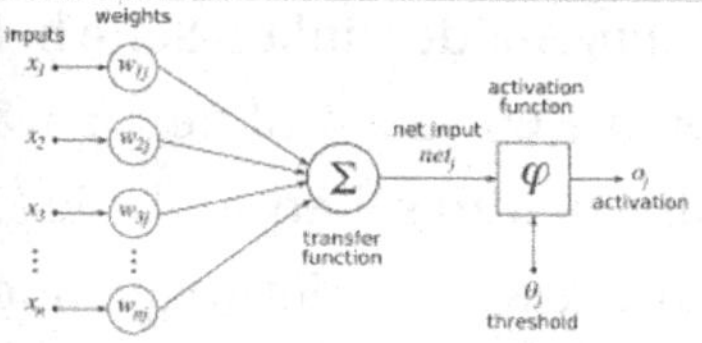

Abb. 13-2. *Das menschliche Gehirn im Vergleich zu einem ANN*

Das menschliche Gehirn besteht aus etwa 10^{11} Neuronen und 10^{14} bis 10^{15} Synapsen (mit 1 bis 10^5 Synapsen pro Neuron), während das größte ANN etwa $16 \cdot 10^6$ Neuronen und 10^9 bis 10^{10} Synapsen hat, was ungefähr der Größe eines Froschgehirns entspricht.[3] Allein dieser Vergleich verdeutlicht die Überlegenheit des menschlichen Gehirns – zumindest zum heutigen Zeitpunkt. Darüber hinaus ist die Topologie des menschlichen Gehirns komplex, *voller mehrdimensionaler geometrischer Strukturen, die in bis zu 11 Dimensionen arbeiten,*[4] und ist nicht wie ein ANN in sequentiellen Schichten aufgebaut.

Wie unser Gehirn funktioniert, ist weiterhin Gegenstand der Forschung.[5] Vieles davon mag bekannt sein, aber die Art und Weise, wie wir lernen, ist uns im Grunde genommen noch weitgehend unbekannt. Ob man es als eine Reihe von Algorithmen beschreiben kann, einschließlich der ausgefeiltesten Backpropagation-Algorithmen eines DL-Modells, ist mehr als fraglich. Das Lernen eines ANN wird in erster Linie durch verschiedene Backpropagation-Algorithmen realisiert. Die Phasen des Lernens, wie wir sie von ML- und DL-Modellen mit Training, Validierung, Testen, Vorhersage,

---

[3] Siehe [4] für weitere Informationen zum Vergleich von biologischen Netzwerken mit ANNs.

[4] Weitere Informationen über die Struktur des menschlichen Gehirns finden Sie unter [5].

[5] Siehe [6] für weitere Informationen über die Funktionsweise unseres Gehirns.

Re-Training usw. kennen, werden von Menschen anders durchgeführt. Ein ANN hat im Wesentlichen ein synchrones Ausführungsmuster, während das menschliche Gehirn in einer massiv asynchronen, parallelen Weise arbeitet. So arbeitet beispielsweise die visuelle Erkennung des Gehirns asynchron; die Farben, die Form und die Bewegungsrichtung von Objekten werden asynchron verarbeitet und zusammengesetzt.

Das Ziel und die Entwicklung eines ANN bezieht sich auf eine spezifische Anwendung bzw. ein konkretes Szenario. Für jedes ANN gibt es einen definierten Zweck. Wir haben (noch) keine flexiblen Multitasking-Lernfähigkeiten von ANNs; kein ANN kann für eine beliebige Menge unterschiedlicher Umstände oder Ziele trainiert werden. Aber das menschliche Gehirn kann das; es ist anpassungsfähig. Das menschliche Gehirn entwickelt innovative Ideen, um den sozialen und kulturellen Codex und sogar seine Umgebung zu verändern, damit der Mensch z. B. seine Überlebenschancen erhöht. ANNs vergessen nie etwas;[6] sie sind im Zusammenhang mit ihrem gelernten Wissensschatz immer genau. Menschen vergessen, und sie sind weniger genau, was unter bestimmten Umständen ein Vorteil sein kann.

Eine allumfassende KI muss kognitive Fähigkeiten wie Innovation und Kreativität, Lust und Neugier, Verständnis und logisches Denken umfassen. Darüber hinaus sollte sie die Fähigkeit besitzen, sich von etwas inspirieren zu lassen oder einen Charakter zu entwickeln (ein einzigartiges, personalisiertes Verhalten, das durch eine bestimmte Meinung und Hemmungen untermauert wird und in einem kulturellen Kontext verwurzelt ist), von einer Absicht angetrieben zu werden und – nicht zuletzt – Emotionen zu entwickeln und zu bewältigen und nicht nur Stimmungen aus Social-Media-Daten zu verstehen. Situationen, in denen diese kognitiven Fähigkeiten benötigt werden, zeigen uns definitiv die derzeitigen Grenzen von KI auf bzw. verdeutlichen, wie KI möglicherweise zur Unterstützung menschlicher Entscheidungen eingesetzt werden kann.

Aktuelle KI-Limitierungen

KI verfügt nicht über unbegrenzte Möglichkeiten; es gibt spürbare Grenzen, die sowohl Skepsis hervorgerufen haben als auch Thema der Forschung sind. Dieser Abschnitt widmet sich den folgenden KI-Grenzen, die es uns ermöglichen, die Frage zu

---

[6] Siehe den Abschnitt über zusätzliche Forschungsthemen zu neuartigen Ansätzen für ANNs zum Vergessen.

beantworten, wann KI *noch* nicht eingesetzt werden sollte bzw. wann KI eher eine
begleitende Methode ist:

- Labeling und Beschriftung

- Autonomes ML und DL

- Multitasking-Lernen

- Erklärbarkeit von Entscheidungen

Lassen Sie uns einen kurzen Blick auf diese vier Einschränkungen der KI werfen. Wir
bieten dem interessierten Leser Links an, um diese Bereiche weiter zu vertiefen.

Labeling und Beschriftung

Das Labeling von Daten ist eine wesentliche ML- und DL-Aufgabe. Unbeschriftete
Rohdaten, die als Input für das Training von ML- oder DL-Modellen dienen, müssen mit
zusätzlichen Labeln versehen werden, die wir als Metadaten betrachten können. Durch
das Hinzufügen von Klassifizierungsinformationen (z. B. Betrug oder Nicht-Betrug,
Abwanderung oder Nicht-Abwanderung, Annahme oder Nicht-Annahme eines
Marketingangebots usw.) werden Rohdaten in *beschriftete* Daten umgewandelt, die als
Eingabe für den Lernschritt (Training) eines ML-Klassifizierungsmodells dienen. Unter
Annotation versteht man den Prozess der Kennzeichnung von Daten wie Bildern,
Videos, Audiodaten, Text und anderen, um die Daten für das Training von primär DL-
Modellen nutzbar zu machen.

   Die Anforderungen und Herausforderungen beim Labeling und der Kommentierung
können je nach Branche unterschiedlich sein. So haben die vielen verschiedenen
Techniken und Anwendungsszenarien wie Begrenzungsrahmen (Bounding Boxes) um
Autos, Motorräder, Ampeln und vieles mehr als Teil der Video- oder Bildbeschriftung für
das autonome Fahren oder die Gesichtserkennung von Überwachungskameras ein
gemeinsames Merkmal: Sie erfordern enorme personelle Ressourcen und sehr
spezialisierte Tools und Dienste, die obendrein viel Zeit in Anspruch nehmen.

   Das Labeling von Daten ist in der Tat auch ein wichtiger Forschungsbereich.[7] Die
Probleme werden häufig durch die Anwendung anderer Techniken angegangen, wie
z. B. Reinforcement Learning und DL mit begrenztem oder sogar gänzlich ohne Input.

---

[7] Siehe [7] und [8] für weitere Informationen über Daten Labeling für medizinische Anwendungen.

Diese Techniken beruhen jedoch im Wesentlichen auf Versuch-und-Irrtum-Methoden, die für einige Szenarien, wie autonomes Fahren oder Mustererkennung komplizierter medizinischer Daten, die zur Empfehlung von Medikamenten verwendet werden können, nicht geeignet sind.

Autonomes ML und DL

Eine der größten Herausforderungen für das Training von ANNs besteht darin, ausreichend große Datensätze für das Training zu erhalten um den sehr zeit- und ressourcenaufwändigen Lernprozess durchzuführen, der häufig noch menschliches Eingreifen erfordert. Autonomes ML und DL hat das Ziel, diesen Prozess durch kontinuierliche Automatisierung des Lernens zu vereinfachen, wobei selbststeuernde Prozesse mit begrenztem oder sogar ohne menschliches Eingreifen die Verbesserung und Anpassung eines ANNs ermöglichen. Dies ist ein aufstrebender Forschungsbereich, der das Potenzial hat, ANN-Methoden zu entwickeln, die auch neue Gegebenheiten und Szenarien einbeziehen können.

Heute gibt es Ansätze, die Flexibilität trainierter ANNs zu erhöhen, um beispielsweise die Tiefe und die Struktur des ANNs anzupassen oder sogar ein ANN *von Grund auf neu* zu entwickeln, *ohne dass eine anfängliche Netzstruktur vorhanden ist, und zwar durch eine sich selbst (autonom) aufbauende Netzstruktur.*[8] Ähnliche Ziele gelten für das Reinforcement Learning (RL), bei dem ein Agent lernt, seine Handlungen auf der Grundlage der Belohnungen, die er erhält, zu verbessern. Die Herausforderung beim autonomen RL besteht darin, zu lernen, wie man relevante Informationen aus Daten- oder Bildströmen auswählt, deren Semantik, Relevanz oder Bedeutung dem Agenten anfangs nicht bekannt sind. Das System kann auch *in einen nicht wiederherstellbaren Zustand* versetzt werden, *aus dem kein weiteres Lernen möglich ist,*[9] was innovative Ansätze erfordert, um Systeme für nachfolgende Lernzyklen zurückzusetzen. Autonomes DL schließt das Lernen mit null Input ein. AlphaGo Zero[10] ist ein verblüffender Erfolg, bei dem ein Modell basierend auf einer Kombination aus einem fortschrittlichen Suchbaum und ANNs entwickelt wurde, welches gegen Weltklasse-Go-Spieler gewann.

---

[8] Siehe [9] für weitere Informationen über autonomes DL.
[9] Siehe [10] für weitere Informationen über autonomes RL.
[10] Siehe [11] für weitere Informationen über AlphaGo und AlphaGo Zero.

Obwohl dies vielversprechende Ergebnisse und Forschungsbereiche sind, ist die Anwendung auf reale Szenarien wie autonom fahrende Fahrzeuge, Industrierobotik, Radiologie oder Krebsdiagnose, chirurgische Robotik, gezielte Behandlung und viele andere eher begrenzt. In diesen Szenarien müssen ANNs oder andere Modelle erst erlernt werden, bevor sie in der Praxis eingesetzt werden können.

Multitasking-Lernen

Bei der KI zielt das Lernen in der Regel auf eine bestimmte Aufgabe oder ein Problem ab. In realen Szenarien sollte das Lernen jedoch vielseitiger sein. Das könnte zum Beispiel bedeuten, nicht nur ein Gesicht über eine Überwachungskamera zu erkennen, sondern zusätzlich auch den Gesichtsausdruck in Bezug auf Stimmungen und Emotionen zu interpretieren. Das Verstehen von Sprache sollte durch das Erkennen der Tonalität, eines Akzents oder des Geschlechts des Sprechers ergänzt werden. Ein DL-Modell für verwandte, aber unterschiedliche Aufgaben zu trainieren, was als Multitasking-Lernen bezeichnet wird, ist ein aufstrebendes Gebiet der DL,[11] bei dem die Generalisierbarkeit des Lernens die Beschränkung auf nur einen Anwendungsfall oder eine Aufgabe überwinden soll.

Das menschliche Gehirn führt in fast allen Situationen Multitasking-Lernprozesse durch, unabhängig davon, ob wir ein Bild in einem Museum betrachten, einer anderen Person während einer Präsentation zuhören oder ein Auto fahren. Wenn wir uns beispielsweise als Autofahrer einer Kreuzung nähern, erkennen wir nicht nur die Verkehrsschilder, eine grüne Ampel oder ein Auto vor uns; wir können auch den Gesichtsausdruck eines anderen Autofahrers, der sich der Kreuzung nähert, betrachten und interpretieren, oder die Wahrscheinlichkeit vorhersagen, dass ein herannahendes Auto noch ordnungsgemäß an der Kreuzung anhalten kann oder nicht, oder die Wahrscheinlichkeit, dass kleine Kinder auf dem Gehweg die Straße möglicherweise überqueren, obwohl sie das lieber nicht sollten, oder dass der Radfahrer vor uns eine ältere Person ist, und so weiter. Die meisten Autofahrer haben gelernt, diese Umstände zu berücksichtigen, was beispielsweise zu der Entscheidung führen kann, die Geschwindigkeit weiter zu reduzieren, zu bremsen oder sogar trotz Vorfahrt die Vorfahrt lieber zu gewähren.

---

[11] Siehe [12] für weitere Informationen zum Multitasking-Lernen.

Diese Beispiele verdeutlichen auf eindrucksvolle Weise, dass die derzeitigen *Grenzen der KI* es erforderlich machen, dass wir festlegen, *wann* und *wie* wir *welche* KI-Fähigkeiten einsetzen und inwieweit wir uns darauf verlassen können, dass KI die menschliche Entscheidungsfindung unterstützt. Das Wissen um die Grenzen der KI bestimmt die Anwendbarkeit der KI auf bestimmte Probleme und Szenarien.

Erklärbarkeit von Entscheidungen

Der Mangel an Erklärbarkeit ist für KI-Systeme keineswegs ein neues Problem. Mit dem zunehmenden Entwicklungsgrad von ANNs oder KI-Systemen im Allgemeinen wird es immer wichtiger zu erklären, warum und wie ein KI-System mit seiner zunehmenden Unabhängigkeit eine bestimmte Entscheidung getroffen hat. Es ist von entscheidender Bedeutung, dass die von der KI abgeleiteten Entscheidungen für den Menschen nachvollziehbar, interpretierbar und vertrauenswürdig sind. Wir haben diese Themen bereits in Kap. 8, *„KI und Governance"*, angeschnitten.

Die Beweggründe für KI-gestützte Entscheidungen müssen für Menschen transparent gemacht werden. IBM Research beispielsweise hat eine umfassende Strategie entwickelt, die *„mehrere Dimensionen des Vertrauens anspricht, um vertrauenserweckende KI-Lösungen zu ermöglichen"*.[12] Dazu gehört auch ein Open-Source-Toolkit AI Explainability 360, mit dem unerwünschte algorithmische Verzerrungen erkannt, verstanden und gemildert werden können.

Unlösbare Herausforderungen

Es sollte verständlich geworden sein, dass das menschliche Gehirn von der KI unübertroffen ist und bleibt. Natürlich gibt es Bereiche, in denen KI eindeutig überlegen ist, aber das menschliche Gehirn glänzt mit seinen kognitiven Fähigkeiten, seiner Anpassungsfähigkeit an neue Gegebenheiten und seiner Fähigkeit, mit aussergewöhnlichen und merkwürdigen Situationen umzugehen. Trotz verblüffender Fortschritte der KI und überzeugender Forschungsergebnisse gibt es und bleiben – davon sind wir überzeugt – einige unlösbare KI-Herausforderungen, auf die wir in diesem Abschnitt näher eingehen.

---

[12]Weitere Informationen über die Strategie von IBM Research, mit der KI-Lösungen Vertrauen schaffen können, finden Sie unter [13].

Kognitive Fähigkeiten

Wie wir im Abschn. *„KI und das menschliche Gehirn"* dargelegt haben, sind die kognitiven Fähigkeiten, die schon immer als faszinierend wahrgenommen worden, sicherlich ein wesentliches Unterscheidungsmerkmal des menschlichen Gehirns. In unserer Diskussion konzentrieren wir uns im Folgenden auf die Fähigkeiten, die von der KI niemals erreicht werden können, ohne spürbare und große Lücken zu hinterlassen.

Wie Sie in Abb. 13-3 sehen können, haben wir die kognitiven Fähigkeiten des Menschen in drei Gruppen eingeteilt. Der Mensch – zumindest die meisten von ihnen – wird von Neugier und Inspiration angetrieben. Wir setzen nicht nur Anweisungen um, die uns von anderen gegeben werden, sondern entwickeln unsere eigenen Ideen und suchen nach neuen Wegen und Lösungsansätzen. Innovation und Kreativität sind Synonyme für das Menschsein. Könnten die mächtigsten ANNs überhaupt *die richtigen Fragen stellen*, die zur Entwicklung von Einsteins allgemeiner oder spezieller Relativitätstheorie führten? Könnte das Konzept der Demokratie von einem KI-System erfunden werden, und könnte ein ANN einen völlig neuen Musikstil erfinden, indem es nicht kopiert, was andere gemacht haben, oder den Stil eines Komponisten kopiert, sondern etwas völlig Neues schafft? Das ist der Punkt, an dem wir als Menschen brillieren – und das wird unsere Ansicht nach auch immer so bleiben; KI kann ein nützlicher Begleiter sein, mehr jedoch nicht.

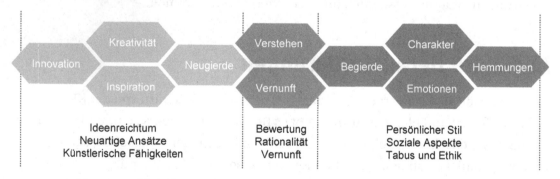

Abb. 13-3. Kognitive Fähigkeiten

Entscheidungen müssen mit Bedacht bewertet und umgesetzt werden. Die Rationalität des Entscheidungsprozesses ist oft genauso wichtig wie die Entscheidungen selbst. Verstehen, Begründen und das persönliche Urteilsvermögen sind Aspekte, die die reinen Entscheidungen ergänzen sollten. Die Überprüfung der Sinnhaftigkeit und

Vernünftigkeit von Entscheidungen in einem bestimmten z. B. gesellschaftlichen Kontext und unter bestimmten Umständen ist etwas, womit sich KI-Systeme schwer tun. Auch hier kann KI Sie in zahlreichen Szenarien und Aufgaben unterstützen, aber das Verstehen und Begründen bleibt letztendlich uns Menschen überlassen.

Jeder Mensch ist einzigartig; wir entwickeln einen besonderen Charakter und einen persönlichen Stil bei der Bewältigung von Problemen. Wir haben Wünsche und entwickeln Emotionen; unsere Entscheidungen, Aktivitäten und Geschäftspraktiken sind fest in einem sozialen und kulturellen Kodex verwurzelt, in dem Tabus und ethische Aspekte Grenzen aufzeigen und oft sogar eine Hemmung hervorrufen, bestimmte Dinge zu tun.

Diese Gruppen von kognitiven Fähigkeiten machen unsere vernetzte Art des Miteinanders und des Umgangs miteinander auf vielseitige und interessante Weise aus. Toleranz, Rücksichtnahme auf andere mit anderen Meinungen und Einstellungen, Emotionen und Humor sowie die Fähigkeit, sich zurückzuhalten und Kompromisse einzugehen, sind kognitive Verhaltensfähigkeiten, die in vielen Situationen benötigt werden, in denen die KI sicherlich nicht das Steuer in der Hand hat – und vielleicht auch nie haben wird.

Nicht aus Daten und der Umwelt zu lernen, sondern zu lernen, *wie man* die Umwelt *verändern kann,* scheint ein Niveau menschlicher Intelligenz zu sein, das von der KI auch künftig nicht übertroffen wird.

Aussergewöhnliche Situationen

Weder können alle realen Situationen mit ausreichender Genauigkeit vorhergesagt werden, noch ist es möglich, angemessene, dem Menschen gleichwertige Reaktionen auf diese Situationen zu bestimmen. Wir verdeutlichen dies am Beispiel des autonomen Fahrens.

Denken Sie an Situationen – so selten sie auch vorkommen mögen – die ein selbstfahrendes Auto bewältigen muss: ein Lastwagen oder ein Fahrrad, das in die falsche Richtung fährt, ein Rettungswagen, der illegal abbiegt, Kinder, die die Straße überqueren, während die Autos grünes Licht haben, oder ein Busfahrer, der ein Handzeichen gibt, um herannahende Autos vor einer gefährlichen Situation zu warnen.

Selbst wenn autonome Fahrsysteme in der Lage sind, diese Situationen zu erkennen, können sie möglicherweise nicht angemessen reagieren, wie es ein menschlicher Fahrer gelernt hat.[13] Autonome Fahrsysteme mit ihren Radargeräten, Kameras und Sensoren können zwar andere Autos und Fahrräder, Verkehrsschilder und Objekte auf der Straße erkennen, aber das Verhalten anderer Verkehrsteilnehmer, Fußgänger oder sogar Tiere vorherzusagen und mit den unerwarteten und teils unlogischen Verhaltensweisen umzugehen, wird für ein KI-System wohl nie zufriedenstellend möglich sein.

Generalisierendes Lernens

Ein besonderer Aspekt, der Ihre KI-Bestrebungen erschweren könnte, ist die fehlende Anpassung von KI und ANNs an völlig neue Umstände. Die Verallgemeinerung des Lernens, die die Anpassung und das Lernen einer beliebigen Anzahl verschiedener Disziplinen und Szenarien ermöglicht, ist heute einfach unmöglich.

Dieser Aspekt geht sogar weit über Multitasking- oder autonome Lernkonzepte hinaus, die wir weiter oben in diesem Kapitel erörtert haben. Im Allgemeinen bleiben ML- und DL-Modelle primär für eine bestimmte Gruppe von Ausgangsszenarien oder -problemen anwendbar. Einmal trainiert, erreichen diese Modelle eine faszinierende Leistung; das zugrunde liegende Modell – selbst ein ANN – wird jedoch Schwierigkeiten haben, für ein anderes Szenario oder einen anderen Bereich mit einem anderen Satz untrainierter Daten anwendbar zu sein.

Die KI-Forschung hat große Fortschritte in Bezug auf das generalisierende Lernen gemacht.[14] Es mag seltsam klingen, aber ein wichtiger Aspekt des verallgemeinernden Lernens für ANNs ist die Fähigkeit, vergangene Erfahrungen zu vergessen, z. B. festgefahrene Situationen oder katastrophale Ereignisse.

Trotz vielversprechender Ergebnisse liegt ihre Anwendbarkeit auf reale Geschäftsprobleme jedoch noch in weiter Ferne.

Zusätzliche Forschungsthemen

Wie Sie sich vorstellen können, gibt es eine ganze Reihe weiterer KI-Forschungsthemen, die leicht ein ganzes Buch füllen könnten. Die folgende Tab. 13-1 enthält eine sehr kurze Beschreibung einiger Forschungsbereiche, die die Grenzen der heutigen KI-Fähigkeiten weiter verdeutlichen. Auch wenn es nicht notwendig ist, sich mit den Details zu

---

[13] Siehe [14] für weitere Herausforderungen in Bezug auf selbstfahrende Autos in aussergewöhnlichen Situationen.

[14] Weitere Informationen zur menschenähnlichen Verallgemeinerung des Lernens finden Sie in [15].

befassen, sollten unsere Leser diese Bereiche kennen, um die *Grenzen der KI zu* verstehen um zu *beurteilen, wie man KI* richtig *einsetzt.*

Tab. 13-1. *KI-Forschungsbereiche*

# Forschungsbereich	Beschreibung
1 Hyperparameter-Optimierung (HPO)	Das Lernen erfolgt über Algorithmen. Die Optimierung und Abstimmung des Lernalgorithmus erfolgt über HPO, z. B. die Anzahl der ANN-Schichten, die Anzahl der Entscheidungsbäume und ihre Tiefe, die Lernrate und so weiter. Die KI-Forschung befasst sich mit der Automatisierung und Beschleunigung von HPO-Ansätzen, um die manuelle Abstimmung zu vermeiden oder zumindest zu unterstützen.
2 Backpropagation-Algorithmen	Im Wesentlichen werden Backpropagation-Algorithmen verwendet, um ein ANN durch Anpassung der Gewichte zu lernen und zu verbessern. Es gibt Forschungsanstrengungen, um diese Algorithmen zu beschleunigen (z. B. durch On-Chip-Beschleunigung). Darüber hinaus konzentriert sich die Forschung auf alternative Ansätze, die über überwachte DL mit Backpropagation hinausgehen (z. B. Autocoder, adversarische Netze, Neuroevolution mit evolutionären Algorithmen usw.).
3 Lernen zu lernen	Der Mensch kann lernen, wie man lernt, um sich künftigen unbekannten Problemen zu nähern und diese schließlich zu lösen. In der KI wird versucht, Meta-Learning-Ansätze zu entwickeln und den Entwurf von ML- und DL-Modellen zu automatisieren. Dies geht über die Verallgemeinerung des Lernens hinaus und erfordert Flexibilität, gesunden Menschenverstand, menschliche Lernansätze und sogar menschliche Instinkte, die der Mensch über Millionen von Jahren entwickelt hat.

Es gibt weitere KI-Forschungsbereiche,[15] die in der Tabelle nicht aufgeführt sind, wie z. B. adversarische Netzwerke,[16] RL, Konversationssysteme, spezielle Hardware für KI und Sprache.

---

[15] Siehe [16] für weitere KI-Forschungsbereiche.
[16] Adversarische Netze sind ANN-Netzarchitekturen, bei denen zwei ANNs miteinander konkurrieren und zusammenarbeiten, um die Gesamtgenauigkeit des resultierenden ANNs zu verbessern.

Wichtigste Erkenntnisse

Wir schließen dieses Kapitel mit einigen wichtigen Erkenntnissen, die in Tab. 13-2 zusammengefasst sind.

Tab. 13-2. *Wichtigste Erkenntnisse*

# Wichtigste Erkenntnisse	High-Level Beschreibung
1 Menschliches Gehirn im Vergleich zu ANN	Es gibt wesentliche Unterschiede zwischen dem menschlichen Gehirn und ANNs in Bezug auf Größe, Topologie, Fähigkeiten, Lernansätze usw.
2 Derzeit gibt es KI-Beschränkungen	Es gibt eine Reihe von KI-Einschränkungen, wie z. B. Labeling und Beschriftung, autonomes KI, Multitasking-Lernen und Erklärbarkeit von Entscheidungen.
3 ANNs lassen wichtige kognitive Fähigkeiten vermissen	Die kognitiven Fähigkeiten des menschlichen Gehirns (Kreativität, Inspiration, Neugier, Emotionen, Verständnis, Argumentation, Verlangen usw.) sind ein wichtiges Unterscheidungsmerkmal zu ANNs.
4 Es gibt unlösbare KI-Herausforderungen	Es gibt eine Reihe von unlösbaren Herausforderungen für die KI, wie z. B. kognitive Fähigkeiten, die Bewältigung aussergewöhnlicher Situationen und die Verallgemeinerung des Lernens.
5 KI-Forschungsthemen	Es gibt eine ganze Reihe von KI-Forschungsthemen, die auf die Automatisierung und Beschleunigung des Lernens und der Entwicklung von ML- und DL-Modellen ausgerichtet sind.
6 Lernen zu lernen	Der Mensch kann lernen, wie man lernt, zukünftige unbekannte Probleme und Herausforderungen anzugehen und zu lösen; die KI tut sich damit noch schwer.

Literatur

1. Fillard, J.-P. *Brain Vs Computer: The Challenge Of The Century*. ISBN-13: 978-9813145542, World Scientific, 2016.

2. Stone, J.V. *Principles of Neural Information Theory: Computational Neuroscience and Metabolic Efficiency (Tutorial Introductions)*. ISBN-13: 978-0993367922, Sebtel Press, 2018.

3. Stone, J.V. *Artificial Intelligence Engines: A Tutorial Introduction to the Mathematics of Deep Learning*. ISBN-13: 978-0956372819, Sebtel Press, 2019.

4. PHYS.ORG. Eindhoven University of Technology. *New AI method increases the power of artificial neural networks*, 2018, `https://phys.org/news/2018-06-ai-method-power-artificial-neural.html` (Zugegriffen am October 18, 2019).

5. Dean, S. Science Alert. *The Human Brain Can Create Structures in Up to 11 Dimensions*, 2018, `www.sciencealert.com/science-discovers-human-brain-works-up-to-11-dimensions` (Zugegriffen am October 18, 2019).

6. Sheehan, T.D. *The Oscillating Brain: How Our Brain Works*. ISBN-13: 978-1489705815, LifeRich Publishing, 2016.

7. Carneiro, G. et.al. *Deep Learning and Data Labeling for Medical Applications* (Lecture Notes in Computer Science, Band 10008). ISBN-13: 978-3319469751, Springer, 2016.

8. Landgraf, M. Karlsruhe Institut of Technology. *Training Data for Autonomous Driving*, `www.kit.edu/downloads/pi/PI_2019_048_Training%20Data%20for%20Autonomous%20Driving.pdf` (Zugegriffen am October 20, 2019).

9. Ashfahani, A., Pratama, M. *Autonomous Deep Learning: Continual Learning Approach for Dynamic Environments*, `https://arxiv.org/pdf/1810.07348.pdf` (Zugegriffen am October 21, 2019).

10. Eysenbach, B., Gu, S., Ibarz, J., Levin, S. *Leave no Trace: Learning to reset for safe and Autonomous Reinforcement Learning*, `https://openreview.net/pdf?id=S1vuO-bCW` (Zugegriffen am October 22, 2019).

11. Silver, D., Hassabis, D. *DeepMind. Research Blog Post. AlphaGo Zero: Starting from scratch*, `https://deepmind.com/blog/article/alphago-zero-starting-scratch` (Zugegriffen am October 22, 2019).

12. Ruder, S. *An Overview of Multi-Task Learning in Deep Neural Networks*, `http://ruder.io/multi-task/` (Zugegriffen am October 22, 2019).

13. IBM. *Trusting AI – IBM Research is building and enabling AI solutions people can trust,* `www.research.ibm.com/artificial-intelligence/trusted-ai/` (Zugegriffen am October 23, 2019).

14. The New York Times. *Despite High Hopes, Self-Driving Cars Are 'Way in the Future',* `www.nytimes.com/2019/07/17/business/self-driving-autonomous-cars.html` (Zugegriffen am October 25, 2019).

15. Doumas, L.A.A., Puebla, G., Martin, A.E. Human-like generalization in a machine through predicate learning, `https://arxiv.org/ftp/arxiv/papers/1806/1806.01709.pdf` (Zugegriffen am October 26, 2019).

16. IBM. AI Research, `www.research.ibm.com/artificial-intelligence/` (Zugegriffen am October 27, 2019).

KAPITEL 14

Zusammenfassung und Ausblick

In diesem Buch haben wir erkläret, wie KI in heutigen Unternehmen eingesetzt werden kann. Wir haben uns mit Schlüsselaspekten wie einer *KI-Informationsarchitektur (KIIA)* befasst, um eine Datengrundlage zur Unterstützung von KI zu schaffen, mit dem *KI-Lebenszyklus*, um von Daten zu Vorhersagen zu optimalen Entscheidungen und Maßnahmen zu gelangen, und mit wichtigen Aspekten von KI DevOps einschl. des KI-Betriebs *(KIOps)*. Darüber hinaus sind wir auf Unternehmensaspekte eingegangen, wie z. B. die Herausforderungen bei der *KI-Bereitstellung und -Operationalisierung*, KI im Kontext von *Governance, Change Management, Design Thinking* und *MDM*. Wir haben Ihnen auch einige Grenzen der KI aufgezeigt – einschließlich der Grenzen, die auf absehbare Zeit bestehen bleiben könnten – sowie einige spannende und aufkommende Themen, wie KI im Zusammenhang mit *Blockchain* und *Quantum Computing*.

Im letzten Kapitel dieses Buches möchten wir einen Blick in die Zukunft werfen und einige Gedanken dazu äußern, wie KI, die Anwendung von KI in Unternehmen und schließlich neue Unternehmen und Branchen, die auf KI aufbauen, in Zukunft mit tiefgreifende Veränderungen verbunden sein werden.

KI für Unternehmen – niedriger Aufwand, hoher Ertrag

Wie in diesem Buch dargelegt, bietet KI bereits heute einen großen Nutzen für große und kleine Unternehmen und Organisationen, die Bereitschaft zeigen und auch in der Lage sind, KI einzusetzen. Es gibt zahlreiche Möglichkeiten, die Effizienz und Geschäftsrelevanz von Unternehmen, Organisationen und sogar kleine Firmen signifikant zu erhöhen, indem immer mehr alltägliche Entscheidungen durch KI ergänzt

E. Hechler et al., *Einsatz von KI im Unternehmen*, https://doi.org/10.1007/978-1-4842-9566-3_14

oder automatisiert werden. Dies führt zur Verbesserung der Kundenzufriedenheit, Kostensenkung und zur Optimierung des Personalmanagements.

KI-Kenntnisse bei Mitarbeitern werden künftig im größeren Ausmaß vorhanden sein, während gleichzeitig die Entwicklung von KI-Lösungen schneller und einfacher wird, was durch verbesserte Tools und leicht verfügbare Rechenkapazitäten für KI in öffentlichen und privaten Clouds ermöglicht wird. Mit modernen KI-Tools und gängigen Cloud-Plattformen können auch kleine Unternehmen und einzelne Geschäftsbereiche von KI profitieren, ohne einen eigenen Server zu besitzen und ohne einen einzigen IT-Administrator zu beschäftigen. Kenntnisse, Tools und allgemein verfügbare Cloud-Rechenkapazitäten ohne eigene IT werden in eine weitere Beschleunigung der Industrialisierung und einer breiter angelegten Einführung von KI resultieren.

Es ist kaum vorstellbar, wie agil, optimiert und automatisiert heutige Unternehmen ihre Geschäftsprozesse ausführen können, wenn alle verfügbaren Aspekte der KI durchgängig in ihrer gesamten Wertschöpfungskette und bei allen Interaktionen mit Nutzern, Kunden, Partnern und Lieferanten zum Einsatz kommen würden. Es ist gut möglich, dass einige Unternehmen, die in den nächsten Jahren tatsächlich in KI investieren, entsprechende KPIs wie zum Beispiel einen *doppelt so schnellen und besseren Service für ihre Kunden mit 25 % weniger Personal und 50 % weniger Kosten* erreichen können.

Das KI-Unternehmen – Whitespace

Das Potenzial der KI für Unternehmen ist enorm. Es wäre jedoch wenig sinnvoll, unser zukunftsorientiertes Denken ausschließlich auf die Nutzung von KI für Unternehmen zu beschränken. Die Anwendung von KI in immer mehr Geschäftsbereichen und Prozessen bestehender Unternehmen wird zwar die Effizienz und Agilität verbessern, aber dennoch nur zu einer verbesserten Ausführung bestehender Unternehmensprozesse führen.

Wir sind überzeugt, dass *das volle Potenzial der KI nur durch die Erfindung neuer KI-Unternehmen ausgeschöpft werden kann.* Die Bedeutung in der Praxis wird in jedem Einzelfall sehr unterschiedlich sein. Gründer von neuen Unternehmen und Leiter von bestehenden Unternehmen sollten lernen paradigmenfrei zu denken:

- Wenn im Hinblick auf die gesamte Lebensdauer des Unternehmens das heutige und auch antizipierte KI-Potenzial in Erwägung gezogen wird, welche Neuausrichtung oder zumindest grundlegende

Änderung sollte das Unternehmen hinsichtlich seiner Zielsetzung erfahren?

- Wie muss die Unternehmensstruktur angepasst werden, um diese Zielsetzung zu erreichen und den Kunden und Nutzern einen dauerhaften Mehrwert zu bieten?

- Wie muss die Schnittstelle zu Nutzern, Kunden, Lieferanten und Partnern aussehen, um im Rahmen dieser Struktur optimal arbeiten zu können?

Dies sind nur drei von vielen Fragen, auf die neue KI-Unternehmen neue Antworten finden sollten. Die Erfindung eines KI-Unternehmens ist nicht in erster Linie eine technische Herausforderung. Es geht darum, völlig neue Möglichkeiten und Geschäftsmodelle zu erkennen, um den Kunden etwas zu bieten, von dem sie noch nicht wissen, dass sie es wollen oder brauchen, das aber für sie unverzichtbar wird, sobald sie es haben. Lassen Sie uns dies anhand eines Beispiels verdeutlichen.

Ein Beispiel

Die Zielsetzung eines neuen KI-Unternehmens kann sich radikal vom Zweck eines klassischen Unternehmens unterscheiden – es muss nicht durch bestehende Konzepte, Geschäftsmodelle, Ökosysteme, Märkte, Kunden oder Kultur eingeschränkt werden.

Eine Zeitung könnte – auch im Zeitalter des Internets – ihren Zweck darin sehen, ihre Leser mit wichtigen Informationen und Fakten durch Artikel zu versorgen. Um diesen Zweck zu erreichen, hat sie vielleicht eine Struktur gewählt, die Reporter und Redakteure beschäftigt, die Artikel schreiben und kuratieren, Leser halten und gewinnen und Anzeigenkunden, die für ihre Anzeigen bezahlen. Sie können Gebäude, Büros, Druckmaschinen usw. besitzen. Die Schnittstelle zu den Lesern kann eine Website und eine mobile Anwendung sein, die den Lesern Artikel anbietet und es ihnen ermöglicht, Artikel zu liken und zu kommentieren. Es kann auch eine gedruckte Version für Leser geben, die die Nachrichten weiterhin auf Papier lesen wollen.

Im Gegensatz dazu kann ein neues KI-Unternehmen seinen Zweck grundlegend anders definieren, nämlich seine Nutzer in einen kontinuierlichen, multidirektionalen Informationsaustausch einzubinden, indem es ihnen in Echtzeit Informationen zeigt, die sie interessieren, und ihnen die Möglichkeit gibt, einen Beitrag zu leisten. Um diesen erweiterten Zweck zu erreichen, könnte das KI-Unternehmen seine Struktur rein webbasiert gestalten, beispielsweise mit einer App und einer Website als Frontend einer KI-gestützten Informationsaustauschplattform in einer Cloud für Milliarden von Nutzern. Die Schnittstelle zu den Nutzern kann multimodal sein und jedem einzelnen Nutzer zeigen, vorlesen oder anzeigen, was die KI-gestützte Plattform gelernt hat, dass der jeweilige Nutzer an bestimmten Themen interessiert ist, und es jedem Nutzer ermöglichen, bei entsprechendem Interesse seine eigenen Beiträge aufzuzeichnen oder zu schreiben und einzureichen, die dann wiederum an andere Nutzer weitergeleitet werden. Wir alle kennen Unternehmen in diesem Bereich, die sich innerhalb weniger Jahre von Start-ups zu Großunternehmen mit Milliarden von Nutzern entwickelt haben.

Wie im vorangegangenen Beispiel muss ein KI-Unternehmen nicht denselben Zweck, dieselbe Struktur und dieselben Schnittstellen für Kunden, Nutzer, Partner und Lieferanten annehmen wie ein bestehendes Unternehmen in einem Bereich oder einer Domäne. Es muss sich nicht darauf beschränken, z. B. ML und DO zur Optimierung seiner bestehenden Prozesse, Abläufe, Kosten und Personalausstattung einzusetzen. Stattdessen kann ein KI-Unternehmen einen neuen und anderen Zweck bzw. ein innovativeres und zeitgemäßeres Geschäftsmodell wählen, welches ohne KI niemals erreicht werden könnte. Dies führt zwangsläufig zu einer völlig anderen Geschäftsstruktur und ein neues Geschäftsmodell, und andere Schnittstellen, um Nutzer und Kunden anzusprechen.

Zukunft der KI

Das Denken und Erfinden neuer, großer Ideen außerhalb bekannter Paradigmen wird sehr schön durch Henry Fords Aussage ausgedrückt: *„Wenn ich die Leute gefragt hätte, was sie wollen, hätten sie gesagt: schnellere Pferde"...* „In dieser Aussage steckt eine Menge Wahrheit und Weisheit".

KI führt zu einem grundlegenden Wandel in der Kunst des Möglichen. Um ihr volles Potenzial auszuschöpfen, wird es entscheidend sein, KI nicht nur dazu zu nutzen, „ein schnelleres Pferd zu erzeugen" und bestehende Unternehmen zu rationalisieren und zu agileren Prozessen zu verhelfen, sondern *neue* KI-Unternehmen zu erfinden und bestehende Unternehmen mit einer entsprechenden Zielsetzung neu zu erfinden, die ohne KI unmöglich wäre.

Diese Reise beginnt mit der Anwendung von KI in Ihrem Unternehmen mit ihren aktuellen Geschäftsbereichen und -modellen. Darauf haben wir versucht, uns in diesem

Buch zu konzentrieren. Es gibt praktisch kein Unternehmen, das nicht vom KI-Einsatz profitieren könnte.

Dies ist jedoch nur der Anfang: KI bietet Ihnen ihr volles Potenzial, sobald Sie einen Paradigmenwechsel vollziehen und unvoreingenommen, unternehmerisch und innovativ über KI nachdenken.

Der Einsatz von KI zur Verbesserung bestehender Unternehmen ist unvermeidlich. Ihr wahres Potenzial liegt jedoch in der Schaffung völlig neuer Arten von Unternehmen, die ohne KI niemals existieren könnten.

KAPITEL 15

Abkürzungen

Zusammenfassung

Bausteine der Architektur

ABB	Architecture Building Blocks (Bausteine der Architektur)
ADM	Architecture Development Method (Architekturentwicklungsmethode)
AI	Artificial Intelligence
ANN	Artificial Neural Network (Künstliches neuronales Netz)
AOD	Architecture Overview Diagram (Architekturübersichtsdiagramm)
API	Application Programming Interface
AQL	Annotation Query Language
ARM	Advanced RISC Machines
ASIC	Application-specific Integrated Circuit
ATM	Automated Teller Machine (Geldausgabeautomat)
AWS	Amazon Web Services
BCBS 239	Basel Committee on Banking Supervision Standard 239
BCO	Beneficial Cargo Owners
BNN	Bayesian belief network

(Fortsetzung)

CADS	Cognitive Assistant for Data Scientists
CC	Cognitive Computing
CCO	Chief Compliance Officer
CCPA	California Consumer Privacy Act
CDA	Chief Data Officer
CDI	Customer Data Integration
CDP	Customer Data Platform
CICS	Customer Information Control System
CISO	Chief Information Security Officer
CI/CD	Continuous Integration/Continuous Delivery
CNN	Convolution Neural Networks
COBIT	Control Objectives for Information and Related Technologies
COV	Covariance
CRUD	Create, Read, Update, and Delete
CT-Scan	Computertomographie-Scan
DBM	Deep Boltzmann Machines
DBMS	Datenbankmanagementsystem
DBN	Deep belief Networks
DL	Deep Learning
DLN	Deep Learning Networks
DNS	Desoxyribonukleinsäure
DO	Decision Optimization (Entscheidungsoptimierung)
DOB	Date of Birth
DSB	Datenschutzbeauftragter ????
DR	Disaster Recovery
DRL	Deep Reinforcement Learning

(Fortsetzung)

DWH	Data Warehouse
EDI	Electronic Data Intzerchange
EIA	Enterprise Information Architecture Unternehmensinformationsarchitektur)
EMR	Elastic MapReduce
ETL	Extrahieren, transformieren, laden
FDA	Flexible Discriminant Analysis
FPGA	Field Programmable Gate Array
GCP	Google Cloud Platform
GDPR	General Data Protection Regulation
GNN	Graphisches Neuronales Netz
GPU	Graphics Processing Unit
GRC	Governance, Risiko und Compliance
GUI	Graphical User Interface
HA	High Availability
HIPAA	health Insurance Portability and Accountability Act
HPC	High Performance Computing
HPO	Hyperparameter Optimierung
IA	Informationsarchitektur
IaaS	Infrastructure as a Service
IoT	Internet of Things
ISACA	Information Systems Audit and Control Association
ISV	Independent Software Vendor
ITIL	Information Technology Infrastructure Library
ITSM	IT Service Management
JDBC	Java Database Connectivity
JSON	JavaScript Object Notation

(*Fortsetzung*)

KI	Künstliche Intelligenz
KIaaS	KI as a Service
KIIA	KI-Informationsarchitektur
KIIRA	KI-Iinformationsreferzarchitektur
KIOps	KI für IT Operations
KIRA	KI-Referenzarchitektur
KPI	Key Performance Indicator
LDA	Lineare Diskriminanzanalyse
MDA	Gemischte Diskriminanzanalyse
MDM	Master Data Management (Stammdatenverwaltung)
MDP	Markov Decision Process
ML	Maschinelles Lernen
MLP	Mehrschichtiges Perzeptron
MPP	Massivly Parallel Processing
MRI	Magnetic Resonance Imaging (Magnetische Resonanztomographie)
MRO	Maintenance, Repair, and Operating
MRT	Magnetresonanztomographie
NLP	Natuiral Language Processing
ONNX	Open Neural Network Exchange
PaaS	Platform as a Service
PBFT	Practical Byzantine Fault Tolerance
PC	Principal Component (Hauptkomponente)
PCA	Principal Component Analysis (Hauptkomponentenanalyse)
PFA	Portable Format for Analytics
PII	Persönlich identifizierbare Informationen

(Fortsetzung)

PIM	Produktinformationsmanagement
PLSR	Partial Least Squares Regression
PMI	Projekt Management Institut
PMML	Predictive Model Markup Language
POPI	Protection of Personal Information Act
POS	Point of Sale
PR	Precision-Recall
Qubit	Quantum Bit
QLDB	Quantum Ledger Database
QRAM	Quantum Random Access Memory
RA	Referenzarchitektur
RBFN	Radial Basis Function Network
RDM	Referenzdatenmanagement
RL	Reinforcement Learning
RNN	Recurrent Neural Networks
ROC	Receiver Operating Characteristics
SaaS	Software as a Service
SEC	Securities and Exchange Commission
SHRM	Society for Human Resource Management
SMP	Symmetrisches Multiprocessing
SOC	Security Operations Center
SOX	Sarbanes-Oxley Act
SSL	Secure Socket Layer
SSN	Social Security Number
SSO	Single Sign-on
SVM	Support-Vektor-Maschinen

(*Fortsetzung*)

TOGAF	The Open Group Architecture Framework
TPU	Tensor Processing Unit
UX	User Experience
VAR	Variance
VM	Virtuelle Maschine

Stichwortverzeichnis

Precision-Recall (PR) 145

Predictive Model Markup Language
(PMML) 133

Principal Component Analysis
(PCA) 41, 46

Principal Components (PC) 46

Protection of Personal Information Act
(POPI Act) 186

Provenienz 221

Prozessorarchitektur 300

Q

Quantenbit 302

Quantencomputer 299, 306
AI-Anwednungsfälle 312
Herausforderungen 316
IBM Public Cloud 316
kombinatorische KI-Probleme 316
Mainstream-Technologie 316
Problem 316
Prozessorarchitektur 299
Qubit 302
Shor-Algorithmus 307
Überlagerung 306

Quantencomputing 23, 310, 314, 316

Quantendekohärenz 314

Quanten-Random-Access-Memory
(QRAM) 315

*Quantum Approximate Optimization
Algorithm* 312

Qubit 302

R

Radial Basis Function Network (RBFN) 53

Random Forest 45

Recall-Wert 146

Receiver-Operating-Characteristic
(ROC) 145

Referenzarchitektur (RA) 63, 65
Ebenen 76
logische Ebene 76
physische Ebene 76

Referenzdaten Management
(RDM) 197

Regression 43
lineare 44
logistische 44
polynomiale 44
schrittweise 44

Rekurrente neuronale Netze
(RNNs) 54

Reporting 200

RESTful-API 218

Risiko 184

Robotik 23

ROC-Kurve 146

S

Sarbanes-Oxley Act (SOX) 185

Shared-Ledger-Anwendung 281

Shor-Algorithmus 307

Siloüberwindung 167

Single Sign-On (SSO) 193

Situation, außergewöhnliche 333

Social Media Analytics 275

Social Security Number (SSN) 242

Society for Human Resource Management
(SHRM) 262

Software as a Service (SaaS) 80

sophisticated 32

Sprachassistenten 30

SPSS-Flow 115

SQL-Dialekt 198

Printed in the United States
by Baker & Taylor Publisher Services